냄새 킁킁

Originally published as "Die Nase vorn: Eine Reise in die Welt des Geruchssinns
by Bill Hansson"

•생•존•을•위•한•후•각•의•세•계•

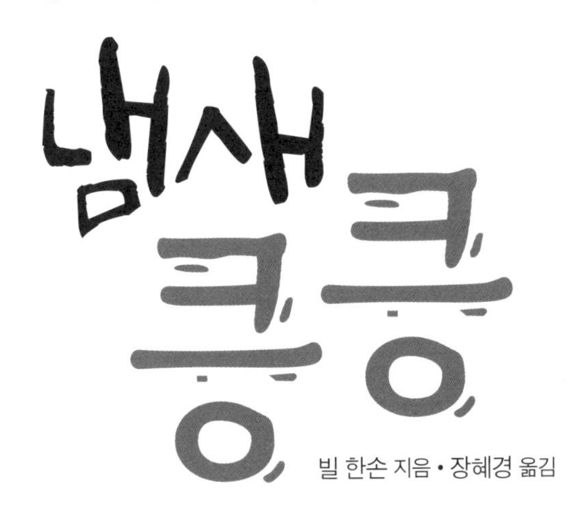

빌 한손 지음 • 장혜경 옮김

니케북스

■ 시작하며

여러분의 냄새는 안녕하십니까

추운 겨울이 가고, 올해 처음 날씨가 따듯하다. 부지런한 농부가 벌써 밭갈이를 마친 덕에 아주 기분 좋은 특별한 냄새가 공기 중을 떠돈다. 그런 순간을 한 번이라도 경험한 적 있다면 그 냄새가 어디서 오는지 대번에 알아차릴 것이다. 그렇다. 뒤엎은 땅에서 풍겨오는 봄의 향기다. 다 잊었던 기억 하나가 우리를 과거로 데려간다. 후각만큼 곧장 과거의 기억을 불러내는 감각도 없다. 기억들이 숨죽인 채 언젠가 맞춤한 냄새가 와서 자기를 불러주기만 기다리는 것 같다.

기억의 빗장을 푸는 후각의 능력을 가장 인상 깊게 보여준 사례를 우리는 마르셀 프루스트Marcel Proust의 걸작 《잃어버린 시간을 찾아서À la recherche du temps perdu》에서 목격한다. 소설은 마들렌의 달콤한 향기로 문을 연다. 그 향기를 맡자 작가는 자기도 모르게 어린 시절의 기억을 떠올린다. 그러나 후각은 인간만 누리는 호사가 아니다.

척추가 있건 없건, 곤충에서 인간에 이르기까지 모든 생명체는 감각 체계를 활용하여 주변 환경에서 의미를 찾고 서로 소통한다. 진화를 거친 수많은 생물 종이 많건 적건 특정 유형의 정보에 의존하며 살아간다. 매미와 박쥐는 음파를 주로 활용하고, 잠자리와 인간은 시각에 많이 의존하지만, 나방과 돼지와 개는 뛰어난 후각으로 유명하다.

인간은 워낙 시각에 많이 치우치므로 다른 감각은 잊기 일쑤다. 특히 후각은 걸핏하면 무시한다. 현대인에게는 화학 정보가 별 의미가 없기도 하지만, 우리가 냄새를 약간 원시적이라 보기 때문이기도 하다. 미개해서 어떻게 하든 피하고 싶은 것으로 말이다. 자연스러운 몸 냄새를 숨기려고 얼마나 지대한 노력을 기울이는지만 보아도 잘 알 수 있다. 우리는 체취를 숨기기 위해 향수를 뿌리고 데오드란트를 바른다. 그래서 인간이 다른 생명체보다 후각 정보에 덜 의존한다고 생각하기 쉽지만, 절대 그렇지 않다. 우리 인생에서 빼놓을 수 없는 수많은 측면이 후각에 크게 의존한다. 어떻게? 왜? 이 질문의 대답은 인간의 후각을 다룬 2장에서 살펴보도록 하겠다.

생존과 번식을 위해서는 예리한 후각이 꼭 필요한 동물도 있다. 19세기에 프랑스 곤충학자 장 앙리 파브르Jean-Henri Fabre

는 자기 집으로 날아든 수컷 나방 대부분이 새장에 가두어놓은 암컷 나방을 쫓아왔으며, 냄새로 그 암컷을 찾았다고 생각했다. 지금 우리는 그의 생각이 옳았다는 사실을 잘 안다. 수컷 나방은 암컷이 분비한 냄새를 쫓아다닌다. 그렇게 본다면 수컷 나방은 동물 세계 최고의 냄새 전문가라 자부하며 당당히 뻐겨도 손색이 없을 것이다.

연어가 알을 낳으러 자기가 태어난 지류로 돌아올 때도 냄새를 이용해 길을 찾는다. 후각이 없다면 연어는 길을 잃고 헤맬 것이다. 물속 냄새는 매우 독특하다. 지류마다 나름의 특색이 있다. 수캐도 나방 못지않게 발정 난 암컷의 냄새를 찾느라 열심이지만, 나방만큼 코가 예민하지는 않다. 그래도 개는 사람보다 수천 배는 더 냄새를 잘 맡는다. 그래서 인간은 다양한 분야에서 개의 후각을 활용한다. 사냥은 물론이고, 범인을 추적할 때, 지진으로 매몰된 현장에서 생존자를 수색할 때, 심지어 암을 진단할 때도 예민한 후각을 이용한다. 개는 삶의 대부분을 눈에 보이는 환경보다는 냄새의 지형에서 보낸다. 그래서 개는 과거를 시각적 인상의 형태가 아닌 냄새로 '본다.' 이미 오래전에 눈에서 사라졌어도 남은 냄새로 무슨 일이 있었는지, 혹은 누가 지나갔는지 알 수 있다.

오랫동안 우리는 새는 후각이 아예 없거나 있다 해도 매우 둔하다고 생각했다. 그러나 새의 후각은 우리 생각보다 훨씬 예민하다. 독수리는 먼 곳의 동물 사체가 뿜어내는 특수한 분자의 냄새를 맡을 수 있다. 앨버트로스 같은 바닷새들은 플랑크톤이 많은 장소를 냄새로 찾을 수 있다. 플랑크톤이 많다는 것은 곧 먹이로 삼는 물고기가 많다는 뜻이다.

더 놀라운 사실도 있다. 식물도 냄새를 맡고, 서로 냄새로 소식을 전할 수 있다. 거기서 그치지 않고 아주 특수한 냄새를 이용해 적과 친구를 조종한다. 가령, 나방 애벌레한테 습격을 당한 식물은 평소와 다른 휘발성 물질을 분비한다. 이 분자들은 식물에게 두 가지 유익한 작용을 한다. 같은 종의 이웃에게 침략 사실을 알려서 이웃들이 애벌레에게 공격당하기 전 미리 방어 시스템을 가동할 수 있도록 돕는다. 또 하나, 휘발성 물질은 '도와달라는 외침'이다. 그 소리를 듣고 침략자의 천적이 몰려든다. 적의 적은 친구라는 공식이 식물 세계에서도 통하는 것이다.

한편, 식물은 가루받이를 위해 곤충을 불러들이도록 진화했다. 이 과정은 보통 양쪽 모두에게 득이 되지만, 식물이 곤충을 교묘하게 속여서 곤충이 가루받이만 열심히 해주고 빈손으로 돌아갈 수도 있다.

이 모든 사례는 지구의 생명체 대부분이 후각 정보를 생존과 번식에 활용한다는 사실을 입증한다. 자신의 화학적 환경을 인지할 수 있으면 환경에 적응하고, 먹이나 짝을 구하고, 천적과 독성 물질 혹은 병원체를 피할 수 있다.

그러나 냄새가 어떤 작용을 하는지 알려면 먼저 냄새란 대체 무엇인지부터 알아야 한다. 냄새와 맛은 화학 정보들로 이루어진다. 물에 용해된 분자로는 맛을 볼 수 있고, 공기에 뜬 분자로는 냄새를 맡을 수 있다. 그러니까 우리가 냄새를 맡으려면 그 대상이 배출하는 분자가 공기 중으로 퍼져나갈 수 있을 만큼 가벼워야 한다. 우리가 설탕의 냄새를 맡지 못하는 이유는 그것의 분자가 너무 무거워 뜨지 못하기 때문이다. 반면 레몬의 냄새는 누구나 맡을 수 있다. 레몬의 시트랄 분자가 가벼워서 우리의 코로 날아오기 때문이다.

하지만 배출되는 모든 분자가 냄새가 되지는 않는다. 바나나 분자가 그렇듯 분자가 냄새가 되려면 다른 생명체가 그 분자를 인지할 수 있어야 한다. 이 세상 만물이 배출하는 화합물의 숫자는 실로 어마어마하다. 바나나 한 개만 해도 수백 가지 분자를 배출한다. 그러나 그중에서 곤충이나 인간의 코가 인지할 수 있는 냄새 분자는 소수에 불과하다. 다른 분자들은 그냥 단순 휘발성 물질이다.

동물이 냄새를 맡을 수 있으려면 어떤 방식이건 확인 시스템이 필요하다. 신경계의 특정 부위가 환경과 접촉해야 하고, 그 부위에 해당 분자를 인식하는 특수 수용기가 열려 있어야 한다. 사실 코는 우리 몸에서 신경계가 환경과 직접 접촉하는 유일한 곳이다. 신경이 환경 속으로 나가 돌아다닌다고 할까?

물론 이 말은 딱 맞는 표현은 아니다. 사실 신경 가닥이 우리 코안에서 점액의 바다를 떠다니고 있고, 이 신경 가닥이 냄새 분자와 함께 코로 들어온 온갖 오염 물질과 먼지에 노출된다. 하지만 신경 그 자체는 볼 수도, 냄새를 맡을 수도 없다. 냄새를 맡으려면 특별한 인지 장치를 갖추어야 한다. 그것이 흔히 말하는 수용기다.

인간은 3가지 타입의 수용기만 있어도 가시광 전체를 받아들여 앞을 볼 수 있다. 빛은 느리거나 빠르게 진동하는 파장으로 이루어지며, 그 주파수에 따라 인간이 인지하는 색깔이 달라진다. 냄새를 맡을 때는 사정이 다르다. 모든 냄새 분자는 다른 분자들과는 다른 자신만의 화학적 성질이 있다. 따라서 3가지로는 어림도 없다. 인간의 냄새 수용기는 400여 가지에 달한다. 그렇게 많지 않다면 우리는 결코 그 수백만 가지 냄새를 맡고, 구분할 수 없을 것이다. 게다가 대부분의 수용기는 다양한 분자의 스펙트럼을 감지할 수 있다. 마치 피아노 연주와도 비슷하다. 400개 수용기 건반을 다 사용해서 수백만 가지 냄새 멜로디를 연주할 수 있을 것이다.

인간의 코 신경이 냄새 분자를 인지하면 그 신호는 특정 뇌 부위, 즉 토리로 이동하고, 그곳에서 정보가 처리된다. 토리 또는 사구체glomerulus는 신경조직이 작은 공 모양으로 얽힌 신경조직이다. 각각의 토리가 특정 유형의 수용기와 결합한 신경의 정보를 받아들인다. 그러면 그 '멜로디'가 3D 활동 '지도'로 바뀐다. 이 지도를 다음 차원의 뉴런이 읽고서 다른 뇌 부위로 전달한다. 그 부위가 바로 냄새의 의미를 해독하여 서로 연결 짓는 해마hippocampus와 편도amygdala다. 이 부위와 전체 시스템의 중요성에 대해서는 뒤에서 자세히 알아볼 예정이다.

재미나게도 지금껏 우리가 연구한 생명체 대부분의 후각 시스템은 (식물은 제외하고) 근본적으로 그 구조가 유사하다. 수용기를 갖춘 말초신경이 작은 공 모양의 신경조직으로 합류하여 결국 특정 뇌 부위로 나아간다. 파리에서 인간에 이르기까지 전혀 다른 동물에게서 정확히 똑같은 구조를 관찰할 수 있다.

이렇듯 거의 모든 동물의 후각 구조가 비슷하지만, 진화의 기원은 다 다르다. 아마 수렴 진화convergent evolution가 곤충에서 인간에 이르는 기나긴 여정에서 유사성을 추구했을 것이다. 냄새를 맡으려면 생명체의 코는 어떤 형태건 화학 탐지기를 갖추어야 한다. 공기 중(혹은 어류의 경우 물속)의 다양한 분자를 인지할 수 있는 뉴런이 있어야 한다. 그리고 이렇게 분자를 인지하고 확인하는 작업은 후각신경 – 후각 뉴런 · 감각 뉴런 – 의 세포막에 자리한 냄새 수용기에서 진행된다.

수용기는 단백질로 구성되는데, 이 단백질의 분자 사슬이 신경 세포막을 7번 통과한다. 그러면서 주머니와 주름이 만들어지는데, 열쇠가 자물쇠에 딱 맞듯 냄새 분자가 그 안에 딱 맞게 들어간다. 열쇠가 맞으면 신호 전달 연쇄반응이라 부르는 신경화학적 과정이 진행되고, 마침내 신경세포가 전기적으로 반응한다. 그럼 이제 그 신호는 뉴런의 축삭을 거쳐 두뇌의 1차 후각 센터로 이동할 수 있다.

두뇌를 따라 들어가기 전에 일단 후각 뉴런 주변의 미세 환경부터 살펴보자. 모든 포유류와 조류, 기타 육지 척추동물의 코에는 외부 환경에 노출된 신경세포가 있다. 뉴런이 외부에 직접 노출된 유일한 장소다. 따라서 코는 노출된 뉴런을 보호하기 위해 점막층으로 뉴런을 에워싼다. 곤충과 다른 절지동물의 경우에는 뉴런이 더듬이와 더듬이 다리(곤충의 코)에 있는 작은 털에 파묻혀 있다. 이 작은 털 각각에도 점막이 있다. 이 점막은 바닷물과 구성이 비슷하지만, 추가로 많은 단백질을 함유하고 있기에 걸쭉하여 증발이 잘 안 된다. 또 이 단백질 덕분에 기름진 분자도 코의 '바닷물'에 쉽게 녹는다.

더듬이와 코에 있는 후각 뉴런은 두뇌의 후각 망울(후각구 olfactory bulb)이나 더듬이엽antennal lobe을 향해 축삭을 쭉 뻗는다. 이 1차 후각 두뇌 센터의 구조는 앞서 소개한 모든 동물이 다 유사하다. 후각 뉴런의 축삭은 토리라 부르는 작은 공 모양의 신경 조직으로 달려간다. 특정 유형의 냄새 수용기가 되는 각각의 후각 뉴런은 후각 망울이나 더듬이엽에 있는 특정 토리로 향한다. 그러니까 코나 더듬이의 뉴런이 활성화되면 토리에 활동 지도가 '입혀지는' 것이다. 곤충의 경우 보통 50~500개의 토리가 있지만 쥐는 약 2,000개, 인간은 그보다 더 많다.

후각 망울이나 더듬이엽에서도 어느 정도의 정보는 처리된다. 그곳에 있는 다른 뉴런들이 한 토리에서 다른 토리로 정보를 전송하여 다양한 종류의 냄새가 서로 영향을 줄 수 있게 한다. 그렇게 처리된 정보는 후각 망울이나 더듬이엽을 떠나 뉴런을 거쳐 더 높은 두뇌 영역으로 향한다. 의식, 기억, 결정 및 기타 인지 과정이 자리한 곳이다.

생명체는 같은 생물 종끼리나 다른 생물 종끼리 온갖 냄새 정보를 주고받는다. 그 방법은 무엇일까?

일단 그런 전달 물질을 부르는 특수 용어가 있다. 뒤에서도 여러 번 다시 보겠지만, 여기서 잠시 소개하고 넘어가기로 하자.

같은 종의 개체끼리 정보를 전달하는 냄새 물질은 페로몬이라 부른다. 전형적인 사례가 암캐이다. 암캐가 발정이 나면 냄새 물질을 분비하여 주변 모든 수캐를 불러 모은다. 냄새 물질이 이렇게 외친다.

"이리 와, 나하고 짝짓기하자!"

페로몬의 다양한 사례는 뒤에서 더 많이 소개하겠다.

다른 종끼리 정보를 전달하는 물질도 있다. 보통 발신자와 수신자 중 누구에게 득이 되느냐에 따라 구분한다. 수신자에게 득이 되면 카이로몬이라 부른다. 전형적인 사례가 먹잇감(가령 쥐)이 분비하고 포식자(가령 고양이)가 맡는 냄새다.

반대로 발신자에게 득이 되면 알로몬이라 부른다. 모든 유혹 물질이 이에 해당하지만, 스컹크가 발사하는 고약한 액체처럼 적으로부터 자신을 지키는 방어 메커니즘 역시 이에 포함된다.

마지막으로 냄새 정보가 양쪽 모두에게 득이 될 수 있다. 그런 물질을 시노몬이라 부른다. 대표적인 사례가 가루받이를 위해 곤충을 유혹하는 꽃의 냄새다. 꽃은 수정을 하고, 곤충은 꽃꿀이나 꽃가루를 얻는다.

인간은 후각이 어떻게 작동하며, 어떤 분자가 관여하는지, 어떤 행동이 그에 대한 반응인지에 대한 수많은 정보를 수집하였다. 그리고 그 정보로 다양한 전략을 수립하여 각양각색으로 활용하고 있다. 이미 전자 코는 질병 진단, 안전 점검, 환경 오염 감시 등에 활용되고 있다. 신종 유혹 물질을 개발하여 우리 몸에 활용하는 거대 시장 역시 어마어마한 수준이다. 돼지 농장주는 합성 페로몬으로 암퇘지를 발정시켜 임신을 시킨다. 또 페로몬이나 식물 향을 이용하여 귀찮은 곤충을 퇴치할 수도 있다.

이 책은 이렇듯 우리 주변에서 만나는 매력적인 냄새의 세상을 소개하려 한다. 먼저 우리의 후각기관과 기능, 구조 등을 알아본 후 다른 시스템도 살펴볼 것이다. 나와 동료들이 연구 활동에서 엿들은 재미난 이야기들도 소개하려 한다. 동물 이야기가 많겠지만 식물의 향기가 우리 환경에 어떤 영향을 미치는지도 알아볼 것이다. 첫 장에서 기후변화가 냄새의 생태에 미치는 영향을 살피는 것으로 책의 문을 열며, 마지막 장에서 냄새에 관한 이런 수많은 지식을 어떻게 유익하게 활용할 것인지를 알아보며 책의 문을 닫을 예정이다.

Contents

1
인류세의 냄새

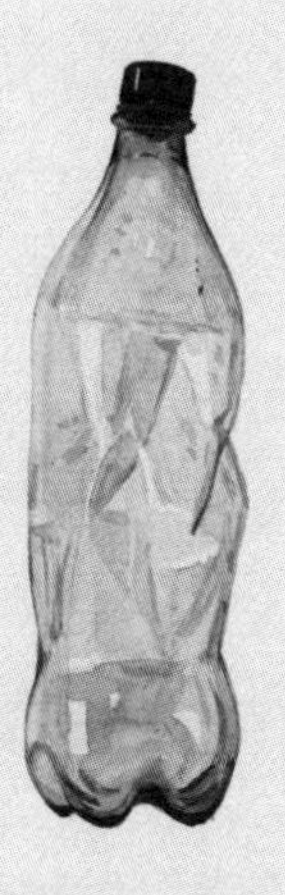

지금으로부터 1천여 년 전에 길을 걷던 사람은 지금 우리와는 전혀 다른 것을 보고, 듣고, 냄새 맡았을 것이다. 1021년에는 자동차도 없었고, 비행기도 없었으며, 배도 없었다. 아마 지금 우리가 걸어 다니는 인도처럼 제대로 된 길도 없었을 것이다. 세상은 훨씬 조용했을 것이고, 어쩌면 아예 아무 소리도 안 들렸을지 모른다.

하지만 그건 청각과 시각에 국한된 인상이다. 냄새는 어땠을까?

후각에는 수많은 차원이 있기에 이와 관련해서는 다양한 질문을 던질 수가 있다. 우리와 우리의 환경은 1천 년 전과 다른 냄새를 피우고, 다른 냄새를 맡을까? 100년 전과 비교하면 어떨까? 주변 냄새는 어떻게 달라졌을까? 우리는 그 변화에, 우리를 둘러싼 복잡한 냄새와 향기의 지형에 과연 얼마나 이바지했을까? 우리의 냄새와 후각은 변했을까? 우리의 활동은 우리의 후각에 얼마나 영향을 미쳤을까? 어떤 과정이 인간과 동물에게서 그런 변화를 일으켰을까?

일단 1021년에는 자동차 배기가스나 하 · 폐수 처리시설의 악취가 없었을 것이다. 향수나 데오도란트 같은 합성 향이나 자동차의 냄새도 없었을 것이다. 자연의 냄새조차도 지금과는 많이 달랐을 것이다.

지구의 구석구석으로 밀고 들어간 인류는 어디서나 환경을 바꾸고, 조작하고, 착취할 방법을 찾아냈다. 나무를 베고, 곡식을 심고, 식물과 동물을 멸종시키고, 세상을 산업화했다. 그래서 인간의 활동으로 인해 세상이 극적으로 바뀐 이 지구 역사의 새 시대를 인류세라는 이름으로 부르기도 한다.[1]

인류세가 언제부터 시작되었는지 명확한 정의는 아직 논의의 대상이다. 이론에 따라 약 1만 년이나 1만 5천 년 전의 농업혁명에서부터 제2차 세계대전 종전, 즉 핵무기 실험, 1950년대의 경제성장, 그와 동반한 극적인 사회경제 및 기후변화를 특징으로 꼽는 단계까지, 이 긴 시간 중 어느 한 지점을 인류세의 출발점으로 제안한다.

그러나 어떤 기준을 택하건 한 가지는 분명하다. 일반적으로 인간은 지구에 지대한 영향을 미쳤기에, 우리와 다른 동물들이 들이쉬는 숨결에도 막대한 변화를 불러왔다. 당연히 그 숨결마다 들이마시는 분자도 엄청나게 달라졌다.

변하는 냄새 지형

우선 자연의 냄새와 그것의 변화부터 살펴보자. 수천 년 전만 해도 자연은 아직 인간의 손길을 타지 않았다. 수많은 식물과 동물 종들이 산과 들에서 함께 어울려 살았다. 가문비나무와 소나무가 수많은 활엽수 종들과 섞여 자랐다. 한 마디로 생물 다양성이 보존되던 시대였다. 시간이 흐르면서 인간이 산에서 나무를 베거나 불을 질렀고, 꽃이 가득하던 들판을 경작지로 바꾸었다. 덕분에 인간은 널리 퍼져나갔고, 인구도 폭발적으로 증가하였다. 더불어 인간은 주변 환경의 냄새 지형을 크게 바꾸었다.

인간은 종의 다양성이 보존된 혼합림을 밀어내고 드넓은 단순림을 가꾸었다. 따라서 냄새도 단순해졌다. 가령 요즘의 전나무 숲을 오래된 혼합림과 비교해보라. 혹시 다음에 숲에 갈 일이 있다면 직접 비교해보는 것도 좋겠다.

들판이라고 해서 다를 리 없다. 다양한 생물 종이 자라던 들판에는 드넓은 단일 경작지가 펼쳐져 있다. 북미의 프레리는 끝이 안 보이는 옥수수 밭과 밀밭으로 변했다. 유럽의 초지도 같은 운명을 겪었다. 우리 주변 자연의 냄새만 맡아보아도 냄새 지형은 삼척동자도 알법한 확연한 변화를 겪었다.

어쩌다 그렇게 되었을까?

탐욕스러운 파괴자, 이산화탄소

자동차를 몰고, 비행기를 띄우고, 공장을 돌리면 수많은 물질이 배출되고, 그 물질이 기후와 대기의 분자 구성에 영향을 준다. 인류세의 가장 확연한 변화를 꼽으라면 증가한 이산화탄소의 양을 빼놓을 수가 없다. 이산화탄소의 양이 증가하면 온실효과가 나타난다. 다시 말해 지구의 온도가 극적으로 변한다. 또 대양의 산acid 함량이 높아지고, 전체적으로 기후가 불안정해진다.[2]

이산화탄소는 반응성이 낮은 화합물이므로 대기의 냄새에 직접 영향을 주지는 않지만, 식물이 배출하는 휘발성 물질을 바꿀 수 있다. 이유는 식물 내부의 생리적 변화다. 이산화탄소는 식물 조직의 물 사용을 줄이고 화학 구조를 바꿈으로써 식물의 광합성을 증진할 수 있다.[3] 이산화탄소 함량의 변화는 숙주 식물을 찾아내는 곤충의 능력에도 영향을 줄 수 있다. 나방은 꽃이 필 때 배출되는 다량의 이산화탄소를 쫓아서 꽃을 찾는다. 그런데 이산화탄소 함량이 높아져서 꽃으로 가는 길을 놓치면 꽃은 가루받이를 못 할뿐더러 해충의 피해를 본다.[4]

이산화탄소의 양이 늘어나면 모기는 '헌혈자'를 잘 찾지 못한다. 모기가 숙주를 알아보는 가장 중요한 후각적 지표 중 하나가 이산화탄소이기 때문이다.[5] (자세한 내용은 9장 참고) 인간한테는 득이지만 좋은 면이 있으면 나쁜 면도 있는 법이다.

진화를 살펴보면 모기의 종 분화 속도는 대기 중 이산화탄소 함량이 높을 때 극적으로 빨라졌다.[6] 숙주가 배출하는 이산화탄소 신호의 품질이 낮아지기 때문이다. 그렇게 되면 새로운 종들이 냄새 구분을 위해 더 특수한 다른 냄새를 찾게 된다. 따라서 예상되는 대기 중 이산화탄소 함량의 증가는 인간의 건강에 지대한 영향을 미칠 것이며, 잠재적으로는 곤충의 분포와 숫자가 달라져서 가루받이의 효율성에도 큰 영향을 미칠 것이다.

육지의 전망이 이렇듯 어둡기 그지없는데, 바다라고 해서 좋을 리 없다. 이산화탄소는 물에 녹아 탄산이 되고, 이것이 물의 산 함량을 높인다.[7] 더구나 연구 결과로도 입증되었듯 산이 함유된 물은 바다 생명체의 후각을 방해한다. 바다 생물은 후각으로 천적을 알아차려 피하고 먹이를 찾고 짝을 구한다. 따라서 대양의 pH값이 낮으면 바다의 온갖 생명체들이 큰 피해를 볼 것이고, 이들의 각종 활동도 힘들어질 것이다.[8] 해양 생태계와 먹이사슬이 과연 그런 바뀐 조건에 적응할 수 있을지는 아직 미지수다.

온난화 환경의 냄새란

오존과 질소산화물NOx은 이산화탄소와 달리 산화력이 강하므로 냄새 구성에 직접 영향을 준다. 최근 들어 두 기체의 대기 중 함량이 증가하였고, 그 증가세는 앞으로도 계속되리라 예상한다.[9] 이 기체들의 양이 늘어나면 곤충이 먹이와 숙주, 알 낳을 장소를 찾도록 도와주는 냄새도 달라질 확률이 높다. 이런 측면들 하나하나가 이미 나름의 악영향을 미치지만, 다시 이것들끼리 상호작용을 하여 추가 피해를 유발하기도 한다.

질소산화물은 우리가 연료를 태우는 곳이면 어디서나 발생한다. 그것 자체로 이미 건강에 해롭지만, 거기서 그치지 않고 산성비와 스모그를 유발한다. 웃음 가스라고도 부르는 아산화질소 역시 지구온난화를 유발한다. 메탄은 자연적으로 생산되는 경우가 많다. 메탄과 관련하여 장가스와 소 방귀가 많이 언급되는 이유다. 문제는 기후 온난화로 메탄의 배출량이 과도해졌다는 데 있다. 생태학적으로 가장 추운 생활권인 툰드라의 눈과 얼음이 녹으면서 메탄이 다량 배출되고, 그것이 다시 지구온난화를 가중하고 있다.

오존은 상층 대기권에서 지구를 에워싸고 태양광을 막아주는 천연 보호막이다. 하지만 땅에 내려오면 스모그의 주요 구성성분이 된다. 오존은 인간이 배출한 오염 물질이 태양광과 상호작용하여 생긴다.

우리가 잡초나 균류, 곤충 등을 죽이려고 뿌리는 온갖 살충제 역시 심각한 문제를 유발한다. 그런 화학물질들은 냄새의 인지에 영향을 미친다. 마지막으로 인간이 배출하는 금속 이온 역시 후각에 직접적인 영향을 줄 수 있다.

대기와 바다 온도의 변화는 인류세의 중요한 특징이다. 그 변화가 우리의 후각에도 영향을 미칠까?

주변 온도가 올라가면 냄새의 구성이 달라질 수 있다. 혼합물을 구성하는 각 물질의 양은 그 물질의 기화성에 달려 있기 때문이다. 또 간접적으로 수신자와 발신자의 생리 반응을 뒤죽박죽으로 만들 수 있다.

냄새 교란, 곤충 세계의 교란

최근 들어 곤충의 숫자가 감소한다는 연구 결과들이 관심을 끌고 있다. 가령 독일의 많은 지역에서 곤충의 총 생물량이 절반 아래로 감소하였다.[10] 그런 극적인 변화는 인간에게도 심각한 결과를 초래한다. 벌의 총수가 감소하면 과실수가 가루받이를 못 하고, 꿀 생산량이 준다. 호박벌과 기타 유익한 곤충들의 숫자도 감소한다. 그게 다가 아니다. 곤충은 조류의 기본 식량이다. 따라서 새들의 먹이가 줄어든다.

가스와 오염으로 인한 냄새와 후각의 변화가 곤충의 숫자를 감소시킨 것일까?

부분적이나마 그럴 가능성이 있어 보인다. 다양한 시스템을 살핀 연구 결과에서 우리가 배출하는 가스로 인해 냄새가 변한다는 사실이 입증되었으니 말이다. 한 가지 사례가 곤충의 가루받이다. 공진화co-evolution는 수백 년을 거치며 꽃과 곤충의 상호작용을 양쪽에게 이롭도록 정교하게 조율하였다. (자세한 내용은 13장 참고) 곤충이 멀리서 꽃을 찾을 때는 꽃의 시각적 외관을 이용하지만, 내려앉을 때는 꽃의 향기를 맡고 방향을 잡는다. 그게 잘 되면 식물은 가루받이하고, 곤충은 꽃꿀과 꽃가루를 얻는다.

하지만 이것이 얼마나 허약한 시스템인지는 우리가 꽃과 곤충의 밀접한 상호작용을 조금만 방해해도 금방 알 수 있다. (자세한 내용은 7장 참고) 꽃향기가 사라지면 곤충은 가루받이를 못하고 꽃꿀도 따가지 못한다. 그러나 이것이 워낙 까다로운 시스템이다 보니 냄새가 완전히 사라지지 않아도 소통에 문제가 생긴다. 약간의 변화만으로도 충분하다. 가스, 특히 오존으로 환경이 오염된 지금, 우리는 그 사실을 직접 목격하고 있다.

전천후 방해꾼 '오존'

오존은 강력한 산화작용을 한다. 다시 말해 다른 분자에게서 화학반응을 일으킨다. 우리 실험실에서 박각시나방*Manduca sexta*을 풍동wind tunnel(공기가 흐르는 현상이나 공기의 흐름이 물체에 미치는 힘 또는 흐름 속에 있는 물체의 운동 등을 조사하기 위해 인공적으로 빠르고 센 기류가 흐르도록 만든 장치 – 옮긴이)에 넣고 아주 특정한 꽃을 향해 날려 보냈다. 처음에 환경을 자연조건에 맞추었을 때는 나방이 얼른 꽃을 찾아 가루받이하고 꽃꿀을 얻었다. 그다음에는 꽃을 높은 농도의 오존에 노출시키고 나방의 행동을 관찰하였다. 그러자 나방이 방향을 잃고 꽃을 찾지 못했다. 꽃이 배출하는 분자를 분석하였더니 그중 몇 가지가 완전히 다른 냄새를 풍기는 다른 물질로 바뀌어 있었다.

지구의 일부 지역들에서 더운 날씨에 이미 존재하는 오존 농도로 인해 곤충의 가루받이는 직접적인 피해를 보았다. 추가 실험에서는 곤충의 가소성plasticity(변하거나 적응할 수 있는 능력이나 성질–옮긴이)이 이런 오존의 영향력을 약화할 수 있을까 하는 질문을 추적하였고, 실제로 그렇다는 대답을 얻었다. 나방에게 강렬한 시각적 지표와 함께 '새로운' 꽃향기를 제공하였더니 한 번 그 향기로 꽃꿀을 얻은 나방은 다음에도 오존을 함유한 그 냄새 방향으로 날아갔고, 냄새를 먹이 획득에 이용할 줄 알았다.[11] 어쩌면 〈쥐라기공원〉에서 이안 말콤Ian Malcolm이 말했듯 "인생은 늘 길을 찾는다"라고 해석할 수도 있겠다.

그러나 대부분의 경우, 높은 오존 농도는 벌과 호박벌, 나방 등의 가루받이 활동을 방해한다. 다른 가스, 가령 자동차 배기가스도 마찬가지다.[12] 따라서 그런 가스의 배출량을 제한하고, 최대한 줄이기 위해 힘껏 노력해야 한다.

내 동료인 영국 뉴캐슬대학교 신경생태학자 제랄딘 라이트Geraldine Wright 박사는 '최신' 살충제가 벌에게 미치는 영향을 연구하였다. 오늘날 세계에서 가장 많이 사용되는 네오니코티노이드계 살충제는 예전에 사용하던 카르밤산과 오르가노포스페이트에 비해 조류와 포유류에게 해를 덜 끼친다. 그리고 양이 더 적으면 유익한 벌에게도 별 타격을 주지 않는다.

그러나 벌의 후각에 미치는 영향은 적지 않았다. 매우 낮은 농도의 네오니코티노이드에 노출된 꿀벌의 냄새 학습을 연구했더니 그 피해는 심각했다.[13] 살충제로 인해 후각적 소통과 그 바탕이 되는 후각 능력이 크게 저하된 것이다.

급변하는 온도의 역할

온도 역시 곤충의 삶에 영향을 준다. 온도가 올라가면 모든 기체 분자의 기화 속도가 빨라지고, 모든 것의 냄새도 더 강해진다. 곤충은 체온조절을 못 하기에, 즉 체온을 일정하게 유지하는 능력이 없기에 주변 온도에 맞추어 정밀하게 생리 기능을 조절한다. 후각도 예외가 아니다. 사막에 사는 딱정벌레는 섭씨 약 40도에서 가장 활발히 활동한다. 반대로 겨울 나방*Operophtera brumata*의 더듬이에 있는 냄새 뉴런을 측정해보니 이 나방에게는 섭씨 10도가 최적 기온이었다. 섭씨 20도만 되어도 시스템이 거의 작동하지 않는다. 따라서 기후 변화로 인한 온난화는 곤충은 물론이고, 수많은 다른 '냉혈' 동물들의 후각에도 직접 영향을 미친다.

기온 상승은 곤충의 생활권을 넓히기도 한다. 곤충의 생활권 확대가 후각과 직접 관련이 있는 것은 아니지만, 냄새를 맡고 다니는 몇 종의 악명 높은 곤충들에게 기온 상승은 실로 호재가 아닐 수 없다. 9장에서 다룰 말라리아모기 말고도 전 세계에 질병을 퍼트리는 곤충 종은 매우 많다. 이들이 현재 유럽이나 북미 같은 새로운 지역으로 몰려가고 있다. 남미와 북미의 지카 바이러스가 미국 남부로 번지는 것도 다 에데스모기*Aedes* 탓이다. 웨스트 나일 바이러스West Nile Virus와 치쿤구니야열 같은 다른 질병도 매개 모기가 새로운 지역을 정복하면서

그 지역으로 번져나가고 있다.[14]

10장에서는 나무좀bark beetle의 후각을 다룰 것이다. 10년 전만 해도 이 벌레는 1년에 한 번 세대교체를 했다. 다시 말해 모든 암컷이 한 해에 60마리의 새 나무좀을 생산한 것이다. 그런데 지금 중부 유럽에선 한 해에 3세대가 탄생한다. 다시 말해 암컷 한 마리가 3천 마리의 자손을 낳고, 그 녀석들이 겨울잠에 들기 전에 엄청난 숫자의 가문비나무를 죽인다.

곤충 연구의 필요성

무엇이 정확히 언제, 어디서, 어떻게 진행되는지를 알려면 연구가 더 필요하다. 인류세가 곤충의 냄새 인지에 어떤 영향을 미치는지 더 알고 싶은 마음에 나는 이 분야를 집중 연구하기 위해 목표로 막스플랑크차세대곤충화학생태학센터nGICE를 설립하였다. 내가 몸담은 독일 막스플랑크화학생태학연구소의 진화신경행동학부, 스웨덴 농학대학교, 스웨덴 룬드대학교 생물학과의 페로몬연구팀이다.

우리의 공동 목표는 기후변화, 온실가스, 대기오염 등이 곤충의 화학 소통에 미치는 영향을 밝히는 것이다. 이를 통해 우리는 기후 위기와 식량, 질병과 관련한 전 세계적 문제의 해결에 이바지하고자 한다.[15]

저주의 플라스틱 냄새

1907년 벨기에 화학자 레오 베이클랜드Leo Baekeland가 뉴욕에서 베이클라이트를 발명하였다. 합성 성분으로 제조한 최초의 플라스틱이다. 그날 이후 플라스틱의 생산량은 어마어마하게 늘어났다. 현재 전 세계 생산량은 연간 약 3억 6천만 톤으로 추정된다.

그런데 이것이 냄새와 무슨 상관이 있을까?

4장에서 더 자세히 설명하겠지만 새들은 여러 가지 목적으로 냄새를 활용한다. 바닷새는 다이메틸설파이드의 냄새를 맡을 수 있다. 녀석들의 후각 능력에서 중요한 자리를 차지하는 물질이다. 이 화합물은 으깨진 식물성 플랑크톤이 배출하는데 특히 동물성 플랑크톤에 잡아먹힐 때 배출된다. 따라서 이 유황 가스는 새에게 근처에 먹이가 많다는 확실한 신호다.

그런데 플라스틱의 시대에는 다이메틸설파이드가 보내는 이런 신호가 문제를 일으킨다. 플라스틱이 몇 달 동안 바다에 떠 있으면 똑같이 다이메틸설파이드를 배출하여 먹이라는 그릇된 믿음을 전파한다.[16] 유엔 환경 프로그램의 발표에 따르면 우리는 해마다 8백만 톤의 플라스틱을 바다로 쏟아붓는다.[17] 크고 작은 플라스틱 조각이 모두 5조 개가 넘으니 (게다가 계속해서 늘어나고 있으니) 바다 생물들이 헷갈리는 것도 당연하다. 새들이 잘못 알고 플라스틱을 먹고, 소화기가 막혀 결국 죽는다. 해마다 약 1백만 마리의 바닷새가 플라스틱 쓰레기를 먹고서 죽는다.

다이메틸설파이드를 활용해 바다에서 먹이를 찾는 능력은 새들에게만 있는 것은 아니다. 기각류(물개, 바다코끼리, 물범, 바다사자 등 발이 지느러미처럼 생겼고, 바닥을 기어다니는 포유류 - 옮긴이)와 고래도 같은 전략을 구사하므로 플라스틱의 위험에서 자유로울 수 없다. 한 연구 결과를 보면 바다거북 새끼들 100%가 위장에 플라스틱을 담고 있다고 한다.[18] 우리가 대량으로 생산하여 함부로 버리는 플라스틱이 환경에 미치는 악영향은 이 정도로 심각하다.

거대한 태평양 쓰레기장으로 해류와 바람이 우리가 버린 쓰레기(플라스틱과 쓰고 버린 어구)를 모아들인다. 그 면적이 텍사스의 2배, 프랑스의 3배 가량이다.[19] 수면은 주로 미세플라스틱으로 뒤덮여 있다. 연구 결과를 보면 그런 미세 플라스틱의 양이 이미 동물성 플랑크톤의 양을 넘어섰다. 분명 세계 바다 중 가장 깊은 곳인 마리아나 해구까지 도달했을 것이다.[20] 이런 상황이 냄새를 활용하는 조류와 다른 바다 동물들에게 어떤 영향을 끼칠지는 큰 상상력이 필요하지 않다.

인간이 제조한 '분자 수프'

대기에서 다이메틸설파이드가 새들을 괴롭히듯 수로와 대양, 호수, 강에도 인간이 만든 온갖 화학 오염 물질이 널리 퍼져 있다. 어류, 갑각류 등을 비롯한 각종 수생생물이 인간이 생산한 '분자의 수프'에 둥둥 떠다니며 심각한 피해를 본다.

물고기의 후각 뉴런은 인간과 마찬가지로 밖으로 노출되어 있다. 따라서 물과 그 속에 녹은 물질들에 그대로 노출된다. 대표적인 사례가 구리다. 실험 결과를 통해서도 알 수 있듯이 높은 구리 농도는 물고기와 바닷가재, 민물 가재의 후각 뉴런 기능에 직접 악영향을 미친다. 당연히 후각을 이용하는 정상적인 짝짓기와 먹이 활동도 교란시킨다.[21]

우리는 유용식물을 보호하고자 온갖 살충제를 뿌려댄다. 그리고 그 살충제는 결국 강으로 흘러든다. 우리가 가장 많이 사용하는 제초제는 글리포세이트다. 실험을 해보니 이 화합물은 자연의 농도에서 이미 물고기의 먹이 활동을 방해하였고, 은연어의 후각 기능에는 직접 타격을 입혔다.[22] 그것 말고도 많은 화학물질이 물고기의 행동에 직접적인 영향을 준다. 연어는 경제적으로 매우 중요한 어종이므로 살충제의 영향에 관한 연구가 이미 상당히 진행되었다. 그 결과를 보면 농업과 임업에서 사용하는 각종 화학물질이 연어의 짝짓기와 목표물 찾기를 방해한다. 연어 양식장에서 연어이salmon louse를 퇴치하기 위해 사용하는 사이퍼메트린cypermethrin 역시 악영향을 끼친다니 참으로 아이러니한 일이다.

산업체와 하수처리 시설에서 세정제로 널리 사용하는 4-노닐페놀4-NP 역시 마찬가지다. 이 화합물은 이미 전 세계 모든 하천에서 발견된다. 무리를 짓는 어종을 자연 농도의 노닐페놀에 노출하였더니 놀라운 결과가 나타났다. 페로몬에도 평소와 다른 반응을 보인 것이다. 즉 페로몬을 접하고도 평소처럼 무리를 짓지 않고 오히려 정반대 행동을 했다. 이 실험 결과만 보아도 4-노닐페놀이 천적을 피하고, 먹이를 찾는 물고기의 행동방식에 직접 악영향을 주는 것이 확실하다.[23]

우리가 얼마나 많은 화학물질을 생산하고, 얼마나 다양한 방식으로 자연의 화학적 다양성을 확대하는지 생각한다면 수생생물들의 고충은 너무도 뻔하다. 이미 수많은 수생생물이 우리가 배출하는 화학물질들로 인해 큰 고초를 겪고 있다. 수생생물의 후각에 미치는 직간접적 악영향도 그중 하나다. 화학물질이 아예 후각 기능을 파괴하기도 하거니와, 호르몬 기능을 조절하여 간접적으로도 생물의 행동에 영향을 미친다.

인간의 냄새

다시 1021년으로 돌아가 인간의 냄새를 상상해보자. 2장에서 자세히 알아보겠지만 세계 최대 업계 중 하나는 인간에게서는 원래 악취가 풍긴다는 믿음으로 막대한 이윤을 거둬들인다. 인도와 이집트, 메소포타미아 등지에서는 이미 수천 년 전부터 향수를 사용했지만, 유럽에서는 18세기에 들어 프랑스 왕 루이 15세와 마담 드 퐁파두르 덕분에 향수 붐이 일었다. 두 사람이 향수를 유행시키자 많은 이가 그들을 쫓아 향수를 사용했다. 그러니 그보다 훨씬 이전인 1021년에는 길에서 만나는 사람 대부분에게서는 자연 그대로의 냄새가 풍겼을 것이다.

인간의 체취에 큰 영향을 미친 또 하나의 습관은 잦은 목욕과 샤워다. 이 위생 관념은 18세기 들어 도시에서 물을 건강에 유익한 것으로 생각하면서 큰 인기를 끌었다. 목욕하고, 비누를 사용하면서 우리 몸의 미생물상microflora이 달라졌고, 당연히 냄새도 변했다.

그러니 인류세에는 인간이 맡는 냄새 역시 다른 시대와는 다르다. 규칙적으로 몸을 씻으면 체취가 줄고, 강한 냄새를 풍기는 물질을 사용하면 체취도 달라진다. 그런 제품에 자주 사용되는 데오도란트는 우리 피부의 미생물을 죽이므로 체취는 더욱 바뀐다. 그 결과 우리는 주변 사람들에 대한 정보를 많이 얻지 못한다. 뒤에서 다른 종의 예를 통해 더 자세히 알아보겠지만 인간이 풍기는 냄새에는 엄청난 정보가 숨어 있다. 냄새를 풍기는 진짜 자신을 은폐하려는 노력으로 인해 냄새가 알려주는 정보 중 상당 부분이 소실되는 것이다.

인간의 후각과 인류세

자기 냄새를 애써 숨기려다 보니 이제 인간은 냄새를 맡는 능력마저 잃어버렸다. 이런 후각의 오작동에는 현대 사회도 어느 정도 책임이 있다. 질이 나쁜 공기가 호흡기와 심장에 중증 질환을 일으킬 수 있다는 사실은 누구나 알지만, 대기오염으로 인한 후각 장애에 관심을 기울이게 된 것은 최근 들어서다.[24]

대기오염은 파킨슨병이나 알츠하이머병 같은 신경 질환 및 정신 장애의 위험과도 관련이 있을 수 있다. 질 나쁜 공기가 그런 신경 질환의 확정적인 원인은 아니지만, 연구 결과들은 공기가 심하게 오염된 지역, 특히 매연 입자가 많은 지역에서 살거나 일하는 사람이 그런 질환에 걸릴 위험이 크다고 시사한다.[25]

그것이 후각과도 관련이 있을까?

파킨슨병이나 알츠하이머병의 경우 후각 상실(후각 인지의 급성 소실)이 이미 질병에 걸렸거나 앞으로 걸릴 것이라 말해주는 첫 징후 중 하나일 때가 많다. 또 후각 상실은 우울증 및 양극성 장애와도 관련이 있는 것으로 보고 있다. 이 분야는 아직 추가 연구가 필요하다.

그러나 후각 신경세포가 척수액의 흐름과 연결되어 있을 가능성은 매우 크다. 척수액은 '쿠션' 마냥 뇌와 척수를 보호하고, 두뇌 세포의 부산물을 수송한다. 이 척수액은 림프계를 거쳐 몸 바깥으로 나간다고 알려졌지만, 비강을 통해서도 배출된다. 후각 신경세포나 신경 경로가 어떤 형태로건 – 가령 대기오염 탓에 – 손상될 경우 도미노 효과로 인해 신경 장애가 발생할 수 있는 것이다. 그러나 아직은 확실한 결과가 나오지 못한 상황으로, 추가 연구가 진행 중이다.

질병과 냄새의 상관관계

인간은 수천 년 전부터 가축과 함께 살았다. 아마 최초의 동반자는 개였을 것이며, 돼지, 소, 말 등이 그 뒤를 따랐다. 1021년에는 많은 인간이 방 하나를, 가족은 물론이고 동물과도 나눠 살았다. 당연히 미생물도 동물과 공유하였을 것이고, 이것이 수많은 질병의 출발점이었다.

인구가 늘고, 인구밀도가 높아지자 질병 확산에 최적의 조건이 마련되었고, 그중 많은 질병이 후각에 직접 영향을 주었다. 가장 최근의 사례가 코로나19 팬데믹이다. 코로나바이러스는 중국 우한의 수산 및 야생동물 시장에서 번진 것으로 알려져 있다. 사람들이 야생동물을 직접 손으로 만졌고, 또 아주 협소한 장소에서 야생동물을 사고팔았다. 그러다 보니 바이러스가 시장을 오가는 사람들에게로 퍼졌고, 그들의 몸을 통해 전 세계로 번졌다.

대부분의 코로나 환자가 겪는 증상 중에는 후각 및 미각의 완전 상실이 있다. 실제로 미각을 잃는 지는 아직 검증이 필요하다. 대부분 미각이라 생각하는 것이 사실은 비후강의 냄새이기 때문이다. 어쨌든 코로나 환자의 후각 상실 연구는 주변부인 코는 물론이고, 중심부인 뇌까지 확대되고 있다. 지금까지 나온 많은 연구 결과를 보면 콧속 후각 뉴런 주변의 특수 지지 세포가 손상을 입었을 수 있다. 현재는 코로나바이러스가 후각 망울에 미치는 영향에 관해서도 정밀 연구가 진행되고 있다.[26]

앞으로 몇 년 후면 우리는 아마 이 바이러스의 어떤 메커니즘이 환자의 후각 능력을 차단하는지 알게 될 것이다. 원인이 무엇이든 한 가지는 명확하다. 해로운 미생물이 한 종에서 다른 종으로 전파되는 원인은 인간과 동물이 함께 사는 관습에서 기인한다. 동물을 키울 때 유념해야 할 점이다. 당연히 야생동물의 위험성이 더 높겠지만, 가축이라고 해서 크게 다르지는 않다. 사육 밀도가 높을수록 질병은 더 쉽게 퍼진다. 산업화된 농장에서 고밀도를 유지하기 위해 남용하는 항생제는 또 다른 문제이며, 별도로 책을 한 권 쓰고도 남을 만큼 중요한 주제다.

2
후각과 인간

인간의 냄새는 여러 가지 측면을 띤다. 우리는 냄새를 흡수하기도 하고, 배출하기도 한다. 냄새에 마음이 끌리는가 하면, 거부감을 느끼기도 하고, 구역감이 들거나 욕망을 느끼기도 하며, 냄새를 맡고서 질병과 위험을 알아차리기도 한다. 후각은 우리 주변의 화학 세계를 인지하고, 해석하도록 도와주며, 여러 방면에서 안전하고, 건강하고, 행복하게 살기 위해서는 없어서는 안 될 필수 기능이다. 그러나 우리는 후각을 하찮게 여기거나 원시시대의 잔재 정도로 생각하는 경향이 높다.

인간이 다른 생명체보다 우월한 점을 꼽을 때 후각은 늘 꽁무니에 선다. 선두 자리는 시각과 청각이 차지하고, 그 뒤를 바짝 쫓아 촉각과 미각이 따라온다. 심지어 제6의 감각이라 부르는 직관이나 인지력마저 후각보다 앞세우는 사람들도 많다. 과연 후각은 문명인인 우리에게 그렇게나 원시적인 감각일까? 우리는 동물과 인간의 경계가 상당히 흐리다는 사실보다는 둘을 명확히 가르는 예리한 경계선에 더 관심을 집중하는 걸까? 후각을 중요한 감각으로 인정해버리면 자신이 동물과 불쾌할 정도로 가깝다고 느끼게 될까?

그러나 우리가 체취 제거에 - 혹은 향기를 풍기는데 - 들이는 돈을 계산해볼 때, 올바른 냄새를 인지하고 발산해야 한다고 생각하는 사람들이 정말로 많은 것 같다. 이미 향기 관련 사업은 수십 억의 매출을 자랑하는 거대 시장으로 자리 잡았다. 그러나 향수나 스프레이처럼 각자가 별도로 구매하는 개별 제품의 향기는 잘도 알아차리면서, 그 업계가 배후에서 지속적으로 거의 모든 소비재와 주변 환경에 냄새를 입히고 있다는 사실은 대부분 알아차리지 못한다.

쇼핑센터의 문을 열면 향기가 밀려온다. 그 향기는 브랜드가 만들어낸 것이다. 거기서 옷을 사면 그 옷에서도 향기가 풍길 확률이 상당히 높고, 그것 역시 브랜드의 향기다. 아무것도 안 사고 그냥 커피나 한 잔 마시고 가야겠다고 생각해도 우리를 유혹한 그 커피의 향기는 방금 간 커피콩의 향기가 아니라 판매대에 놓인 기계에서 풍기는 커피 브랜드의 향기다.

이 거대한 업계의 간판스타는 IFF International Flavors and Fragrances 이다.[1] 이 기업은 향기로 우리를 만족시켜주거나 체취가 주는 창피함을 없애주기 위해 세워지지 않았다. 아울러 향기에는 인간의 허영심 이상의 많은 것이 함축되어 있음을 광고하며 향기를 작은 병이 아니라 거대한 트럭에 실어 판매한다.

사실 후각이 생존에 필요치 않다면 코와 콧구멍이 얼굴에서 그렇게나 중요한 자리를 차지하는 이유가 무엇이겠는가? 실제로 후각은 수많은 상황에서 생존의 필수품이다. 후각은 늘 분석에 열중한다. 잠재적인 식품의 품질을 검사하고 혹시 모를 위험을 점검하지만, 딸기를 먹거나 포도주를 마시거나 사랑하는 사람의 겨드랑이를 파고들 때 그 즐거움의 미세한 뉘앙스도 제공한다.

후각의 분석적 측면은 미각과 비교해보면 더욱 명확히 알 수 있다. 미각은 가장 기본적인 5가지 감각(짠맛 · 신맛 · 쓴맛 · 단맛 · 감칠맛)만으로 구성되며, 근본적으로 해로운 물질을 최대한 빨리, 반사적으로 입에서 제거하도록 돕는다. 반면 후각은 약 400가지 유형의 수용기를 이용해 화학물질을 분석하여 좋은 식품을 찾고, 나쁜 식품을 피할 수 있게 한다.

후각은 식품과 안전, 삶의 질에 필요한 주요 정보를 제공한다. 그러기에 후각 상실은 심각한 문제이며, 정신장애의 동반 증상일 수 있다. 정신적인 문제가 발생하면 먹기 싫은 것은 물론이고, 사는 것 자체가 싫어지기 때문이다. 후각은 신체 위생을 걱정하고, 사랑하는 사람의 관능적 향기를 기억한다. 그러니 후각을 잃으면 정말로 많은 것을 잃게 된다.

무섭다! 후각 상실

2020년 5월 18일, 영국. 대부분이 당연하다고 여기던 후각이 스포트라이트를 받았다. 그날 4명의 보건부 관계자가 공동 성명을 발표했다. "오늘부터 기침 · 발열 · 아노스미아 증상이 지속되는 모든 국민은 자가격리를 해야 합니다." 그들은 '아노스미아anosmia'라는 말을 처음 듣는 대중을 위해 설명을 곁들였다. "아노스미아는 정상 후각 인지의 상실 혹은 변화입니다."[2] (사실 이들의 설명은 정확하지 않다. 후각 상실은 '아노스미아'라 부르지만, 이상 후각은 '파로스미아Parosmia'라고 부른다.)

갑작스러운 후각 상실이 신종 코로나바이러스 SARS-CoV-2 severe acute respiratory syndrome coronavirus 2가 원인인 코로나19의 조기 신호라는 연구 결과가 늘어나면서 사람들이 오랫동안 기다렸던 발표가 나왔다. 이제 후각 상실이 잠재적인 생체지표 biomarker로 쓰일 수 있게 된 것이다. 환자들이 이 질병을 이겨내는 데 도움이 되는 것이라면 무엇이든 환영받던 시절이었다

처음에는 개별 사례들만 보고되었다. 그러나 전염병이 퍼지고 감염자 수가 늘어나면서 의학계 내부에서도 후각 상실에 대한 보고가 잦아졌다. 결국, 전 세계 후각 전문가들이 팔을 걷어붙이고 나섰고, 이 특별한 형태의 후각 상실을 보다 정밀하게 조사하여 정보를 교환하였다. 자료와 연구 결과가 실시간으로 오고 갔다. 이 방법의 장점에 대해서는 누구도 의심하지 않았지만 숨은 덫도 없지 않았다.

학자들은 한시라도 빨리 정보를 파악하고 나누기 위해 프리프린트preprint를 발표하였다. 프리프린트란 동료들이 미처 검정하지 못한 연구 보고서, 그러니까 일반적인 검증 방법을 거치지 않은 연구 결과였다. 유례없는 팬데믹이라는 급박한 상황에서 학자들에겐 득이 많은 방법이었다. 그러나 일반 대중에게도 항상 득이 되는 것은 아니었다. 발표되는 정보를 향해 몰려든 기자들이 클릭 수를 염두에 둔 자극적인 제목을 달아 정보를 퍼 날랐고, 진정한 과학적 이해가 빠진 결론을 마구잡이로

끌어냈다.

많은 프리프린트가 실제로 정답의 단서를 제공했지만, 코로나19를 둘러싸고는 여전히 풀리지 않은 의문점들이 수두룩하다. 그중 한 가지가-적어도 이 책이 나올 시점까지는-후각 상실이 코로나19의 흔한 신경학적 조기 증상일 수 있을까? 하는 의문이었다. 실제로 많은 경우에서 후각 상실이 코로나19의 유일한 증상이다. 현재 대부분 학자가 동의하는 것은, SARS-CoV-2가 안지오텐신 전환 효소 2 angiotensin-converting enzyme 2(ACE2)와 TMPRSS2 transmembrane protease serine subtype 2의 수용기를 이용하여 세포와 결합한 후 스파이크 단백질(코로나바이러스의 막 단백질)을 주입한다는 사실이다.

ACE2와 TMPRSS2는 모두 코와 목구멍, 기도 상부에 많이 분포한다. 특히 기도 상피와 코 후각 상피의 지지세포에 많고, 후각 수용기 뉴런 자체에는 분포량이 적다. 따라서 코 상피의 지지세포가 코로나바이러스의 침투 장소일 수 있는 것이다.[3]

이런 주장은 코막힘, 호흡곤란 등의 증상이 아직 나타나지 않은 코로나19 초기 단계에서 이미 후각이 훼손되는 이유를 설명할 수 있다. 또 노인들이 더 취약한 이유도 설명할 수 있다. ACE2 수용기가 젊은이보다는 노인에게 더 많기 때문이다.

많은 연구 결과에서 알 수 있듯이 바이러스는 코와 후각 망울olfactory bulb은 물론이고, 다른 경로를 통해서도 중앙 신경계로 들어갈 수 있다. 이미 언급했듯, SARS-CoV-2가 곧바로 후각세포로 향하지는 않는 듯하다.[4] 다시 말해 보통은 후각 상실의 원인이 중앙 신경계 손상은 아니어서 시간이 좀 지나면 후각이 돌아온다. 그러나 코로나19 감염증이 낫고도 몇 달이 지나도록 후각이 돌아오지 않는 환자들도 많다. 개별 연구 사례를 보면 10~20% 가량 후각 상실이 유지되므로, 후각 뉴런이 장기적으로 훼손되었거나 중앙 신경계가 손상된 것으로 추론할 수 있다. 질병의 증상을 환자의 두뇌에서도 입증하였던 두뇌 스캔 역시 이 이론을 지지한다. 어쩌면 병이 낫고도 후각 뉴런이 재생되지 않을 수 있는 것이다. 따라서 이 부분 역시 아직도 풀리지 않은 수수께끼가 많다.

코로나19의 다른 증상들과 비교할 때 후각 상실은 일단 부차적인 신경 증상 정도로 보인다. 그러나 이 분야의 추가 연구가 병의 경과, 작용 메커니즘, 예측 결과 등의 정보를 제공할 수 있을 것이다. 또 코로나19만이 아니라 후각 상실 일반에서도 치료법 개선에 도움을 줄 수 있을 것이다. 최근에 이스라엘에서 재미난 사례가 보고되었다. 한 여성이 바이러스 감염병을 앓고 난 후 13년 동안 냄새를 맡지 못했는데 이번에 코로나19를 앓더니 후각이 돌아왔다.[5] 아직 근거로 삼을 만큼 입증이 잘 된 경우는 아니지만, 이 사례 역시 코로나19와 후각 상실의 관련성을 더욱 미궁에 빠뜨리는 데 한몫을 한다.

그러나 후각 상실은 코로나19의 잠재 증상을 넘어서는 의미가 있다. 후각 상실은 수많은 바이러스 감염, 감기, 호흡기 질환의 동반 증상이거나 결과이다. 두뇌 손상은 물론이고 알레르기, 방사선 치료, 코카인 중독 등도 후각 상실을 불러올 수 있다. 또 후각 상실은 어딘가 다른 곳이 비정상이라는 신호일 때가 많다. 부비강이 감염되면 코 조직에 염증이 생기고 감각세포가 손상될 수 있으며, 두뇌 손상 역시 뇌로 가는 후각 뉴런 섬유를 손상할 수 있다.

파킨슨병과 알츠하이머병도 후각의 정확성에 영향을 미쳐서 이를 조기 진단에 활용한다. 그러므로 우리가 후각 상실의 원인은 정확히 규명할 수 있다 해도, 후각조직과 두뇌에서 무슨 일이 일어나는지는 추측에 기댈 수밖에 없다. 이유는 간단하다. 우리의 코는 학계가 여전히 풀지 못한 수수께끼이기 때문이다. 그만큼 복잡하고 예민하다.

인간은 얼마나 예민할까?

우리 코가 얼마나 예민한지 숫자로 표현할 수 있을까? 당연히 그런 시도를 하겠다고 나선 학자들이 있었다. 이미 1920년대에 학자들은 인간이 인지할 수 있는 냄새의 숫자를 대략 계산하여 – 사실상 추정과 어림짐작 이상으로 보기는 어렵다 – 약 1만 가지라는 결과를 발표했다. 이 수치는 지금까지도 학술 서적에서 자주 언급되지만, 어떻게 그렇게 딱 떨어지는 숫자가 나왔는지는 아무도 모른다. 그 문제를 처음으로 제기한 사람은 에이버리 길버트Avery Gilbert로, 그는 자신의 저서《코가 아는 것What the Nose Knows: The Science of Scent in Everyday Life》(우리나라에서는 《왜 그녀는 그의 스킨 냄새에 끌릴까-후각심리학이 밝히는 세상의 블랙박스》라는 제목으로 번역되었다 – 옮긴이)에서 그 기원을 찾아 나섰다.[6] 그리고 과학적으로 볼 때 근거 자료가 의심스럽다는 결론을 내렸다.

그로부터 100년 가까이 지난 2014년, 미국 록펠러대학교의 학자들이 그 수치를 크게 상향 조정하였다. 이들은 우리가 구분할 수 있는 냄새의 실제 숫자가 약 1조 가지라고 발표했다.[7] 엄청난 상향 조정이 아닐 수 없다.

학자들은 총 128가지의 냄새를 수집한 후 그중 10 · 20 · 30가지의 향기를 채취하여 다양하게 섞은 후 (특별한 후각 능력이 필요한 직업군이 아닌 일반인) 실험 참가자들에게 냄새를 맡아보게 하였다. 그리고 이 냄새 중에서 이상한 것이 있으면 말해달라고 부탁했다. 학자들은 이 결과를 바탕으로 전체 수치를 산출하였고, 일반인은 최소 1조 가지의 냄새를 맡을 수 있다고 결론 내렸다. 그러니까 후각이 둔감한 사람도 수억에서 수천억 가지의 냄새는 구분할 수 있는 것이다.

하지만 너무 성급하게 결론짓지는 말자. 다른 학자들이 실험에서 사용한 의심스러운 수학 모델링을 이유로 들며 '적어도 1조'의 주장에 의문을 제기하였다.[8] 아마 실제 수치는 아무도 정확히 밝히지 못할 테지만 한 가지는 확실하다. 우리는 주변의 수많은 냄새를 인지할 수 있고, 그 숫자가 얼마이건 이런 엄청난 감각 능력은 우리 유전자에 새겨져 있다.

인간의 유전자에

우리는 숨을 쉴 때마다 공기 중의 휘발성 냄새 분자를 들이킨다. 우리 유전자의 약 1~3%가 이 분자를 인지하고, 식별하고, 그에 반응하는 일을 담당한다. 이 사실을 우리에게 가르쳐 준 사람은 두 명의 노벨상 수상자 리처드 악셀Richard Axel과 린다 벅Linda Buck이다. 이들은 2004년 코가 냄새를 인지하는 방법과 그 냄새가 뇌에서 신호로 전환되는 방법을 밝혀낸 공로로 노벨 생리학/의학상을 받았다. 그들이 실험 대상으로 삼은 동물은 쥐였지만, 연구 결과는 인간 후각 수용기의 작동방식을 알아내는 기초가 되었다.

냄새 분자가 콧속 위쪽 비강 천장에 분포된 축축한 후각 상피를 스쳐 지나간다는 사실은 누구나 알고 있다. 거기서 분자는 수백만 개(어림잡아 6백만~1천 2백만 개)의 후각 수용기 세포와 접촉한다. 이 세포들은 점액에 덮여 있다. 수용기 세포 각 세포에 있는 현미경으로 봐야 겨우 보일 정도로 작고 머리카락과 비슷하게 생긴 섬모, 위의 후각 수용기가 코로 밀고 들어온 분자들에 반응한다. 점막의 모든 세포는 한 가지 타입의 후각 수용기만 갖고 있다. 전체적으로는 350~400가지의 냄새 수용기 타입이 존재하며, 이것들 각각이 제한된 숫자의 냄새 분자를 인지하도록 특화되어 있다.

냄새 분자는 수용기의 단백질과 결합하고, 이 단백질은 수용기 뉴런을 활성화하며, 뉴런은 다시 전기 신호(신경 자극)를 뇌의 후각 망울로 보낸다. 그런데 이때 이 신호들은 (청각과 시각 신호를 처리하는) 시상thalamus은 무시하고 곧바로 감정을 처리하는 변연계로 달려간다. 우리의 후각은 감정과 기분, 행동과 기억을 담당하는 뇌 부위, 즉 변연계에서 산다. 이런 신속한 처리는 우리가 항상 냄새에게 딱 떨어지는 이름을 붙이지 못하는 이유 중 하나이기도 하다. 이에 대해서는 뒤에서 자세히 알아볼 것이다.

그래도 의문은 남는다. 그런 후각 정보들의 목적은 무엇일까? 그것들은 우리 안에서 무엇을 불러내는가?

인간 페로몬: 사실인가 허구인가?

냄새와 인간 체취에 관한 연구는 논란의 소지가 많다. 특히 한 종의 개체가 분비하여 같은 종의 다른 개체에게서 특정 행동방식을 불러일으키는 화학물질, 즉 페로몬의 연구와 관련해서는 실로 의견이 분분하다.

페로몬은 1959년에 처음 생긴 말로 같은 종의 개체가 서로 소통하도록 도와주는 화학물질을 일컫는다. 독일 생화학자 페테르 카를손Peter Karlson(1918~2001)과 스위스 곤충학자 마르틴 뤼셔Martin Lüscher(1917~1979)는 그리스어 'pherein(나르다)'와 'hormone(흥분시키다)'를 합쳐 '페로몬'이라는 단어를 만들었다. 그러나 두 사람 이전에도 그런 방식의 소통을 짐작한 사람들은 없지 않았다. 고대 그리스인들부터도 발정한 암캐의 분비물이 수캐를 유혹한다고 추측했다.

다음 장에서 더 자세히 알아보겠지만 페로몬은 성적 매력을 발산하며, 나아가 많은 종의 생존에 필수적인 다른 반응도 유발한다. 공격성, 모성 본능, 경고, 영역 행동 등이 대표적이다.

인간에게서도 그런 냄새가 생존 반응을 불러낼 수 있을까? 인간의 페로몬은 사실일까 사기일까, 아니면 아예 상상일까? 많은 학자가 인간 페로몬의 존재에 반발하였지만, 과연 우리는 그것에 대해 구체적으로 무엇을 알고 있을까? 한 번 살펴보기로 하자.

서골비기관

다른 포유류는 주로 야콥슨기관, 즉 서골비기관vomeronasal

organ, VNO(양서류 이상 척추동물의 후각기관으로 비휘발성 물질에 민감하다 – 옮긴이)에서 페로몬을 인지한다. 독자적이고 특수한 이 후각조직은 비중격(두 콧구멍 사이를 막고 있는 얇은 벽 – 옮긴이)에 분포한다. 개, 돼지, 말, 쥐 등은 고도로 발달한 서골비기관이 있다. 그럼 인간은? 인간에게 이 기관이 있는지, 그 여부를 두고는 의견이 분분하다. 있다면 인간 페로몬의 존재를 입증하는 셈이다. 없다면 그렇지 않다는 결정적 증거일 것이다. 그러나 반드시 그렇지는 않다.

실제로 대부분의 인간에게는 서골비기관이 없는 것 같다. 그러나 이 기관이 없어도 인간의 후각체계는 페로몬을 알아차리고 그에 반응한다고 주장하는 학자들이 많다. 다른 학자들은 인간도 화학적 소통을 하기는 하지만, 설사 그 기관이 존재한다 해도 다른 생명체들과 달리 생존을 위해 페로몬에 의지하지는 않는다고 주장한다.[9] 누구 말이 옳을까?

매력적인 연구 결과들이 알려주듯, 인간의 태아에서도 초기에는 VNO의 발달 기미가 보이지만, 시간이 흐르면서 발달이 멈추기 때문에 대부분은 태어나기 전에 이미 그 기관을 상실한다. 다 알다시피 태아에게는 아가미와 꼬리도 존재한다. 개체발생에서 계통발생이 반영되는 것이다. 내시경으로 콧속을 자세히 살펴보면 성인에게서도 단순화된 버전이긴 하지만 서골비기관이 자주 발견된다. 물론 남아 있다 해도 감각뉴런이나 신경섬유가 없는 일종의 외톨이 VNO이다.

이렇듯 서골비기관이 부차적으로만 존재하지만, 실험을 통해 확인되었듯 인간은 종을 넘나드는 화학적 감각 신호에 반응한다. 물론 그런 신호를 처리하는 담당자는 원래의 후각 체계다.[10]

이 문제에선 누가 봐도 서로 충돌하는 온갖 정보들이 넘쳐나고, 상업적 이해관계의 영향도 없지 않다. 따라서 확실한 대답을 찾았다고 단호하게 주장하려면 보다 독립적인 연구 활동이 필요하다. 그러나 우리 코의 해부학적 구조가 어떤 모양이건, 지금까지의 연구 결과를 통해 우리는 인간도 특정 냄새에 반응한다는 결론을 내릴 수 있다. 그것이 페로몬일까?

섹스의 도화선

그간 학자들은 인간에게서 페로몬을 발생시킬 수 있는 유발인자를 찾아내려 무진 노력하였다. 특히 성별에 따라 다르게 작용하고, -어쩌면 더 흥미롭게도- 생식기가 관여하는 생리적 반응을 불러오는 것이 무엇일지, 매우 열심히 찾았다.

그런 종류의 실험은 참가자들에게 에스트로겐 성질의 (여성의 소변에서 분비되는 물질과 비슷한) 물질이나, (테스토스테론 유도체로서 인간 역시 땀으로 분비하며, 특히 남성의 겨드랑이에서 나는 땀에 많이 들어 있는 돼지의 짝짓기 호르몬인) 안드로스테논 화합물, 혹은 그와 유사한 안드로스타디에논의 냄새를 맡게 하고, 계속해서 참가자 두뇌의 혈류량을 살핀다. 그 결과 많은 학자가 이들 화합물에 대한 반응이 성별에 따라 다르며,[11] 그 반응에는 시상하부가 관여한다고 주장하였다. 시상하부는 호르몬 분비 (그와 더불어 성적인 번식) 조절은 물론이고, 유기체 전체가 균형 상태를 유지하는 데 꼭 필요한 생체 항상성homeostasis(생물체가 끊임없이 외부와 내부의 환경 변화를 받으면서도 스스로 생리적으로 안정된 상태를 유지하는 기능 – 옮긴이)을 담당하는 아주 작은 두뇌 부위다.

여러 실험 결과에서도 알 수 있듯 이 두뇌 부위는 남성의 경우 에스트로겐 성질의 화합물에 반응하고, 여성은 안드로스테논의 냄새를 맡을 때 더욱 활성화된다. 논란을 부추기지만, 어떤 연구 결과들은 거기서 한 걸음 더 나아가서 동일한 인간 호르몬이 동성애 여성과 이성애 여성에게서 다른 성적 흥분 반응을 일으킬 수 있다고 추측한다. 남성도 마찬가지다. 뇌 스캔으로 살펴보았더니 에스트로겐 성질의 물질이 동성애 여성의 시상하부에서는 이성애 남성과 같은 두뇌활동을 일으키며, 반대로 동성애 남성은 안드로스테논에 이성애 여성과 같은 반응을 보였다. 이것이 시상하부가 성적 지향에 따라 다르게 반응한다는 증거일까?[12·13]

여기서 놓쳐서는 안 될 사실이 있다. 이 모든 실험의 참가자 숫자가 매우 적었고, 냄새도 일상에서는 만날 수 없는 농축 상태였으므로 실험 결과 역시 설득력이 크지 않다. 즉, 실험 자체가 문제가 없지 않은 데다 완벽하게 논리적이거나 설득력이 있지 않다.

그러나 이런 실험들이 인간에게는 냄새가 중요하지 않다거나 인간에게 페로몬이 없다는 증거는 아직 아니다. 영국 진화생물학자 트리스트람 와이엇Tristram Wyatt이 강조하듯 우리는 그런 실험 결과를 의심해야 하지만 페로몬이 실제로 존재할 가능성에도 열린 자세를 유지해야 한다. 사춘기나 성인기가 가까우면 확실해지는 땀샘과 체취의 변화 – 남자아이의 방에서 풍기는 그 전형적인 냄새만 생각해도 알 수 있다 – 를 연구한다면 파악하기 힘든 이 물질에 대해서도 더 많은 정보를 얻을 것이다. 유륜선areolar gland의 변화 역시 권장할 만한 연구 대상이다. 여성의 유두를 빙 둘러 생기는 유륜선은 임신과 수유 기간 중 활성화된다.[14]

아기 냄새의 비밀

그렇다면 가장 중요한 인간 페로몬의 생산자는 엄마들인가? 수유 중인 여성의 유두 주변 피부에서 배출되는 냄새는 신생아에게 생존 본능, 즉 빨기 반사를 일깨운다. 실험 결과로 밝혀졌듯 아기들은 수유 중인 여성의 유두 주변 냄새를 맡으면 빠는 행동을 시작한다. 자기 엄마가 아니어도 같은 반응이 나타나므로 그 냄새의 원인 물질이 일반적인 페로몬일 수 있다고 추측할 수 있다.

그러나 어떤 특수 물질이 있다는 단서에 불과하므로 그것이 전통적인 페로몬이라 결론지을 수는 없다. 아기가 젖을 먹는 동안 엄마의 전형적인 냄새에 익숙해져서 그 냄새로 엄마를 알아본다고 주장하는 학자들도 많다.[15] 엄마들 역시 자기 아기를 냄새로 알아본다. 아기에겐 엄마 냄새가 워낙 강렬하기에 그 냄새만 맡고도 불안한 아기는 진정이 되고, 배고픈 아기는 젖을 빨 준비를 한다. 심지어 엄마 젖 냄새는 채혈하는 동안에는 물론이고, 채혈 후에도 신생아를 달랠 수 있다. 페로몬이건 아니건, 그 물질의 효과는 참으로 대단하다.

그렇다면 이 모두가 머리에서 일어나는 일인가? 아기의 머리와 성인의 머리에서? 아기의 머리 냄새를 맡으면 기분이 좋아진다. 아기를 품에 안으면 "너무 예뻐서 잡아먹고 싶다"는 말이 절로 나온다. 그 말을 그리스어로는 이렇게 쓴다. 'θα σε φάω.' 그렇지만 다행히도 우리는 크로노스가 아니기에 진심으로 이 말을 실행할 생각은 없다.

이런 기분은 어디서 오는 것일까? 해당 실험은 모넬화학감각센터의 요한 룬드스트룀Johan N. Lundström이 주도하였다. 이 센터는 미각과 후각에 관한 학제 간 기초연구에 중점을 둔 연구소이다. 실험 결과를 보면 아기 머리 냄새는 엄마의 뇌에서 보상 회로를 돌린다. (아기가 없는 여성의 두뇌에서는 그렇지 않았다.)

그리고 배고픈 사람이 맛난 음식을 보았을 때와 매우 비슷한 생리 반응을 일으킨다. 아마도 이 모두는 진화가 낳은 애착 메커니즘의 일부인 듯하다.[16] 다행히 진짜로 잡아먹겠다는 생각은 아니고 자기 아이를 최대한 가까이 두고서 보호하고픈 바람일 것이다. 냄새가 사람 사이의 애착 메커니즘에 효과적인 도우미일 수도 있는 것이다.

이 메커니즘의 열쇠는 특별한 '아기 냄새'다. 2019년에 발표한 일본의 실험 결과를 보면 아기는 식별 가능한 독특한 냄새를 풍긴다.[17] 실험에서 학자들은 아기의 머리와 엄마의 양수에서 냄새 샘플을 채취하였다. 그리고 모든 샘플에서 찾아낸 37가지 휘발성 냄새 성분 중에서 알데히드와 탄소, 탄화수소를 확인하였다. 그런 다음 62명의 실험 참가자에게 샘플 냄새를 맡게 하고는 총 4가지 냄새 중에서 그 냄새를 찾아보라고 부탁했다. 그 결과 여성의 70%가 진짜 아기 냄새를 찾아내며 좋은 성적을 냈다. 그러나 남녀 모두 생후 2~4일의 신생아 냄새만 구분할 줄 알았다.

아기 냄새는 아기마다 달랐고, 차이의 가장 큰 원인은 양수의 냄새였다. 질량분석법mass spectrometry과 연계한 기체 크로마토그래피gas chromatography로 밝혀낸 사실이다. 실험에는 5명의 아기만 참여했지만 – 이런 실험이 윤리적인 문제 탓에 다른 실험보다 힘들고 껄끄럽다 – 실험 방법은 설득력이 있어 보인다.

그런데 이런 실험 결과를 들으면 또 다른 의문이 밀려든다.

냄새는 출산 전부터 아기에게 영향을 미칠까? 대답을 찾기 위해서는 일단 양수를 좀 더 자세히 들여다보아야 한다.

모태 냄새

아기가 세상에 나와 처음 맡는 냄새는 보통 엄마 냄새지만, 그것이 제일 먼저 만나는 냄새는 아니다. 1등은 바로 양수 냄새다. 아기는 엄마 뱃속에서 5개월이 지나면서부터 양수를 마시고 소화한다.

프랑스 학자들이 입증했듯 엄마가 먹는 음식은 양수 냄새에 영향을 주고, 이 화학 감각 정보가 이후에도 아기의 식품 선호도를 결정할 수 있다.[18] 가령 임산부가 임신 후기에 아니스(씨앗이 향미료로 쓰이는 미나리과 식물 – 옮긴이)가 들어간 식품을 먹거나 음료를 마시면 나중에 아기는 그 냄새가 나는 방향으로 머리를 돌린다. 그 냄새에서 음식을 떠올리기 때문이다.

비슷한 실험들이 확인하듯 특정 냄새에 대한 호불호는 이미 엄마 뱃속에서 학습된다. 아기가 익숙한 냄새나 맛을 긍정적 경험과 연관시키므로 당연히 출산 후에도 같은 냄새와 향기를 선호한다. 이를 진화의 관점에서는 어떻게 설명할 수 있을까? 일반적으로 엄마는 뭐가 좋은지 제일 잘 안다. 엄마가 특정 식품을 먹는다는 것은 그걸 좋아하고, 또 그래서 생존한다는 의

미다. 태아가 엄마 뱃속에서 그런 냄새와 맛이 좋은 것이라고 배우면 아기는 세상에 나온 후에도 같은 냄새에 끌리고, 엄마 젖에서 다시 한번 그 맛을 경험하고자 한다. 아마 젖을 뗀 후에는 음식에서도 같은 경험을 반복하려 할 것이다. 훗날의 맛 선호가 이때 이미 시작되는 것이다.

아빠는 어떨까? 아기 냄새가 남성에게도 비슷한 작용을 할까? 나는 페로몬과 나방에게 열정을 불태우는 사람이지만, 아빠가 되자 그만 유혹에 넘어가 인간 페로몬 연구에도 살짝 발을 담그고 말았다. 아기가 실제로 특별한 냄새를 풍기고, 어른이 그 냄새를 맡을 수 있는지 알고 싶었다. 그리고 만일 그렇다면, 그 냄새는 아기를 대하는 행동에도 영향을 줄 수 있을까 궁금했다.

누가 제일 잘 맡을까?

우리는 인간 냄새 연구에 많은 경험이 있는 뮌헨의학심리학연구소의 학자들과 힘을 모았다. 일단 태어난 지 1~4주밖에 안 된 스웨덴의 신생아 24명과 2~4살 유아 24명을 선별했다. 이들을 무향 비누로 씻기고, 실험용 특수 티셔츠를 입히고, 깨끗한 순면 모자를 씌워 재웠다. (이제 이런 티셔츠는 인간 페로몬 연구에서 일종의 표준 장비가 되어버렸다.)

그런 다음 아이를 키우는 엄마와 아빠 혹은 아이가 없는 여성과 남성(총 24명)에게 3가지 옷 (신생아의 옷, 아동의 옷, 한 번도 입지 않은 새 옷) 중에서 신생아의 옷을 고르도록 했다.

놀랍게도 최고점을 받은 사람은 엄마나 아기 없는 여성이 아니라 아빠였다. 아빠들이 신생아 냄새를 어린아이 냄새와 제일 잘 구분했다. 여성들은 대체로 한 번도 입지 않은 새 옷 냄새를 선호한다는 결과 역시 놀라웠다.

우리는 기체 크로마토그래피를 이용해 아기의 옷과 모자에 밴 냄새 성분을 분리하였다. 나이가 많은 아동의 옷에는 이 성분들이 없거나 있다고 해도 농도가 훨씬 낮았다. 그 이유는 무엇보다 신생아 피부의 피지선이 생후 1주까지 어른과 비슷한 정도로 활성화되기 때문인 것 같다. 출산 시 엄마의 특정 물질이 태반을 타고 아기에게 전달되어 일시적으로 피부 분비물 생산을 자극하는 것이다. 이 분비 과정은 나이가 들면서 줄어들었다가 사춘기가 되면서 다시 늘어난다.

실험은 일반적으로 남성이 신생아와 아동의 냄새를 더 잘 구분할 수 있다는 결론을 내렸다. 어떤 냄새가 나냐고 우리가 물었더니 참가자들은 "편하다", "마음이 놓인다", "향긋하다" 같은 표현을 썼다. 모두가 긍정적인 의미의 표현이며, 일반적으로 그 냄새가 어느 정도 진정 작용을 한다는 사실을 말해준다. 왜 진화는 남성들에게 그런 능력을 선사했을까? 이유는 추측할 수 있을 뿐이다.[19]

늘 그렇듯 여기서도 우리의 유전자 구성에는 수십만 년 전 유전자의 생존율이 반영된다. 그러니까 사냥을 마치고 동굴로 돌아온 사나운 사냥꾼이 그 놀라운 냄새 탓에 시끄럽지만 작은 신생아를 더 따듯한 마음으로 바라보았을지 모를 일이다. 누가 알겠는가? 이 연구 결과가 언론에 보도되자 BBC에서 내게 인터뷰를 요청했다. 기자의 마지막 질문은 이랬다.

"그럼 신생아 냄새를 합성 · 제조해 축구장에 살포하면 훌리건이 진정될까요?"

쥐의 눈물겨운 부정

공격적인 행동과 그것이 유발할 수 있는 것, 즉 불안에 대해 잠시 더 살펴보기로 하자. 냄새만 맡고도 상대의 불안을 알아차릴 수 있다고 생각하는 사람들이 많다. 실제로 땀에서 '불안의 냄새'를 맡을 수 있는지 연구한 학자는 많지만, 그중에서도 심리학자 드니즈 첸Denise Chen의 실험이 특히 두각을 나타낸다.[20] 그녀는 참가자들에게 코미디 영화나 공포 영화를 보여준 후 겨드랑이 땀을 채집하였다. 그리고 땀이 묻은 면봉의 냄새를 다른 참가자에게 맡게 한 후 그들의 반응을 평가하였다. 한 실험에선 참가자들이 '행복한' 남성의 냄새와 '불안한' 남성의 냄새를 평균 이상으로 잘 구분하였다. 이 결과로 미루어 볼 때 인간은 공포와 관련 있는 화학 신호를 배출한다는 추측이 가능하다. 그보다 더 매력적인 사실은 인간이 그 냄새를 인지할 수 있다는 것이다.

학자들은 공격적 감정을 불러오는 화학 신호의 잠재적 운반꾼으로 또 다른 신체 분비물에도 관심을 가졌다. 한 실험 결과는[21] 여성이 흘리는 감성적인 눈물 냄새가 남성의 테스토스테론 수치를 낮춘다고 주장하였다. 이 글을 쓴 저자들은 눈물에 담긴 화학 신호가 일종의 '정지 신호'로 작용하여 남성의 공격성과 성적 행동을 줄인다고 추측했다.

인간에게서 눈물 냄새가 테스토스테론 수치를 낮춘다는 사실은 여러 차례 확인되었다.[22·23] 더 흥미로운 점은 쥐를 대상으로한 실험에서도 새끼 쥐의 눈물 냄새를 맡은 어른 수컷 쥐의 공격성이 줄어든 것이다. 이 실험이 재미난 이유는 더 있다. 보통 인간의 화학 신호 연구는 먼저 쥐에게서 효과를 확인한 후 인간에게 시행하는데 여기서는 반대로 인간에게 먼저 확인한 사실을 쥐에게서 재확인하였다.

체취만 가지고 성별 파악

시끄러운 신생아한테로 다시 돌아가 보자. 아기 머리 냄새를 맡고서 마음을 진정하기 전에 먼저 성인의 겨드랑이에서 나는 냄새부터 맡아보기로 한다. 그러나 이번에는 불안의 냄새가 아니라 쾌감을 불러오는 냄새에 주목할 것이다.

페로몬 학자들은 겨드랑이에 관심을 보일 때가 많다. 사춘기가 되면 겨드랑이에서 냄새가 나기 시작한다는 사실을 생각한다면 그리 놀랄 일도 아니다. 겨드랑이 – 그리고 음부 – 에는 특수한 종류의 땀샘인 아포크린샘이 있다. 아포크린샘은 온몸에 분포되어 물 같이 투명하고, 냄새도 없으며, 소금기가 있는 액체를 분비하여 체온을 조절하는 에크린샘과 달리 지방을 함유한 물질을 모근으로 분비하므로 심한 냄새를 풍길 가능성이 있다. (그러나 전형적인 역한 냄새는 원래부터 나는 것이 아니라 박테리아 때문이다. 땀이 피부 표면에 도달하면 박테리아가 지방 물질을 분해한다. 데오도란트가 겨드랑이 냄새에 효과적인 이유도 바로 그것이다.) 이처럼 냄새가 사춘기와 관련이 있는 것에 어떤 특별한 이유가 있을까?

나는 대학에서 감각에 대한 강의를 하면서 정기적으로 학생들을 상대로 한 가지 실험을 한다. 냄새만 맡고서 남녀를 얼마나 잘 구분할 수 있는지 알아보는 실험이다. 모든 학생에게 강의 전날 무향 비누로 샤워를 하고 아침에는 데오도란트나 향수를 쓰지 말라고 부탁한다. 그리고 강의 시작 전에 모두에게 면봉을 나누어 주고 강의 시간 내내 겨드랑이에 면봉을 끼고 있게 한다. 그 후 면봉을 꺼내서 통에 집어넣게 하는데, 통에는 성별을 구분할 수 있게 내가 숫자를 적어 놓았다. 그리고 모두에게 통 냄새를 맡게 한 후 남자 냄새인지 여자 냄새인지를 추측해보라고 한다. 결과는 항상 고도로 유의미하다. 80%가 성별을 정확히 맞힌다. 물론 언제 어디서나 잘못 판단하는 사람들은 있기 마련이지만 말이다.

마지막으로 학생들에게 냄새가 강한지 약한지, 쾌적한지 불쾌한지 묻는다. 지금까지 대부분이 강렬하고 불쾌한 냄새는 남성의 것으로, 약하고 쾌적한 냄새는 여성의 것으로 평가하였다. 그런 판단이 맞을 때도 많다. 체취는 복잡한 현상이지만, 가장 강렬한 인간의 체취는 근본적으로 겨드랑이의 아포크린샘과 안드로스테논, 안드로스타디에논 덕분이다. 사춘기에는 남녀를 불문하고 서로 친척인 이 두 스테로이드의 분비가 증가하지만, 남성에서 더 두드러진다. 그러니 이 두 화합물의 냄새를 좋게 느낄지 불쾌하게 느낄지는 누가 봐도 우리 유전자에 달린 것이다.[24]

그런데 우리의 후각은 남녀 구분을 넘어 배우자 선택에도 도움이 될까?

MHC의 비밀

사실 여부가 확인되지는 않았지만, 나폴레옹 보나파르트에 얽힌 재미난 이야기 한 편이 전해진다. 나폴레옹이 전투를 마치고 첫 아내인 조제핀에게 편지를 보냈다.

"씻지 마시오. 집으로 가고 있소."

편지가 진짜라면 체취에는 유혹의 성분이 들어있는 것 같다. 나폴레옹 개인의 특이한 성적 취향이었을까? 아니면 인류 전체의 특징일까? 후자라면 잠재적 배우자에게 '코를 들이대고 냄새를 맡는' 행위는 어떤 의미가 있을까?

학자들이 특히 관심을 가지는 주제 중 하나는 사람의 체취가 그 사람의 면역 체계에 대해 많은 것을 알려줄 수 있다는 것이다. 상황에 따라서는 자신과 다른 면역계의 배우자를 고르는 편이 유리하다. 그렇다면 냄새만 맡고도 좋은 배우자를 본능적으로 알 수 있는 걸까? 그런 의문의 뒤편에는 그런 결합으로 얻은 후손의 회복 탄력성이 더 클 것이라는 생각이 자리하고 있다.

학자들은 그것이 실제로 어떻게 작동하는지를 알기 위해 먼저 회복 탄력성을 높이는 것이 무엇인지 살폈다. 모든 척추동물의 세포 표면에는 단백질이 있다. 주조직적합성복합체major histocompatibility complex, MHC라 부르는 이 단백질 집단은 면역계 조절에 관여한다. 또 인간에게는 MHC의 유전자에 새겨진 인체 백혈구 항원human leukocyte antigen, HLA이 있다. 이것이 잠재적인 배우자의 됨됨이를 재는 기준이 될 수 있을까?

한 실험에서[25] – 여기서도 이미 입었던 티셔츠를 사용하였다 – 남성이 입었던 셔츠의 냄새를 여성에게 맡게 한 후 만나고 싶은 사람을 고르게 했다. 그랬더니 대체로 MHC 유전자가 자신과 다른 남성을 골랐다. 그런데 피임약을 복용한 여성은 정반대였다. 자신과 비슷한 MHC에 더 끌렸다. 피임약을 먹으면 신체가 임신과 비슷한 호르몬 상태로 변하므로 학자들은 이런 가설을 내놓았다. 그런 상태의 여성은 자신을 지원해줄 것 같은 비슷한 사람을 찾는다고 말이다. 그러나 조심할 필요는 있다. 지금껏 이 결과를 재확인해준 실험은 없었으니 말이다.

또 다른 실험은 여성이 대체로 자기 MHC 면역 단백질과 비슷한 향의 향수를 선호한다는 결과를 발표하였다.[26] 학자들은 그 결과가 잠재적 배우자에게서는 자신과 다른 MHC 냄새를 맡고 싶지만, 자신에게는 자기 MHC 냄새를 맡고 싶다는 증거일 수 있다고 추측한다. 이유가 무엇일까? 자기 몸에서 자기 냄새가 나면 자기 면역계가 튼튼해지는 기분이 들 것이다. 물론 이 실험 역시 참가 인원이 매우 적어서 최종 결론을 얻기 위해서는 추가 연구가 꼭 필요하다.

그런 식의 실험은 모두 우리가 휘발성 페로몬과의 밀접 접촉(참가자들이 티셔츠에 코를 아주 바짝 들이댄다.)에 어떻게 반응하는지를 살핀다. 따라서 그런 물질이 멀리서는 어떤 작용을 하는지에 대한 연구는 아직 충분하지 않다. 애당초 우리의 연구 주제가 아닌 데다, 사실 그렇게 거리가 멀면 선호도나 호르몬 상태를 바꾸는 효과도 없을 것이다.

냄새가 생리 주기를 바꾼다

호르몬과 관련하여서는 또 한 가지 재미난 주제가 있다. 여성들끼리 페로몬을 주고받아 서로의 생리 주기를 바꿀 수 있을까?

여성의 배란을 연구한 실험 중에서 가장 논란이 많았던 것 중 하나는 1970년대 하버드대학의 학자들이 같은 기숙사에 사는 135명의 여대생을 관찰한 실험이었다. 《네이처》지에 〈생리 동조성과 억압Menstrual Synchrony and Suppression〉이라는 제목으로 실험 결과가 발표되자 학계는 일제히 페로몬 연구의 개척이라며 환호했다.[27] 그 내용을 보면, 시간이 갈수록 여대생들의 생리 시작 시점이 비슷해졌다. 실험을 주도한 심리학자 마사 맥클린톡Martha McClintock은 이런 생리 주기의 동조가 페로몬 때문이라는 결론을 내렸다. '생리 주기에 영향을 주는 상호 생리학적 과정'이 있다는 것이다. 수많은 개별 보고들이 그 사실을 입증하였다. 모두가 함께 사는 여성들은 생리 주기가 같아진다고 보고했다.

그러나 그 이후 그 결과를 신빙성 있게 재확인한 실험은 소수에 불과하다. 한 실험에서는 여성의 겨드랑이 땀을 다른 여성의 윗입술에 떨어뜨렸다. 그랬더니 생리 날짜가 자꾸 뒤로 미루어지다가 결국 땀의 주인과 같아졌다.[28] 그러나 이 실험 역시 참가 인원이 적었다.

참가 인원은 적었지만 주도면밀하게 진행되었던 1988년의 한 실험이 특히 눈에 띈다. 맥클린톡과 캐슬린 스턴Kathleen Stern[29]이 공동 발표한 실험보고서는 페로몬이 실제로 배란 시점은 물론이고, 생리 기간에도 영향을 미친다는 결론을 내렸다. 이들은 4개월 동안 다른 여성의 겨드랑이 땀 냄새가 또 다른 여성에게 미치는 영향을 연구하였다. 10명의 여성에게는 두 달 동안 배란기 여성의 냄새를 맡게 하였고, 다른 10명의 여성에게는 생리 주기 후반기 여성의 냄새를 맡게 하였다. 그러자 전자의 생리 주기가 월평균 1.7일 짧아졌고, 최고 14일까지 짧아진 참가자들도 몇 명 있었다. 후자의 생리 주기는 월평균 1.4일 길어졌다. 최고 12일까지 길어진 참가자도 있었다. 이 실험에서 냄새 샘플은 총 9명에게서 얻었다. 그러나 그 효과가 어떤 화학 결합물 탓인지는 연구하지 않았다.

소위 맥클린톡 효과에 의문을 제기한 학자들도 있다. 이들은 생리 주기의 동조가 우연이거나 실험 방법의 오류 탓이라고 주장하였다.[30] 생리 주기는 여성마다 다르므로 같이 살다 보면 언젠가는 주기가 겹치게 된다고 말이다.

그런 주장과 상관없이 우리가 더 주목해야 할 문제는 아마도 그런 페로몬 유발인자가 갖는 진화론적 가치일 것이다. 서로 힘을 합쳐 남성에게 대적하는 방법이라는 이론도 있다. 그게 아니라면 배우자를 둘러싼 경쟁을 줄이거나 격화하려는 목적일까? 지금까지도 생리 동조는 여전히 격론의 주제이다.

냄새는 마음먹기에 달려 있다

이 장을 시작하면서도 언급했듯 후각 시스템의 주요 기능은 인간의 화학 환경을 쉼 없이 관찰하여 그 정보를 바탕으로 위험을 경고하는 것이다. 우리는 숨을 쉴 때마다 정보를 얻고, 그 지식을 바탕으로 어디로 갈지 말지, 무엇을 먹을지 말지를 결정하며, 누구와 친분을 맺을지도 어느 정도는 그 정보에 따라 결정한다. 이미 밝혀졌듯 가장 강렬한 신호는 부정적인 상황과 연관된다. 방금 토한 사람의 냄새(상한 음식이나 아픈 사람이 곁에 있다.), 연기와 불 냄새(주변에 불이 났을 위험이 있다.), 상한 식품이나 음료 냄새 등이가 대표적이다.

이 같은 신호 감지 능력은 어느 정도는 타고나는 능력이지만, 매우 신속한 학습을 통해서도 우리는 특정 냄새를 나쁜 것으로 해석할 줄 안다. 가장 흔한 사례가 음식을 먹고 바로 토하는 경우다. 그 음식이 멜론이건, 고기 완자건, 마스카포네 치즈건, 이제 그 사람은 평생 그 의문의 냄새에 거부감을 갖게 된다. 심지어 그런 연상이 불안을 불러올 수도 있다.

스톡홀름 카롤린스카 연구소의 요한 룬드스트룀Johan Lundström은 인간의 두뇌가 그런 부정적 연상을 어떻게 만드는지 알기 위해 우아한 실험을 하였다.[31] 우리가 별 선입견 없이 대하는 매우 중립적인 냄새를 전기 충격과 결합하여 실험 참가자들이 해당 냄새를 부정적으로 생각하게끔 만든 것이다. 학자들은 구분하기 힘들 만큼 비슷한 두 냄새 분자를 이용하였다. 이 둘 중 하나를 전기 충격과 결합하여 참가자에게 불쾌한 경험을 선사했다. 처음에는 구분을 못 하던 참가자들도 시간이 지나자 차츰 둘을 구분하였고, 전기 충격을 동반한 냄새는 농도가 낮아도 알아차렸다. 8주 후 이들을 다시 불러 냄새를 맡게 하였다. 참가자 전원이 '전기 충격을 동반한' 냄새에 더는 예민한 반응을 보이지 않았다. 그러나 어떻게 해서 그런 결과가 나왔는지는 아직 최종 해명되지 못했다.

또 다른 실험은 재미나게도 물리 · 화학적 특성이 특정 냄새에 대한 장기간의 거부감을 불러올 수 있다는 사실을 밝혀냈다.[32] 학자들은 복잡한 구조의 냄새 분자가 많을수록 더 높은 차원의 삼차신경trigeminal nerve 인지를 할 수 있다고 추측했다. (하나의 냄새에 담긴 자극 물질의 양이 이에 해당하여, 칠리가 매운 것도 자극 물질이 많기 때문이다.) 또 냄새가 복잡할수록 익숙해지기 힘들 확률이 높아진다고도 주장했다. 실험 참가자들은 그런 냄새를 늘 불쾌하다고 표현했다. 달리 말하면, 그런 경고성 냄새를 수용하는 뉴런은 순응해서 둔화되지 않는다. 나쁜 냄새에 익숙해지지 않는 것은 물론이고, 계속해서 그 냄새에 반응한다. 대부분의 긍정적이거나 중립적인 냄새는 시간이 가면 언젠가는 반응이 잦아든다.

나도 20년 전에 그런 '익숙해지지 않는' 경험을 한 적이 있다. 당시 세 살 된 아들을 데리고 해마다 열리는 순록 도축을 보려고 북스웨덴으로 향했다. 엄청나게 큰 피자를 먹은 아들이 돌아오는 길에 자동차 뒷좌석에서 토했다. 스베그에서 룬드까지 남은 1,000킬로미터 내내 나는 숨을 쉴 때마다 토한 피자 냄새를 들이마셔야만 했다.

화학 방정식으로 냄새의 선호 예측하기

인간이 원래부터 좋아하거나 쾌적하게 느끼는 냄새가 있다. 내 친구이자 이스라엘 와이즈만과학연구소의 저명한 신경학자인 노암 소벨Noam Sobel은 인간이 어떻게 냄새를 분류하며, 그것을 분자의 화학 성분과 결부시키는지 알고 싶었다. 그러나 그가 찾아낸 것은 딱 한 가지 특이한 지표뿐이었다. 바로 냄새가 좋은지 나쁜지, 쾌적한지 불쾌한지를 보는 쾌락적 호응이었다.

와이즈만과학연구소의 소벨 연구팀은 캘리포니아대학교 신경학 및 심리학 연구소의 학자들과 힘을 모아 인간의 후각이 어떤 일반 원칙에 따라 체계화되는지 알아보는 상당히 복잡한 실험을 시행하였다.[33] 그들의 출발점은 160가지 냄새를 갖춘 데이터베이스였다. 150명의 향수 및 냄새 전문가가 총 146가지 특징에 따라 분류해놓은 냄새들이었다. 가령 달콤한 냄새, 탄내, 곰팡내처럼 말이다. 이제 학자들은 이 정보를 분석하여 냄새를 가장 명확하게 가르는 한 가지 요인을 찾으려 했다. 결과를 보면, 마지막에는 늘 쾌락적 측면이 버티고 서 있었다. 그러니까 우리는 냄새를 얼마나 쾌적하게 인지했느냐에 따라 분류하는 것이다.

등급의 한쪽 끝에는 '달콤하다'와 '향기롭다'가 있고, 반대편 끝에는 '썩은 내가 난다'와 '구역질 난다'가 있다. 학자들은 화학물질 정보은행을 가지고도 똑같은 분석을 진행하였고, 냄새를 가장 명확히 나누는 한 가지 요인이나 수치를 찾기 위해 각 물질당 1,500가지 이상의 성질을 고려하였다. 이번에도 결과는 쾌락적 측면으로 수렴되었다. 따라서 학자들은 분자 구조만 보고도 사람들이 어떤 냄새를 얼마나 쾌적하게 느낄지 예상할 수 있다고 주장하였다.

우리 코의 냄새 수용기는 자기가 반응하고 인식하는 냄새가 쾌적한지 불쾌한지에 따라 서로 같은 것들끼리 나란히 모여 있다는 사실도 같은 실험이 밝힌 재미난 결과이다. 물론 문화적 환경이나 경험 역시 냄새 인지와 코점막 세포의 조직에 영향을 미치지만, 어떤 냄새가 가장 쾌적하고 불쾌한지는 일종의 전 세계적 합의가 있는 것 같다. 노암 소벨은 이렇게 요약했다.

"우리의 연구 결과는 인간의 냄새 인지 방식이 일부나마 뇌에 고정 배선되어 있다고 말한다. 어느 정도의 유연성은 있고, 경험이 냄새 인지에 영향을 주는 것도 확실하지만, 어떤 냄새가 쾌적하거나 불쾌하다는 우리의 느낌은 물리 세계의 배열에 달려 있다. 그러니까 화학을 이용하면 우리가 새로운 물질의 냄새를 어떻게 느낄지 미리 예상할 수 있는 것이다."

이들의 실험 결과 중에는 한 가지 더 언급해야 할 사실이 있다. 어린아이는 쾌적한 냄새와 불쾌한 냄새를 성인만큼 확실히 구분하지 못하였다. 어떤 냄새가 강한지 약한지는 알아도 좋은지 나쁜지는 구분하지 못했다.

일반적으로 이런 쾌락적 측면을 넘어서면 사실 우리는 냄새를 잘 구분하지 못하며, 사람들 대부분은 보편적인 용어로 냄새를 표현하는 것이 거의 불가능하다. 이런 연구 결과를 바탕으로 와이즈만과학연구소의 연구팀은 한 가지 냄새의 설명을 하나의 구조와 결합하려는 노력을 접고, 두 가지 냄새 물질이 그것의 냄새와는 상관없이 얼마나 비슷하게 인지되는지를 예측하고자 하였다. 그 결과 그들은 구조만 보고서도 임의의 두 냄새 물질의 측정값을 얻을 수 있었고, 실제로 그 값은 물질의 유사성을 표시하였다.[34]

이들은 그것으로 냄새를 디지털화하는 기초를 마련하였다고 주장하였다. 실제로 그들이 인류의 오랜 염원에 한 걸음 더 다가갔는지는 조금 더 기다려보아야 알 수 있는 일이다. 그러나 알다시피 우리가 쉽사리 냄새를 확인하고 이름 붙일 수 없기에, 디지털 미래라는 우리의 꿈도 쉽지만은 않을 것이다.

자하이족의 냄새 언어

우리가 냄새에 이름을 붙이기 힘든 이유는 냄새와 언어를 처리하는 두뇌의 방식 탓이다. 아직도 냄새의 중요성이 의심스럽다면 우리가 얼마나 냄새와 관련된 말을 자주 쓰는지 한 번 생각해보라. 뭔가 수상쩍을 때, '냄새가 난다'고 말한다. 행동이 지저분하면 '구리게 논다'고 표현하고, 의심스러운 행동을 하는 사람에게는 '뒤가 구리다'고 말한다. 이런 표현들은 아마도 후각은 믿어도 좋다는 본능의 신호일 것이다.

실제로도 후각은 믿을 만하지만, 우리는 대체로 냄새를 적절하게 설명하지 못한다. 시각 및 청각에 관한 언어 표현과 비교할 때 후각과 관련된 표현은 그리 풍성하지 않다. 건강한 실험 참가자에게 흔히 맡을 수 있는 냄새를 설명해보라고 하면 모두가 어려워한다. 학자들은 그 이유가 무엇인지, 어떤 두뇌 부위 탓인지, 이미 밝혀냈다.[35] 우리가 냄새를 설명할 때는 두 개의 두뇌 부위가 활성화된다. 전측두피질anterior temporal cortex과 안와전두피질orbitofrontal cortex이다. 실험에 참여한 학자들의 주장에 따르면, 이 두 부위는 거의 처리되지 않은 냄새 신호를 받아들인다. 그래서 두뇌의 언어 처리 부위가 냄새를 확인하고 이름 붙이기가 어려운 것이다.

진화에서 언어 처리는 냄새 처리보다 한참 뒤에 생겨났다. 그것 역시 냄새와 관련된 어휘가 적은 이유일 수 있다. 어쨌거나 두뇌가 일상의 냄새 경험을 어떻게 처리하고, 언어와 연계하는지를 실제로 이해하기란 여전히 쉽지 않다.

내가 다시 한번 후각 인지 분야로 발을 들여 여러 문화가 냄새를 어떻게 설명하는지 알아보기로 결심하게 된 계기도 바로 이런 냄새의 언어적 측면 때문이었다.[36] 나는 이 분야의 전문가인 아시파 마지드Asifa Majid와 함께 말레이시아 열대 우림에 사는 원시 부족인 자하이족과 유럽인이 냄새를 어떻게 설명하는지 비교하였다. 유럽인 – 실험은 네덜란드인을 대상으로 하였다 – 은 냄새를 보통 구체적인 표현으로 설명하였다. 달리 말하면 잘 아는 것, 가령 바나나와 비교하였다. 또 설명에 걸리는 시간이 더 길었다. 자하이족은 '쿰쿰하다'는 식의 추상적인 표현을 더 많이 사용했고, 설명하는 시간도 훨씬 짧았다.

우리는 냄새가 일으키는 얼굴 표정도 함께 살펴보았다. 그랬더니 정서적 반응은 언어 차이와 관련이 없어서 양쪽의 표정이 대체로 같았다. 그러나 자하이족은 유럽인과 달리 냄새를 특정한 추상적 어휘로 설명하였다. 또 실험 초기 단계에서 밝혀진 대로 자하이족은 냄새를 매우 잘 구분하였고, 중요한 냄새는 특정된 다양한 표현이 있었다. 유럽어의 경우 색깔 표현은 '빨갛다', '파랗다', '초록색이다' 등의 여러 단어가 있지만, 냄새 표현에는 그런 세밀한 단어가 없다.

자하이족의 언어에는 피와 생선 혹은 고기 냄새를 표현하는 단어가 하나 있고, 그것과 다르게 자극적인 비린내를 표현하는 단어도 따로 있다. 그들은 이 단어들을 유럽인이 색깔 단어를 쓰듯 아주 일상적으로 사용한다. 그들이 쓰는 모든 개념은 대부분 열대 우림 생활에 꼭 필요한 것을 설명한다. 내가 기억하기로는 호랑이를 유혹하는 피 냄새를 설명하는 단어도 있었다. 그게 어떤 냄새냐고 자하이족에게 물어보니 머릿니를 잡아 죽일 때 나는 냄새와 아주 비슷하다고 대답했다.

냄새가 안 나면 맛도 몰라

나는 정기적으로 학생들을 데리고 비후향retronasal olfaction의 중요성을 확실히 입증하는 간단한 실험을 한다. 비후향이란 음식을 먹을 때 향을 인지할 수 있게 하는 후각이다.

학생 몇 명의 눈을 가리고 콧구멍을 집게로 집어서 막는다. 이 상태에서 케첩과 겨자를 구분하라고 하면 정말 아무도 못 한다. 집게를 떼고 눈만 가리면 모두가 아주 쉽게 성공한다. 이유는 상대적으로 간단하다. 케첩과 겨자는 비슷한 정도로 달고 짜고 시다. 맛의 차이는 오직 비후강에서 느끼는 토마토 향과 겨자 향에 달려 있다. 이 사실만으로도 후각 상실이 매우 심각한 장애인 이유를 알 수 있다.

후각이 사라지면 먹고 마실 때 느끼는 감각의 미세한 조율 전체가 사라진다. 그래서 모든 것의 맛이 대체로 같아진다. 마칼란 위스키와 아드버그 위스키가 다르지 않고, 최고의 리오하와 그저 그런 비노 틴토의 맛이 다 똑같다.

그래서 소믈리에가 포도주를 시음해보라며 따라주면 먼저 냄새부터 맡아야 한다. 포도주 잔을 빙빙 돌린 다음 한 번 더 냄새를 맡고, 그런 후 한 모금 마신다. 포도주에서 풍기는 향이 풍부할수록 코는 향을 더 잘 수용할 수 있다. 당연히 맛도 더 좋다. 물론 좋은 포도주일 때의 이야기지만 말이다.

프루스트 효과

이렇게 하여 우리는 냄새 수수께끼 중에서도 가장 수수께끼 같은 부분에 도착하였다. 어떻게 냄새는 우리를 다른 시간, 다른 장소, 아주 특정한 감정으로 데려가는가?

작가 마르셀 프루스트가 어린 시절의 생생한 기억을 상세히 묘사한 이후 흔히 그런 경험을 '프루스트 효과', '프루스트 현상', '마들렌 순간'이라 부른다. 그의 기억을 불러온 것은 보리수꽃 차에 담근 마들렌 비스킷의 달콤한 향기였고, 그는 1913년과 1927년에 나온 소설《잃어버린 시간을 찾아서》에서 그 기억을 자세히 묘사하였다.

사실 모든 냄새는 그런 작용을 할 수 있다. 그런 '비자발적 기억'은 마른하늘에 날벼락처럼 갑자기 나타나며, 오래전에 잊힌 냄새가 원인이라는 특징이 있다. 또 그 냄새와 경험이 우리 기억에 저장되던 그 시간에 느꼈던 강렬한 감정을 동반한다.

프루스트의 문학적 자유는 과학적 검증을 이겨냈을까? 향기와 냄새가 감정을 담은 강렬한 기억을 불러내는 데에는 특별한 이유가 있다. 이 감각기관이 변연계에 파묻혀서 편도체와 직접 이어져 있기 때문이다. 편도체는 감정을 일으키고 기억을 저장하는 뇌의 작은 부위다. 그래서 우리는 기억할 만한 냄새를 맡으면 화들짝 놀라거나 뿌리 내린 듯 발을 떼지 못한다. 그 냄새 정보는 곧바로 해마로 전달된다. 그러니 그 정보가 구체적인 기억 – 그리고 강렬한 감정 – 을 불러오는 것은 너무도 당연하다. 외상후 스트레스 장애를 앓는 사람이라면 너무나도 잘 알 것이다. 그들은 트라우마를 겪을 당시의 익숙한 냄새가 고통스러운 기억과 강한 불안감을 불러올 수 있다고 자주 토로한다.

비범한 감각기관, 후각

이 장에서 우리는 인간의 후각에 대해 짧게나마 알아보았다. 덕분에 우리는 우리 코앞에 숨어 있던 몇 가지 비밀과 수수께끼를 알게 되었다. 어찌 되었건 한 가지는 확실하다. 우리의 후각은 평범한 녀석이 아니다. 후각은 강렬한 감정을 몰고 오고, 기억을 풀어놓으며, 질병의 진단을 돕는다. 또 우리가 삶과 사랑을 온전히 즐길 수 있게 도와줄 뿐 아니라 잘만 활용하면 노인의 인지 저하를 지연시킬 수 있다.

화학 인지를 연구하는 학자들이 그들의 지식을 어떻게 유용하게 써먹는지는 14장에서 자세히 알아보자.

3
인간의 오랜 친구인 개, 그리고 대단한 코

우리에게 익숙한 길은 늘 똑같아 보인다. 하지만 개는 매일 같은 길을 걸어도 지루할 틈이 없다. 개는 함께 산책하는 인간과는 전혀 다른 세상을 경험하기 때문이다. 개에게는 감각과 주변 정보가 훨씬 중요하기에 개 주인이 목줄을 잡아당기며 그만 가자고 소리치거나 사정하는 광경이 자주 벌어지는 것이다.

"별거 없어. 가자."

개 주인의 말이 백번 옳다.

하지만 개의 사정은 다르다. 아주 옅은 냄새까지도 맡을 수 있는 놀라운 능력 덕분에 인간과는 전혀 다른 방식으로 세상을 바라본다. 그래서 가다가 여러 번 걸음을 멈추고 다리를 들어 오줌을 찍 갈긴다. (물론 잘 키운 개는 그런 짓을 하지 않지만 말이다.) 개는 냄새가 가득한 이 세상에 끼어들고 싶어한다. 그래서 지나는 곳마다 영역 표시를 해서 이곳을 지날 동족에게 자기을 알리려 한다.

개는 코를 땅에 대거나 공중으로 쳐들어 수색 활동을 벌이며 우리 눈에는 보이지 않는 냄새와 향기에 고이 새겨진 이야기를 읽는다. 인간은 대부분 시각적 인상에 집중하지만–우리는 지금 이 순간에 볼 수 있는 것만 인지한다–개는 공기와 지표면에 코를 박고서 사건과 상황의 이미지를 만든다. 개는 과거의 냄새를 맡는다. 뛰어난 코가 전혀 다른 시각을 열어주기에 인간과 비교할 수 없을 정도로 큰 혜택을 누린다.

개가 냄새를 맡는 것은 정서적 자극의 방법이다. 그렇게 하여 환경을 해석하고, 그 안에서 제자리를 찾는다. 과거에서 현재로, 심지어 미래로 뻗어 나가는 이야기의 줄거리를 냄새만 맡고서도 바로 창작해낸다. 우리 눈에는 텅 빈 길이지만 개는 우리가 도착하기 전에 일어난 일을 알 수 있다. 혹은 보이지 않는 것도 알아차릴 수 있다. 개는 위험을 감지하고, 먹잇감을 포착한다. 그래서 우리가 눈치채기 전에 이미 다가온 고양이에게 반응한다. 이 모든 것이 뛰어난 후각 덕분이다.

개는 약해진 냄새나 희미한 냄새도 맡을 수 있다. 짙었던 냄새가 옅어져도, 애당초 옅은 냄새여도 상관없다. 가령 스트레스나 불안을 느낄 때 분비되는 호르몬이나 아드레날린을 인간은 아예 맡을 수 없지만 개에게는 아주 쉬운 일이다. 개가 주인의 마음을 어루만질 수 있는 이유도 그 때문이다. 개는 우리가 불안하면 금방 알아차린다. 개가 자기를 무서워하는 사람에게 제일 관심을 보이는 이유도 그것이다.

개코의 비밀

그렇다면 개는 왜 인간보다 냄새에 더 예민할까?

일단 개의 냄새 문턱 값이 인간보다 훨씬 낮다. 다시 말해 개는 냄새를 더 강렬하게 인지한다. 그 수치는 학자에 따라 각양각색이지만, 특정 화합물에 대한 개의 문턱 값은 인간보다 1천

~1만 배 더 낮다. 공기 중에 떠다니는 물질－휘발성 유기 화합물－의 경우엔 무려 1조 배나 더 낮다고 한다.[1] 어떤 해부학적 특성이 이런 예리한 후각을 만들어냈을까? 반짝이는 축축한 코 덕분일까?

개는 인간과 달리 온몸으로 땀을 배출하지 않는다. 땀을 배출하는 땀샘은 코에 있으며, 체온조절을 돕는 발바닥에도 있다. 개가 코를 자주 핥는 이유는 콧속과 코, 코 주변 공기의 습도가 높을 때 냄새를 더 잘 맡기 때문이다. 코를 핥아 습도를 높여 후각을 강화하는 것이다.

또 코가 축축하면 바람의 방향을 잘 감지할 수 있다. 젖은 표면에 바람이 불면 온도가 떨어지기 때문이다. 우리도 바람 방향을 확인할 때 개와 비슷하게 젖은 손가락을 공중에 세울 때가 있지 않은가. 또 냄새가 바람을 타고 이동하기 때문에 바람의 방향을 알면 냄새가 어디서 오는지도 알 수 있다.

하지만 이 모든 것은 개의 코가 예민한 진짜 이유가 아니다. 그 이유를 알려면 무엇보다 개 코의 구조가 어떠하며, 그 안에서 무슨 일이 벌어지는지를 이해해야 한다.

얼른 보면 개 코도 별다를 것이 없다. 우리와 똑같이 콧구멍이 두 개다. 하지만 개는 두 개의 콧구멍을 따로따로 움직일 수 있고, 개별적으로 쓸 수 있다. 이것 역시 냄새의 근원과 방향을 확인하는 데 큰 도움이 된다.

따로 움직이는 콧구멍과 함께 개의 코는－어쩌면 다행스럽게도 우리와 달리―양옆으로 틈이 나 있다. 덕분에 개의 코는 들이마신 공기를 보다 집중적이고 효율적으로 내보내고, 그렇게 하여 새로운 냄새의 흡입을 독려한다. 콧구멍으로 숨을 들이쉬고 틈으로 내보내므로, 그렇게 생긴 기류가 다음 호흡을 할 때 새로운 냄새 분자를 밀어주는 것이다.

개의 냄새 맡기와 냄새 인지의 외부 공기역학을 살펴보면, 개는 냄새가 들어오는 쪽으로 숨을 내쉬지 않는다. 코 양옆의 틈은 냄새가 오는 쪽의 옆과 뒤로 기류를 유도한다. 냄새의 원인을 없애거나 다른 것과 섞이지 않게 하면서 냄새를 앞쪽 콧구멍 방향으로 유도하는 조치이다. 개는 냄새의 원천을 '살피고' 자꾸 킁킁대다가, 마지막에 가서 그것을 향해 '달려들고' 콧속 냄새 분자들을 위로 몰아 비점막의 위쪽에 있는 후각상피로 보낸다.[2] 숨을 내쉴 때는 공기가 후각 부위로 들어가지도 나가지도 않는다. 그래서 냄새 분자들이 옅어지거나 뒤섞이는 일 없이 호흡 사이클 내내 아주 효율적으로 상피의 화학 수용기와 만난다.

한 마디 더 언급하고 넘어가자. 개는 더울 때 심하게 숨을 헐떡이는데 이때 냄새 원천의 주변 공기가 난기류를 만들게 되어 냄새를 잘 못 맡기도 한다. 또 영양 균형이 깨지거나 마이크로바이옴이 건강하지 못하거나 그냥 몸 상태가 좋지 않아도 냄새를 잘 못 맡는다.[3] 하지만 워낙 자주 킁킁대기에 기본적으로 인간보다 훨씬 더 많은 냄새 분자를 흡입한다.

길고 꼬불꼬불한 길

냄새 분자가 개의 코로 들어가면 무슨 일이 일어날까?

개의 콧속은 냄새를 판단하기에 아주 이상적인 조건이다. 냄새 분자는 꼬불꼬불한 길을 따라 콧속으로 들어간다. 그 과정에서 정교한 냄새 장치를 스쳐 지나가는데, 그 안에는 후각 뉴런 – 냄새 인지를 담당하는 세포 – 이 다닥다닥 붙은 젖은 상피가 비강을 도배하다시피 꽉 채우고 있다.

개의 후각 상피는 독특하다. 복잡하게 돌돌 말려 접혀서 비강의 복잡한 뼈 조직 위쪽에 자리하고 있다. 이런 벌집 모양의 뼈 구조 덕분에 밀려드는 모든 냄새 분자는 일종의 미로를 지나가고, 냄새 분자를 평가할 수 있는 전체 표면적이 넓어진다. 또 이 표면에 붙은 후각 수용기의 밀도도 인간보다 어림잡아 최소 50배 이상 높다. 연구 결과로 밝혀졌듯 사냥감을 추적하는 용도로 개량한 블러드하운드는 심지어 인간보다 300배나 많은 냄새 인지 세포가 있다고 한다.[4] 심리학자 알렉산드라 호로비츠Alexandra Horowitz가 《개의 마음을 읽는 법–개는 무엇을 보고, 느끼고, 아는가Inside of a Dog: What Dogs See, Smell, and Know》에서 설명했듯 인간은 약 5백만 개의 후각 세포가 있지만 개는 수억 개, 심지어 수십억 개가 있다.[5] 긴 미로와 넓은 표면적은 복잡한 냄새를 구분할 수 있게 도와준다. 그러니 이런 대단한 개의 후각기관과 비교하면 인간의 것은 참으로 보잘것없어 보인다.

서골비기관을 들여다보면 그런 생각은 더 커진다.

야콥슨기관이라고도 부르는 이 기관은 후각 인지의 또 다른 장소이다. 인간은 진화를 거치면서 사실상 이 기관을 잃었다.(2장 참조) 하지만 개의 경우엔 입천장 바로 위에 자리를 잡고서 휘발성이 약한 특정 냄새를 붙들어 인지하도록 돕는다. 이 자리를 혀로 핥으면 냄새를 더 잘 흡수한다. 여기서 중요한 점은 이 두 번째 후각기관에도 페로몬을 인지하는 화학 수용기가 있다는 사실이다. 페로몬이란 앞에서도 말했듯 같은 종끼리의 사회적 · 성적 소통에 없어서는 안 되는 화학 신호이다.

그 신호는 후각 망울의 특수 부위에서 처리되며, 곧바로 해마로 이어지는 신경 경로를 지나 뇌에 도달하면 즉각 특정 행동을 유발한다. 개가 윗입술을 끌어 올리고 코를 벌름거리는 행동을 흔히 플레멘 반응flehmen response(포유류 동물들이 윗입술을 뒤로 말아 앞니를 드러내고 보통 콧구멍을 막은 채 숨을 들이마신 다음 몇 초 동안 이 자세를 유지하는 행동 – 옮긴이)이라고 부른다. 말이나 사슴, 양 같은 다른 동물에서도 볼 수 있는 행동으로, 입을 벌려 공기를 야콥슨기관으로 빨아들이는 순간이다.

이 반사 행동을 통해 야콥슨기관은 더욱 냄새 분자에 노출된다. 또 개의 앞니 뒤쪽 입천장에 있는 두 개의 작은 통로가 열려 냄새나 페로몬을 인지하며, 그에 반응하는 능력이 향상된다. 일반적으로 플레멘 반응은 오줌이나 성기 냄새로 유발된다. 그리고 흔히 핥기를 동반한다. 개는 이런 방법으로 냄새를 빨아들인다.

개에게 후각이란

예리한 후각은 개의 삶에 어떤 의미가 있을까?

후각 덕분에 개는 날마다 산책길에서 영역 표시를 하고, 다른 개들과 온갖 행동을 주고받으며 무리 내 사회적 지위를 확립한다. 심지어 산책길에 잠깐 만난 이웃과 인사를 나눌 때도 후각을 이용한다.

그러니까 개들이 다른 개의 엉덩이 냄새를 맡는 데에는 다 이유가 있다. 그렇게 하여 온갖 중요하고 시급한 소식을 전해 들을 수 있기 때문이다. 다른 개의 엉덩이를 킁킁대는 동안 개는 상대의 성별, 건강 상태, 영양은 물론이고 사회적 지위도 감지할 수 있다. 나아가 상대가 짝짓기 준비가 되어 있는지도 알 수 있기에, 그 행동은 유전자 번식을 위해서도 매우 중요하다.

집에서 키우는 암캐가 발정이 나면 다른 집 수캐들이 따라온다. 아주 멀리서도 기가 막히게 냄새를 맡고 쫓아온다. 또 수컷들은 혹시 모를 경쟁자를 막기 위해 암컷의 흔적을 덮으려 애쓴다. 암캐의 오줌 자국에 마킹을 해서 흔적을 지우는 것이다. 그래야 자기 유전자가 다음 세대로 이어질 가망이 높아질 테니 말이다.

개가 관심을 두는 정보 대부분은 항문샘과 그 이웃의 피지선에서 나온 분비물에 들어 있다. 이 모두가 개의 엉덩이에 있다. 이 화학 정보의 대부분은 서골비기관에서 인지하고, 여기서 두뇌로 전달된다.

이 모든 후각기관과 신경 경로 덕분에 개는 냄새에 예민하게 반응하고, 온갖 다른 냄새가 넘쳐나도 특정 냄새를 인지할 수 있다. 인간은 개의 이런 능력을 일찌감치 알아차리고 자신에게 유익하게 활용하였다. 그렇다면 인간과 개의 특별한 관계는 과연 언제, 어디에서 시작되었을까?

치와와의 조상도 늑대

허스키를 보면 개의 조상이 늑대라는 말을 바로 믿을 수 있다. 하지만 푸들이나 치와와를 보아도 그럴까?

DNA를 분석해보면 모든 반려견의 조상은 하나여서 모든 개는 길들여진 늑대의 후손이다.[6] 그렇다면 왜 늑대는 길이 들여졌을까?

이 질문을 둘러싸고는 온갖 억측이 난무하지만 아직 확실한 대답은 없다. 어쨌든 인간이 처음 길들인 동물은 개이며, 아마 먹이와 안전을 담보로 사냥을 돕고 위험을 경고했을 것이다. 하지만 야생의 늑대가 얌전한 애완견이 된 세부 사정은 파악하기 쉽지 않다.

아마 우연이었을 것이다. 언젠가 그런 일이 일어났고, 시간이 흐르는 동안 자연스럽게 굳어졌을 것이다. 인간이 버린 쓰레기를 먹기 위해 늑대가 인간을 따라왔을 것이다. 말을 더 잘 듣는 녀석들이 더 가까이 와서 먹이를 얻어먹으며 생존했고, 후손에게 그런 복종의 유전자를 물려주었을 것이다. 그 결과가 현재 우리가 집에서 키우는 개들이다.

언제 어디서 늑대가 인간과 함께 사는 법을 배웠는지는 풀리지 않은 의문이다. 2만 년 전일 수도 있고, 4만 년 전일 수도 있다. 푸들과 라브라두들은 그 이후에 선택 교배로 얻은 품종이다. 이런 놀랍도록 기나긴 파트너 관계가 언제 시작되었건, 그 뿌리는 인간 시력과 늑대 후각의 결합이다.[7]

또 다른 이유로는 인간의 사회적 암시를 이해하는 개의 능력과 중요한 호르몬 하나를 들 수 있겠다. 누가 봐도 개는 인간의 옥시토신 애착 메커니즘을 이용할 줄 안다. 옥시토신은 엄마와 아기의 정서적 애착과 여타 신뢰 관계를 불러오는 물질이다. 사람들 – 특히 엄마와 아기 – 이 서로 마주 볼 때 분비된다고 한다. 그런데 여러 실험 결과를 보면 개들은 이런 메커니즘을 이용하여 자신의 정서적 애착과 인간에 대한 더 깊은 충성심을 끌어낸다고 한다.[8] 그러니까 그토록 매력적인 녀석의 눈빛에는 심오한 의미가 있는 것이다.

사냥은 가장 먼저 늑대를 활용했던 분야 중 하나일 수 있고, 지금도 개와 인간의 협력 관계에서 매우 중요한 자리를 차지한다.

개별 사례에서 학문으로

나는 내 개들을 데리고 실험을 하면서 이들이 추적하는 짐승이 건강하건, 상처를 입었건, 죽어가고 있건 간에 찾아내는 능력에 놀라지 않을 수 없었다. 이들은 사슴 발자국이나 피 냄새를 맡으면 한 쪽 방향으로 가다가 다시 돌아와 맴돌면서 허공이나 땅에 코를 대어 냄새를 맡고, 표면을 핥아 냄새 원을 찾는다. 내 개들이 냄새 원을 맴돌며 그곳에 집중하는 행동을 뒷받침하는 연구도 있지만, 아직 완전히 일관적이지 않다. 반려견에 관한 한 연구에 따르면 개가 항상 정확한 방향으로 흔적을 따라갈 수 있는 것은 아니라고 한다.[9] 추적 능력도 나이, 성격, 성별, 품종 등에 따라 다르다.

그렇다면 최고의 수색견은 누구일까?

이름만 보아도 절로 나온다. 앞서 언급했던 블러드하운드의 후각 수용기는 무려 3억 개이다.

다른 실험 결과를 보면 실제로 개는 발자국을 따라갈 수 있다. 특히 전문적으로 훈련을 받으면 추적이 가능하다. 물론 주인이 보내는 신호를 보고 그 방향으로 쫓아가는 것일 수도 있다. 어쨌거나 개가 공중의 냄새를 인지하여 목표물을 추적하는 것은 확실하다. 개는 공기에서 냄새 분자를 흡수하거나 땅에서 냄새를 맡기도 하지만, 발자국과 그 주변에 남은 부산물에 반응하거나 그 둘의 결합에 반응하기도 한다. 이를 두고 발자국 냄새track scent라고 부른다. 개는 냄새 원으로 이르지 못하는 옅은 냄새와 냄새 원 가까이 갈 수 있는 짙은 냄새를 구분할 수 있다.[10]

앞서 말했듯이 개의 콧구멍은 따로따로 움직인다. 덕분에 개는 동시에 여러 방향의 냄새를 맡을 수 있고, 다른 강도의 냄새를 쫓으며, 조금 전에 찍힌 발자국과 오래된 발자국을 구분할 수 있다. 수색견은 멀리서도 냄새를 맡을 수 있어서 1.5킬로미터 이상 떨어진 곳에 있는 것도 찾을 수 있다.(특히 발정난 암컷의 냄새는 정말 잘 맡는다.)[11]

대체할 수 없는 인간의 친구

개는 이미 다양한 분야에서 대체할 수 없는 도우미로 자리 잡았다. 보안, 군사 작전, 수색 및 구조 활동은 물론이고, 의학 및 생명 의학 분야나 정서적 지원에도 개가 널리 쓰이고 있다. 심지어 식물의 병을 냄새로 탐지할 수도 있다.

흔적을 쫓아 목표에 이르는 개의 능력은 놀랄 정도로 뛰어나고, 거듭되는 연구에도 긍정적인 결과가 쏟아져 나온다. 가령 1주일 된 발자국을 추적한 개의 사연이 있는가 하면, 물에 빠진 시신을 찾아내거나 지진 혹은 산사태 피해자의 아주 미세한 냄새를 맡는 개의 이야기도 있다. 나아가 아주 작은 양의 화약을 찾아내거나 무기, 마약, 심지어 컴퓨터까지 찾아내는 개들도 있다.

그러기에 많은 학자가 개의 후각기관을 연구하여 인간에게 이롭게 활용하고자 노력하는 것이 당연하다. 개는 인간의 생명 연장 연구에도 널리 쓰인다. 이미 지금도 각종 생명 의학 실험이 진행 중이다. 가령 특정 암의 바이오마커를 냄새로 찾아내어 진단 전에 미리 발견할 수 있는지 연구 중이다. 당뇨병이나 불안 장애 환자들이 고통을 이기고 일상생활을 유지할 수 있게 돕는 분야에서도 개가 활용된다. 이 매력적인 주제에 관해서는 14장에서 더 자세히 알아보겠다.

4
새는
냄새를 맡을 수 없다?

학자들이 후각에 관한 책을 쓰면서 새를 아예 빼버리거나 새의 후각을 조롱하던 시절이 있었다. 사실 그리 멀지 않은 옛날까지 말이다. 그때는 새는 냄새를 맡을 수 없다고 믿었다. 새는 생존을 위해 오직 시각과 청각만 사용한다고 생각했다.

해 뜰 무렵 새들의 합창에 잠을 깬 적이 있다면, 새의 생존과 번식에 노래가 매우 중요하다는 주장에 별 의문을 제기하지 않을 것이다. 새의 노래만큼 봄의 시작에 어울리는 것이 또 있을까? 또 날카로운 눈빛의 매가 먹이를 찾아다니다가 저 높은 곳에서 엄청난 속도로 내려와 먹이를 낚아채는 모습을–유튜브 영상으로라도–보았다면 예리한 시각이 새에게 얼마나 중요한 것인지 추호도 의심하지 않을 것이다.

수많은 조류 종의 휘황찬란한 깃털은 누가 보아도 뛰어난 시각의 증거다. 복잡한 노래와 독특한 춤은 시각과 청각의 결합이 영역을 지키고, 짝짓기 의례를 치르는 데 얼마나 중요한지를 말해준다. 그에 비하면 새의 후각은 멀티 센서 소통 시스템에 어울리지 않는다고 치부되며 오랜 시간 쓸데없는 것으로 취급받았다. 왜 그랬을까?

이런 무지의 책임은 한 사람에게로 돌릴 수 있다. 1851년에 사망한 화가이자 저명한 조류학자인 존 제임스 오듀본John James Audubon이 바로 그 주인공이다. 그는 1820년대에 신대륙에 가장 널리 분포하였던 독수리 종인 터키콘도르*Cathartes aura*의 후각이 없다는 확실한 증거를 찾았다고 주장했다. 그는 독수리들이 좋아하는 죽은 돼지를 가지고 먹이 영역에서 일종의 숨바꼭질을 했다. 그 결과 독수리들은 돼지 사체가 빽빽한 덤불 속에 가려져 눈에 보이지 않으면 찾지 못했고, 반대로 볼 수 있는 곳에 놓아두면 하늘에서 득달같이 내려왔다. 그래서 오듀본은 독수리가 오직 시각에만 의존한다는 결론내렸다.

그러나 당시에도 그의 주장은 논란의 여지가 있었다. 그가 실험 결과를 발표하기 전에 독수리는 일반적으로 죽음과 썩어 가는 사체의 냄새에 모여드는 시체 처리반으로 취급받았다. 오듀본의 결론에 의문을 제기하면서 실험으로 직접 반박하겠다고 나선 학자들도 있었다. 한 창의적인 실험에서는 죽은 양 그림을 독수리가 잘 볼 수 있는 곳에 놓았다. 양의 피는 진짜처럼 싱싱하게 붉었다. 그랬더니 정말 재미난 광경이 펼쳐졌다. 새들이 완전히 홀린 듯 그림을 향해 날아와 지칠 때까지 쪼아댔다. 근처에 죽은 짐승을 숨겨놓았지만 새들은 곧바로 그림으로 향했다. 아무리 봐도 냄새가 아니라 시각에 이끌리는 것 같았다.

실험을 주도한 사람은 존 바흐만John Bachmann으로 미국 찰스턴에 사는 루터교 목사이자 자연학자였다. 그의 실험은 오듀본의 실험 결과를 입증한 듯 보였다.[1] 따라서 학자들은 새에게 후각이 없고, 먹이를 찾을 때 오직 시각에 의존한다고 확신하였다. 그 결과 새의 후각 연구가 종적을 감추었다. 다른 조류학자들이 오듀본의 결론을 다시금 문제 삼고 새의 후각에 관심을 기울이기까지는 한 세기가 넘는 시간이 필요했다.

독수리 후각의 흑역사

오듀본의 실험에 의문을 제기한 첫 세대 중에는 미국 존스 홉킨스대학교의 조류학자 벳시 방Betsy Bang도 있었다. 그녀의 선구적인 연구는 1960년대에 시작되었고, 조류학계에 혁명을 일으켰다. 그녀는 터키콘도르를 포함하여 100종이 넘는 새의 두뇌에서 후각 망울을 측량하였다. 새에게 그렇게나 잘 발달한 큰 후각 망울이 있다는 사실을 알았다면 오듀본은 무척이나 당황했을 것이다. 방은 그 결과가 새들의 세상에서 후각이 큰 역할을 한다는 사실의 반영이라고 주장했다. 그러나 터키콘도르가 실제로 먹이의 냄새를 맡을 수 있다는 명백한 증거를 다른 실험이 찾아낼 때까지는 다시 20년이 더 걸렸다.

오듀본과 다른 학자들이 큰 오류를 저질렀다는 최초이자 최고의 증거는 조류학자 데이비드 휴스턴David Houston의 손에서 나왔다.[2] 그는 1980년대 파나마의 바로 콜로라도Barro Colorado 섬에 들어가서 터키콘도르가 먹이를 찾는 지역을 찾아 죽은 닭을 숨기거나 잘 보이도록 놓아두었다. 그러자 새들이 빽빽한 수풀에 숨긴 먹이도 찾아냈는데, 누가 보아도 이제 막 부패가 시작된 사체만 찾았다. 그러니까 새들이 제일 좋아하는 이상적인 부패 정도가 있었던 것이다. 너무 신선하지도 않고, 너무 썩지도 않은, 하루 정도 지난 고기가 가장 이상적이었다.

터키콘도르는 실제로 죽은 짐승을 먹이로 삼지만 고기가 신선해야 한다. 아마 오듀본의 실험에선 돼지가 너무 오래되어 악취를 풍겼을 것이다. 터키콘도르는 돼지 사체가 먹을 수 없게 부패된 사실을 알아차리고 아예 접근조차하지 않은 것이다. 그러니 오듀본이 후각 상실이라 믿었던 것은 사실 예민한 후각을 활용하여 선택적으로 먹이를 취한다는 증거였다.

그사이 실험 장치가 발달하고 정밀한 분석이 추가되면서 터키콘도르는 다른 독수리 종보다 훨씬 더 예민하게 냄새에 반응한다는 사실이 입증되었다. 비강의 면적도 널찍하고, 후각 망울도 검은대머리독수리*Coragyps atratus*보다 약 4배 더 크다. 냄새 정보를 두뇌로 전달하는 승모 세포도 두 배 더 많다. 검은대머리독수리보다 두뇌 크기는 20% 더 작은데도 말이다.[3] 이런 특징 덕분에 터키콘도르는 뛰어난 후각을 자랑하며 사체에서 풍겨 나오는 휘발성 냄새 분자를 잘 인지할 수 있다. 그런데 어쩌자고 녀석들이 죽은 양의 그림으로 그렇게나 달려들었던 건지, 그 이유는 아직 밝혀지지 않았으니….

바다의 개코는?

저 멀리 바다에서도 먹이를 찾으려 애쓰는 새가 하나 있다. 앨버트로스는 대양에서 살기 적합한 신체 구조로, 절로 감탄이 나올 법한 멋진 외모다. 평균 날개폭이 3미터를 넘기기에 엄청난 거리를 활공으로 날 수 있고, 육지에 발 한 번 대지 않고 허공에서 몇 년씩 살 수 있다. 녀석의 자랑거리는 날개에 그치지 않는다. 앨버트로스는 육지에 사는 터키콘도르와 아주 비슷하게 후각이 매우 발달하였다.

앨버트로스는 슴새목*Procellariiformes*의 앨버트로스과로, 슴새목의 4개 과 중 하나이다. (나머지 하나는 슴새과이며, 둘은 바다제비과이다.) 벳시 방은 녀석을 후각 능력이 매우 뛰어난 12종의 하나로 꼽는다. 양쪽 부리 위에 살짝 돌출한 콧구멍이 예리한 후각을 가진 이유 중 하나다. 또 다른 원인은 큰 후각 망울이다. 그런데 앨버트로스가 무작정 배만 보고 날아가는 것이 아니라 냄새를 쫓아서 어부들을 따라다닌다는 사실을 우리는 어떻게 아는 걸까?

감각생태학과 조류 후각 전문가인 가브리엘 네빗Gabrielle Nevitt의 공이 크다. 그녀는 1990년대에 앨버트로스의 후각에 관한 여러 실험을 주도한 인물이다. 탐험선 갑판에서 일어난 불행한 사고 덕에 그녀는 다른 배에 타고 있던 한 학자를 만났고, 두 사람은 바다 위에서 힘을 합쳐 획기적인 실험을 시행하였다.[4] 그녀가 만난 학자가 디메틸설파이드DMS를 연구하고 있었던 것이다. 이 기체는 현미경으로 들여다보아야 겨우 보이는 작은 식물, 해수면 바로 밑에서 사는 식물성 플랑크톤이 배출한다.

네빗은 크릴새우가 식물성 플랑크톤을 먹고 살며, 그것을 먹는 동안 디메틸설파이드를 대기 중으로 배출한다는 사실을 알고 있었다. 또 앨버트로스가 크릴새우를 좋아한다는 것도 알고 있었다. 여기에 다른 학자의 지식이 추가되면서 '바닷새를 유인하는 물질이 과연 그 가스인가?'라는 가설이 세워졌다.

그녀는 이 가설을 검증하기 위해 실험을 시행하였고, 과연 앨버트로스는 DMS가 배출되면 가던 길도 돌아왔다. 비교 실험을 위해 배출한 다른 물질에는 반응하지 않았다. 누가 보아도 DMS가 앨버트로스의 먹이 찾기를 돕는 것이다.

그렇다면 고향을 찾아 떠난 철새에게도 예민한 후각이 도움이 될까?

대양의 상황을 생각하면 망망대해에서 냄새가 믿을 만한 방향 정보가 될 수 있으리라는 상상은 쉽지 않다. 바람이 쉬지 않고 불어오고, 계속해서 방향을 바꾸며 파도는 미쳐 날뛰고 폭풍우가 몰아친다. 그런 곳에서 철새는 어떻게 방향을 찾을 수 있을까? 바다에 랜드마크가 있을 리도 없는데 말이다.

새의 지도는 우리가 생각하는 지도랑 완전히 다를까? 물속에서 연어가 그러하듯 (5장 참조) 철새의 머리에도 어디로 갈지 알려주는 냄새 지도가 들어 있을까? 그런 조건에서는 어떤 다른 항해 도구가 유용할까? 이 수수께끼는 지금까지도 완전히 풀리지 않았다.

항해 도구인 후각

그렇다면 지구자기장이 대답이 될 수 있을까?

실제로 자기장을 이용해 방향을 찾는 새들도 많지만, 연구 결과를 보면 앨버트로스는 그런 정보를 아예 믿지 않거나 설사 믿는다고 해도 그것에만 의지하지는 않는다. (새 머리 윗부분에 자기 장치를 다는 식으로) 자기장 감각을 방해해도 앨버트로스는 아무 문제 없이 고향으로 가는 길을 찾는다. 시각적인 이정표나 랜드마크가 없어도, 하늘의 별자리를 모른다 해도 말이다.[5] 그러니 자기장 하나로는 대답이 될 수 없다.

그래서 학자들은 다시 후각이 항해에 큰 역할을 하여 앨버트로스가 고향을 찾게 도와준다는 이론으로 관심을 돌렸다. 앨버트로스처럼 슴새목에 속하는 바다제비를 연구한 결과를 보면, 녀석들은 다른 곳에 데려다 놓아도 후각이 멀쩡하면 고향을 잘 찾았다.[6] 아마 후각을 일종의 이정표로 삼아서 기억나는 냄새의 방향으로 따라가는 것 같다. 하지만 냄새만 좇아가는 것은 아닌 것 같고, 자신이 어디에 있고 어디로 가야 하는지도 분명 잘 알고 있다.

초기 실험들은 이런저런 방법으로 새의 감각 인지를 – 일시적으로 – 억압하였다. 혹은 바다제비의 항로를 수학적으로 분석한 자료를 활용하였다. 그 결과들을 보면, 새들은 실제로 후각을 믿고 하늘을 날며, 냄새를 쫓아 고향을 찾는 것 같다.[7]

새들은 대양을 가로질러 지그재그로 날면서 부족한 지형지물을 보완하며 바다에 후각 지도를 만든다. 그 지도에 의지해 일정하지 않은 냄새를 따라 다음 경유지를 찾거나 고향으로 돌아갈 수 있다. 새들이 둥지를 틀었던 지역에서 실시한 실험 결과는 앨버트로스가 시각과 후각을 갖춘 다채로운 감각 메커니즘에 의지하여 생존한다는 사실을 잘 보여준다.[8] 새들이 먹이를 냄새로 찾는다는 증거는 이미 많지만, 철새가 귀향길에서도 오직 후각만 이용한다는 명백한 증거는 아직 찾지 못했다.

그러나 비둘기에 관해서라면 아마도 설득력 있는 실험 결과들이 있을 것이다.

원래는 텃새

집 밖으로 나가기 싫어하는 집순이 · 집돌이를 영어로 '홈버드home bird'라 부른다. 온라인 《콜린스 사전》을 찾아보면 이 단어는 우편 비둘기(영어로 'homing pigeons')가 고향을 떠나기 싫어하고, 머나먼 이국땅에서도 기가 막히게 집을 찾아온다는 사실에서 나온 말이다. 우편 비둘기는 집을 찾아오지만, 철새는 아니다. 철새는 짝짓기 철이 되면 겨울 도래지를 떠나 둥지 틀 곳으로 이동해야 생존할 수 있다. 그러나 우편 비둘기는 인간이 자기 이익을 위해 강제로 머나먼 곳으로 떠나보낸다.

집을 찾아오는 녀석들의 이런 본능을 오직 유흥에 이용하는 사례도 적지 않다. 영국과 독일 일부에서 우편 비둘기 경주는 아직도 인기 있는 스포츠이다. 물론 제2차 세계대전 이후의 노동자계급만큼 비둘기 경주를 대중 스포츠로 즐겼던 사례는 없지만 말이다. 1898년 영국에서 처음 발행된《래이싱 피존Racing Pigeon》지와 1883년에 독일에서 발간된《우편 비둘기Die Brieftaube》지는 지금도 나오고 있다. 영국 여왕 엘리자베스 2세도 오래도록 우편 비둘기 애호가였다.

실험 결과들을 살펴보기 전에 우리 사회에서 비둘기가 얼마나 다양한 역할을 맡고 있는지 알아보자. 대부분 도시에서는 비둘기를 귀찮은 짐짝이나 해충, '하늘의 쥐' 취급을 한다. 조나단 노엘Jonathan Noel은 어느 날 방문 앞을 날아다니는 비둘기 한 마리 때문에 실존적 위기에 빠진다. (노엘은 파트릭 쥐스킨트의 소설《비둘기》에 나오는 허구의 인물이지만, 그런 새 한 마리의 영향력을 되비추어주는 매력적인 시선이다.)

비둘기는 도시 곳곳에서 출몰하지만, 아무리 불쾌한 상황이어도 자발적으로 고향을 떠나지는 않는 것 같다. 1666년 런던 대화재 때 새뮤얼 피프스Samuel Pepys는 이런 장면을 목격했다. '불쌍한 비둘기들이… 집에서 안 나가려고 버둥거렸다.'[9] 주변 사람들과 다른 동물들은 벌써 도망가느라 바쁜데도 말이다.

비둘기는 로마제국 때부터도 먼 지역을 오가며 소식을 전달하였다. 영국의 통신사 로이터는 1850년대에 우편 비둘기를 이용해 독일 아헨Aachen(독일 서쪽 노르트라인베스트팔렌주의 제일 서쪽에 자리한 도시 – 옮긴이)과 브뤼셀 간에 주가를 알려주는 서비스를 제공하였다.[10] 제1차 세계대전과 제2차 세계대전 때에는 비둘기를 이용해 전선 너머로 소식을 전했고, 적 영토에 추락한 조종사들도 비둘기를 이용해 자신의 위치를 알렸다. 그들은 자기 위치를 적은 종이를 비둘기 발에 묶어 날려 보내며 그 비둘기가 고국의 군사기지에 도달하리라는 사실을 굳게 믿었다. 영국 BBC 보안 특파원 고던 코레라Gordon Corera가 쓴 《콜롬바 작전 – 비밀 비둘기 부대Operation Columba - The Secret Pigeon Service》에는 제2차 세계대전 당시 비둘기에 얽힌 재미난 이야기들이 빼곡히 담겨 있다.[11]

이렇듯 군에서는 오래전부터 우편 비둘기-바위 비둘기*Columbia livia*-가 하늘에서 위치를 잘 찾는다는 사실은 알고 있었다. 그러나 어떻게 해서 길을 찾는지는 알지 못했다. 그 이유를 밝히는 일은 학자들의 몫이었다. 비둘기는 어떤 도구를 이용해 위치를 알아낼까? 이것이 비둘기 연구에서 중요한 의문점이었다. 냄새도 그 도구 중 하나인 것은 분명했다.

비둘기가 후각을 이용해 방향을 잡는다는 사실을 우리가 알게 된 데에는 이탈리아의 공이 컸다. 피사의 스쿠올라 노르말레 수페리오레대학의 플로리아노 파피Floriano Papi는 동물의 방향 감각에 관심이 많은 학자였다. 동물 중에서도 우편 비둘기의 방향 감각이 특히 그의 마음을 끌어당겼다. 그는 '후각 항해

가설'을 세웠는데, 비둘기가 귀향길에 냄새를 맡고 방향을 찾는다는 것이었다.

파피가 가설을 세우기 전에는 새들이 방향을 잡기 위해 자기장과 별이 가득한 하늘, 태양 등을 어떻게 활용하는지 연구하였다.[12] 새의 후각은 연구 대상이 아니었다. 이 역시 오듀본의 설득력 있는 주장이 낳은 결과였다.

파피는 비둘기를 대상으로 일련의 정교한 실험을 시행하였다. 그중 몇 번의 실험에선 비둘기의 후각신경을 절단하여 후각을 제거하였다. 후각을 잃은 비둘기는 집으로 가는 길을 아예 찾지 못하거나, 신경이 온전한 친구들보다 더 오래 걸려 집을 찾았다. 파피는 거기서 멈추지 않았다. 그는 일련의 추가 실험을 통해 비둘기의 후각과 방향 감각의 한계가 어디까지인지를 검증하였다.

모든 실험 결과가 입증하듯, 비둘기는 대체로 후각에 의존하여 집으로 가는 길을 찾았다. 파피는 비둘기가 새장에서 후각 지도를 만든다고 생각했다. 바람이 실어오는 냄새를 고향의 방향과 연결해 지도를 만들어 두었다가 사람이 풀어주면 그 지도를 이용해 귀갓길에 오른다고 말이다. 파피의 실험은 폭넓고 광범위했지만, 그래도 여전히 냄새의 영향력을 의심하는 학자들이 적지 않았다.[13] 비둘기가 외과 수술 탓에 충격을 받아서 길을 못 찾았을 수 있었다고 말이다.

실험 기술이 발달하면서 비둘기에게 충격을 덜 주면서도 더 정확하게 비둘기의 인지를 연구할 방법이 개발되었다. 요즘은 GPS 발신기로 새의 항로를 더 정확하게 추적할 수 있고, 황화아연을 이용하여 비둘기의 후각을 잠시 마비시킬 수도 있다. 훨씬 더 인간적인 방법이다.

그런 기술을 이용하여 세 집단의 비둘기를 비교한 실험이 있었다. 첫 번째 집단은 실험 내내 모든 감각기관이 온전했다. 두 번째 집단은 비둘기가 방출지로 오는 동안에는 냄새를 맡을 수 있게 하고, 풀어주기 직전에 후각을 차단하였다. 세 번째 집단은 방출지로 데려오기 전부터 후각을 마비시켰다.

바다제비 실험 결과와 매우 비슷하게 이송 전부터 냄새를 맡을 수 없었던 세 번째 집단의 성적이 제일 나빴다. 비둘기들이 길을 찾기는 했지만, 처음에는 갈피를 잡지 못하고 다른 방향으로 날아갔다. 또 자주 쉬었다. 아마 방향을 찾기 위해서였을 것이다. 그래서 전체적으로 귀가 시간이 더 오래 걸렸고, 더 많이 둘러 갔다. 이 실험 결과는 비둘기가 고향의 집에서, 또 이동 중에 주변 냄새를 잘 맡을 수 있다면 길을 더 잘 찾는다는 명백한 증거였다.[14] 그러니 후각이 유일한 도구라고 말할 수는 없겠지만, 어쨌든 비둘기는 후각을 활용한다.

이렇듯 새는 먹이를 찾고 집으로 돌아갈 때 후각을 사용한다. 그렇다면 짝을 찾을 때는 어떨까?

짝짓기에서 냄새의 역할

잘 고른 짝이 번식의 성공을 결정한다. 진화를 거치며 많은 종의 새가 일부일처제를 선택하였다. 특히 부모 중 한쪽이 집을 지키며 알을 품는 동안 다른 한쪽이 멀리 (여기서 '멀리'란 몇 주 혹은 몇 달 동안 수천 킬로미터를 날아야 한다는 뜻이다.) 오가며 먹이를 찾아야 하는 지역에서 그런 현상이 두드러진다. 펭귄도 그런 종이다. 펭귄은 단형성monomorphic(양성의 크기와 외모가 매우 유사하다.)이며, 일부일처제이고, 똑같이 생긴 수천 마리가 큰 군락을 이루어 함께 산다. 그런 조건에서 어떻게 짝을 선택하며, 어떻게 자기 짝과 새끼한테 돌아갈까?

펭귄은 군락에서 자기 짝을 찾기 위해 청각을 이용한다. 그런 무리에서 시각적 인상은 별 도움이 안 되기 때문이다. 우리에게 그 사실을 알려준 일련의 실험이 있지만, 특히 시끄러운 환경에서 동물의 목소리 소통을 전문적으로 연구하는 프랑스 국립과학연구원CNRS의 티에리 오뱅Thierry Aubin의 공이 크다.[15] 하지만 후각 역시 적지 않은 역할을 하는 것 같다.

시카고 브룩필드동물원에 사는 훔볼트 펭귄을 실험한 결과는 이 녀석들이 후각으로 친척을 확인한다는 사실을 알려주었다. 이것은 아마도 근친상간을 피하려는 목적이겠지만, 군락에서 짝을 찾는 방법이기도 하다. 실험에서 학자들은 펭귄에게 군락에 함께 사는 다른 펭귄들의 미선preen gland(조류의 꼬리에 붙어 있는 유일한 피지선 – 옮긴이) 냄새를 맡게 한 후 반응을 관찰하였다. 동물원 관리소는 어떤 녀석들끼리 친척인지 알고 있었으므로 친척 관계가 냄새 반응에 어떤 영향을 미치는지 추적할 수 있었다.

재미난 결과가 나왔는데, 짝이 있는 펭귄은 짝 냄새나 그 비슷한 냄새가 나는 장소에서 더 오래 머물렀다. 익숙하지 않은 냄새를 맡으면 그러지 않았다. 짝이 없는 펭귄은 반대로 처음 맡은 냄새, 그러니까 친척이나 가족의 것이 아닌 냄새가 나는 곳 근처에서 더 오래 있었다. 다시 말해 짝이 될 수 있는 냄새, 친척의 것이 아닌 냄새에 더 관심을 보인 것이다.[16]

가족을 알아보는 탐침자

후각을 이용해 친척을 구분하여 근친상간을 피하는 새는 펭귄만이 아니다. 금화조zebra finch(날개의 길이가 5.5센티미터 정도인 참새목의 작은 새로, 노래로 소통한다 – 옮긴이) 역시 냄새로 친척을 알아맞힐 수 있다. 빌레펠트대학교 행동생태학과 교수이자 이 분야의 전문가인 바바라 캐스퍼스Barbara Caspers가 정밀 연구한 현상이다. 그녀가 실시한 한 실험의 결과를 보면 금화조는 냄새만 맡고서도 친척을 알아보는 것 같다.[17]

새끼 새를 부화 직후에 다른 둥지로 옮기고 20~23일이 지난 후 두 가지 냄새 샘플에 노출한 실험도 있었다. 하나는 생물학적 부모 냄새이고, 다른 하나는 양부모 냄새였다. 금화조는 항상 양부모보다 생물학적 부모를 선택했다. 실험을 시행한 학자들은 이 새가 근친상간을 피하고, 친척을 알아보기 위해 후각을 활용한다고 해석하였다.

최근의 다른 실험 결과는 부모 냄새가 태아 발육의 초기 단계에 이미 각인된다는 추측을 발표하였다.[18] 부화 순간에 알을 양부모에게 보내서 생물학적 부모와 전혀 접촉하지 않도록 해도 새끼는 양부모와 다른 친부모의 냄새를 알아보고 그것을 더 선호하였다. 따라서 학자들은 부모의 냄새가 통기성이 있는 알껍데기를 뚫고 들어가 새끼에게 각인될 수 있을 경우, 새끼는 태아 발육기에 그 특유의 냄새를 흡수한다고 주장하였다. 또 아빠보다는 엄마 냄새가 특히 강한 효과를 내는 것 같다.

학자들은 또 한 가지 원인을 염두에 두고 있지만, 아직 그에 대한 정밀 연구는 시행되지 않았다. 바로 미선의 분비물이다. 이것 역시 부화 시기의 둥지 냄새에 영향을 미치므로, 이 냄새도 친척을 알아보는 데 중요한 역할을 할 수 있을 것이다.

깃털 고르기와 짝짓기 의식

새가 깃털을 고르는 건 더 잘 날기 위해서다. 그건 이미 잘 알려진 사실이다. 새의 미선은 꼬리 근처에 있고, 거기서 나오는 기름진 분비물로 새는 깃털을 깨끗이 닦고 방수 처리를 한다. 말하자면 미선은 포마드 기름을 무한정 길어낼 수 있는 각 개체의 전용 우물인 셈이다. 현재 우리는 미선의 분비물이 매우 독특한 냄새를 풍긴다는 사실도 안다. 이 냄새는 새의 몸에 사는 미생물, 즉 균류와 박테리아 탓이다.

북미에 널리 사는 명금류인 검은눈방울새*Junco hyemalis*를 관찰한 학자들은 미선에 사는 미생물이 각 새의 개별적인 냄새 분자 생산에 결정적인 영향을 준다고 추측하였다. 연구 결과를 보면 새의 마이크로바이옴은 그 새의 냄새는 물론이고, 그 냄새가 다른 새들에게서 불러내는 행동에도 영향을 미쳤다.[19]

실험에서는 일단 미선의 박테리아 샘플을 채취한 후 미선에 항생제를 뿌렸다. 그런 다음 전후의 미선 분비물을 비교하였더니 항생제를 뿌린 후 냄새가 변했고, 그 원인은 사라진 박테리아였다. 그리고 그 변화는 다시 새의 번식 성공 여부에도 영향을 미쳤다. 검은눈방울새는 진화를 거치면서 같은 지역에 사는 새끼리만 짝짓기를 한다. 그러니까 도시에 사는 새는 숲에 사는 같은 종과는 짝을 맺지 않는다. 학자들은 이 새들이 냄새를 맡고서 짝을 선택한다고 추측했다. 누가 봐도 도시 새는 시골 친척 냄새를 좋아하지 않는다는 말이다.

달콤한 귤 향이 짝을 유혹하기도 한다. 명랑한 작은 펑크 펭귄처럼 생긴 뿔바다오리*Aethia cristatella*는 부리가 밝은 오렌지색이고, 작은 머리통 위에는 검은 볏을 달고 있다. 하지만 생김새와 달리 바다오리과*Alcidae*이다. 이 새들은 북대서양의 외딴 바위섬에 사는데, 펭귄처럼 시끄럽고 냄새나는 대규모 군락을 이루고서 바다 저 멀리까지 날아가 먹이를 구한다. 하지만 펭귄하고 완전히 다른 점이 하나 있다. 짝짓기 철이 되면 귤 향을 풍긴다.

우리는 이미 그 냄새가 녀석의 어디에서 풍겨 나오는지 알고 있다. 목 뒤쪽, '심지 깃털'이 달린 부위이다. 짝짓기 의식을 할 때 녀석들은 이 부위를 애무한다. 학자들은 이 과정을 '목 깃털 냄새 맡기'라고 부른다.[20] 그곳에서 배출되는 냄새는 주성분이 알데히드여서 또 한 가지 유익한 기능을 한다.

그 냄새가 해충을 막아주는 것이다. 진드기와 기생충이 우글거리는 서식 지역에서는 실로 중요한 기능이라 하겠다. 아마도 냄새가 제일 강한 상대가 제일 건강할 것이므로 짝으로도 매력적일 것이다. 강한 냄새를 풍기는 수컷은 몸에 진드기가 없을 것이고, 암컷에게도 그런 혜택을 물려줄 것이다. 짝짓기 의식을 하는 동안 그 물질을 암컷에게 전달할 것이고, 또 둥지에 진드기를 끌고 들어오지 않을 테니 말이다. 모조품 새에 강한 냄새를 풍기는 합성 알데히드를 발랐더니 냄새가 가장 강한 모조품 새에 가장 많이 모여들었다. 이 실험 결과 역시 새들은 냄새를 못 맡는다는 낡은 믿음을 깨뜨리는 명백한 증거다.

유전자의 힘

많은 학자가 조류 후각에 대한 다소 표면적인 관점에 집중하는 사이 막스 플랑크 조류학 연구소MPIO의 질케 슈타이거Silke Steiger는 전혀 다른 곳으로 눈을 돌렸다. 그녀는 새들의 후각 수용기 유전자로 관심을 집중하였다.[21] 게놈에 담긴 후각 수용기 유전자의 숫자는 그 동물이 얼마나 다양한 냄새를 인지하거나 구분할 수 있는지를 말해주는 지표일 확률이 매우 높다. 적어도 그렇다고 추정할 수 있는 매우 확실한 근거다.

MPIO의 연구진은 조류 9종의 후각 수용기 유전자를 비교하여 대부분의 후각 수용기 유전자가 기능한다는 사실을 확인하였다. 하지만 유전자 수는 종마다 상당한 차이가 있었다. 재미나게도 후각 수용기 유전자 숫자는 두뇌 후각 망울의 상대적 크기와 상관이 있었다. 가령 키위는 모든 조류 중 몸에 비해 후각 망울의 크기가 두 번째로 크다. 물론 키위의 생활방식과 서식지를 생각할 때 놀랄 일은 아니다. 학자들은 포유류의 진화 과정과 매우 비슷하게 키위의 생태 환경이 후각 수용기 유전자 숫자에 영향을 미쳤을 수 있다고 생각한다.

땅에서 사는 야행성 새인 키위는 긴 부리 끝에 콧구멍이 달려 있다. 깜깜한 밤에 땅에서 먹이를 찾으려면 그런 코가 필수이다. 키위의 얼굴 면적은 매우 작다 – 조류 중 가장 작은 편에 속한다 – 는 사실을 생각하면 그 보상을 위해 후각이 발달한 것은 너무나도 당연하다. 밤에 숲에서 땅으로 올라온 지렁이와 애벌레를 쪼아 먹을 때면 키위는 가쁜 숨을 내쉬며 큰소리로 킁킁댄다. 이 사실 역시 녀석이 시각이 아니라 후각에 의존한다는 증거다. 부리 역시 접촉에 매우 민감하다. 그래서 키위는 자주 부리를 마술 지팡이처럼 허공에 휘두르며 큰소리를 내며 숨을 들이마신다.

독수리가 사라진 풍경

키위, 바다오리, 금화조, 검은눈방울새, 펭귄, 비둘기 등은 오듀본의 주장이 틀렸다는 산 증거다. 하지만 그것이 인간과 무슨 상관이 있을까?

다시 한번 독수리를 관찰해보자. 독수리가 인간에게 뭘 해줄까 싶지만, 사실 녀석들은 지구에서 아주 중요한 생태적 기능을 한다. 인간의 눈에는 혐오스럽지만 녀석들은 사체를 처리하여 해충과 병원균이 다른 동물에게 퍼지지 않게 막아주며, 결국엔 인간이 질병에 걸릴 확률을 줄여준다. 병원균의 전염이 사체를 먹어치우는 독수리로 끝나기 때문이다. 독수리는 절대 산 짐승을 사냥하지 않는다. 오직 시체만 먹고 산다. 만일 독수리가 사라지면 병원균과 질병이 막힘없이 순환할 수 있다. 가령 1990년대 인도에서 인도독수리*Gyps indicus* 숫자가 대량 감소하자 공수병에 걸린 사람이 늘어났다. 둘이 무슨 상관이 있기에 그런 걸까?

일단 '대량'이라는 말은 절대 과장이 아니다. 독수리의 총수가 90% 감소하였다. 사람들이 비스테로이드성 소염제 디클로페낙을 가축에게 많이 사용하면서 인도의 독수리들이 치명타를 입은 것이다.[22] 독수리가 그 소염제를 맞은 죽은 가축을 먹으면 신장이 망가져 죽고 만다. 독수리의 수가 급격히 줄어들자 죽은 동물들이 여기저기에서 부패하여 식수를 오염시켰다. 야생 들개들이 그것을 먹고 숫자가 불어났지만, 들개는 사체를 효율적으로 없애지 못한다. 독수리는 뼈까지 쪼아 알뜰하게 먹지만 들개는 썩은 살을 그대로 남겨두기 때문에 온갖 미생물이 들끓어 환경을 오염시켰다. 더구나 들개들이 공수병을 비롯한 각종 전염병에 걸렸고, 그걸 다시 인간에게 옮겼다.

디클로페낙이 독수리를 죽인다는 사실이 명확해지자 인도 정부가 팔을 걷어붙였다. 독수리에게 해를 입히지 않는 대체 약제를 찾았고, 디클로페낙의 사용을 전국적으로 금지하였다. 아이러니하지만 이 약제는 사실 선의로 사용한 경우가 많았다. 인도에서는 소를 신성한 동물로 여겨 도살하지 않는다. 그래서 죽음을 앞둔 소의 고통을 줄여주기 위해 통증 완화용으로 주사하였다. 그사이 독수리 숫자는 많이 회복되었지만, 위기는 끝난 것 같지 않다. 비슷한 작용을 하는 물질들이 예나 지금이나 널리 사용되고 있으니 말이다.

냄새를 잘 맡아 슬픈 짐승이여

이 사건은 사회의 한 분야에서 내린 결정과 조치가 전혀 다른 분야를 망가뜨릴 수 있다는 사실을 잘 보여준다. 그러나 모든 문제에는 해결책이 있으며, 우리가 나서면 잃어버린 균형을 회복할 수 있다는 증거이기도 하다. 독수리는 귀엽게 생기지 않았고 식사 예절도 끔찍하지만, 적어도 생태계의 균형을 유지하는 데에는 없어서는 안 될 생물이다. 그리고 그 균형을 유지하기 위해서는 반드시 예민한 후각이 필요하다.

인간의 행동과 새의 예민한 후각이 맺은 또 하나의 관계는 여전히 긍정적인 결말을 보지 못하고 있다. 아름다운 앨버트로스와 DMS를 향한 녀석의 민감한 후각은 플라스틱 쓰레기가 넘쳐나는 세상과 맞서 싸워야 한다. 플라스틱이 바다에 오래 떠 있으면 DMS의 냄새를 흡수하여 간직한다. 그럼 배고픈 바닷새들이 그걸 크릴새우로 오인하여 먹어치운다.[23] 그러니 한시바삐 냄새를 흡수하지 않는 물질을 개발하는 데 힘을 쏟아야 한다. 물론 1장에서도 말했듯 바다로 흘러 들어가는 쓰레기 양을 줄이는 편이 더 확실한 방법일 테지만 말이다.

바닷새와 독수리는 존중받아 마땅한 생명체이다. 녀석들은 예민한 후각을 이용해 자신들의 생태계에서 유리한 고지를 점했다. 그것을 인간이 마구 들쑤신다면 진화의 선물도 순식간에 재앙이 될 수 있다.

5
물고기 코는 왜?

대양과 강에는 지구에서 가장 괴상한 생명체 몇 종이 산다. 짝에게 기생하려고 자신을 버리는 생물, 흡혈귀처럼 남의 것을 빨아먹고 사는 생물은 물론이고, 투철한 목표 의식으로 앞을 향해 달려가는 항해의 대가들도 있다. 종마다 진화는 다르게 진행되었지만, 모두가 각자의 환경에서 생존하기 위해 예리한 후각을 이용한다.

인간이 냄새를 맡을 수 있는 것은 휘발성 냄새 분자가 코로 흘러들어오기 때문이다. 코에 들어온 분자들은 신경 신호를 찾기에 혈안이 된 코점막 위의 후각 수용기를 뒤덮은 축축하고 얇은 점막층에 녹아든다. 이렇게 습기가 냄새 인식에 도움이 된다면 물속은 냄새를 맡기에 더 없는 환경일 것이다.

하지만 정작 물속에서 냄새를 맡으려고 킁킁대면 순간 곧바로 캑캑거리게 될 것이다. 우리는 킁킁거릴 때 숨을 쉬는 공기도 폐로 집어넣는다. 이 두 가지를 분리하지 못하기에 코를 더 킁킁대면 폐에 물이 찰 것이고, 결국 숨이 멈출 것이다.

양서류는 인간과 달리 코를 나눌 수 있다. 인간의 진화는 육지 생활을 위해 공기로만 냄새를 흡수할 수 있도록 코를 바꾸어놓았다. 개구리, 거북 같은 양서류는 코에 두 개의 칸이 있다. 한쪽으로는 공기를 빨아들일 수 있는데, 물속에 들어가면 이 칸을 닫아버린다. 또 하나의 칸은 익사하지 않으면서도 냄새를 인식할 수 있다. 공기 칸에는 공기 중의 휘발성 분자에 반응하는 후각 수용기가 있고, 물속 칸에는 물에 녹는 분자에만 반응하는 후각 세포가 가득 차 있다.

그러나 인간과 달리 물속에서 냄새를 맡아도 익사하지 않는 포유류가 있다. 물에서 사는 포유류, 사실상 앞을 볼 수 없는 별코두더지는 물속에서 냄새를 맡아도 물을 들이켜지 않는다. 이 녀석의 주둥이는 정말 상상을 초월할 정도로 희한하게 생겼다. 22개의 분홍색 촉수가 달려서 꼭 별 같다. 그 주둥이가 육지에서는 접촉에 극도로 민감하지만, 물속에서는 놀라운 후각기관으로 변신한다.

별코두더지는 콧구멍에서 미세한 기포를 뿜어내는데, 그것을 다시 들이마시면서 그 와중에 마주친 모든 냄새 분자도 같이 흡수한다. 고속 촬영으로 관찰해보니 녀석은 이 방법으로 먹이를 낚아챌 수도 있다.[1] 갯첨서나 수달아과의 많은 동물도 비슷한 방법을 사용하는 것 같지만, 명확한 결론을 내리려면 아직 추가 연구가 필요하다.

별코두더지는 물속에서 몇 초 정도만 견딜 수 있다. 훨씬 더 오래 있을 수 있는 동물들은 무엇일까? 물속에서 어떻게 냄새를 맡고, 생존할 수 있을까? 그들의 후각은 어떻게 작동할까?

물고기 후각 기관의 비밀

어부라면 알 것이다. 물속에서 물고기는 저 먼 곳의 냄새를 맡을 수 있다. 하지만 수중동물은 워낙 다채로워서 녀석들의 후각기관 역시 다 똑같지 않다.

많은 종이 섬모가 붙은 콧구멍이나 코를 가지고 있다. 섬모와 연결된 신경은 후각기관에서 곧바로 뇌로 이어지며, 섬모에서 송출하는 전기 자극은 생존에 필요한 정보를 전달한다. 물고기는 유충 시절부터 냄새를 맡을 수 있다. 제브라 피시*Danio rerio* 유충은 알에서 깨어난 지 4일만 지나도 움직이는 섬모가 생긴다. 물론 섬모는 제멋대로 움직이지 않는다. 박자에 맞추어 박동하면서 깨알처럼 작은 터빈이 된다.[2] 그렇게 하여 물결을 일으키고 후각 상피 위쪽과 옆쪽의 냄새 분자를 왕성하게 교체한다. 그런 '섬모 터빈'은 물고기의 후각 예민도를 개선하여 냄새를 인지하고, 처리하는 능력을 키운다. 이 기관은 특히 고인 물에서 매우 유용하다.[3]

그렇다면 물고기는 예민한 후각을 어떻게 이용할까?

페로몬과 소통

물고기 후각에 관한 최근의 연구 결과들이 말해주듯 물고기에게는 후각 상피에서 출발하는 3개의 신경 경로가 있다. 나란히 자리하고 있지만 각기 다른 역할을 맡는다. 각자가 특정 정보를 전달하여 그에 대한 반응으로 특정 생존 메커니즘을 유발하는 것이다. 첫 번째는 사회적 정보(천적을 경고하는 정보도 포함된다.), 두 번째는 성호르몬, 세 번째는 먹이를 담당한다.[4]

실험에 가장 많이 사용되는 금붕어는 호르몬과 대사물질을 배출하여 같은 종에게 특정 행동을 유발한다. 학자들은 5가지 호르몬 산물을 찾아냈는데, 각기 특수한 기능을 한다. 100종이 넘는 물고기의 후각 상피에 전기생리학 검사를 진행해보면 대부분이 호르몬 산물을 인지하는 것을 알 수 있다. 물론 이들이 각각의 냄새를 어떻게 활용하는지는 아직 명확히 밝혀지지 않았다. 아마도 그 냄새가 번식 행동을 조절하는 것 같다. 금붕어 암컷이 배란 후 생산하는 페로몬 냄새를 수컷이 맡으면 자동으로 이리(수컷 물고기의 배 속에 있는 흰 정액 덩어리 – 옮긴이)의 부피가 커진다. 당연히 정자 생산도 많아진다. 재미나게도 수컷 경쟁자가 배출하는 특정 화학 자극에도 같은 반응이 나타난다.[5] 그러니까 이 물고기 종은 정자의 격한 경쟁을 통해 적자생존을 정하는 것이다. 그렇다면 심해에서는 어떨까?

자신을 다 버리고 기생하는 짝

바다 깊이 들어가면 생명이라고는 없을 것 같은 암흑의 세상이 열린다. 그러나 사실은 그렇지 않다. 수심 약 1,000미터 이상의 바다 – 중층 해양층mesopelagic zone과 점심해bathypelagic zone – 에는 믿기 힘들 정도로 다양한 종의 심해 생물이 살고 있다. 그중 하나가 아귀*Lophiiformes*이다. 불안해 보이는 표정에 등이 굽은 커다란 물고기인 아귀는 유령 같은 몰골 탓에 심해의 악한 같아 보이는데, 암컷이 더 무시무시하게 생겼다. 보통 수컷보다 몸집이 더 크고, 머리 위쪽에 달린 '물고기 낚싯줄'로 어둠을 밝힌다. 그런 생체 발광 장치는 빛이 없는 심해에서 살아 움직이는 밝은 미끼의 동작을 모방하여 먹잇감을 바늘처럼 뾰족한 이빨 쪽으로 유인한다.

녀석은 입을 어찌나 크게 벌릴 수 있는지, 자기보다 큰 몸집의 먹이도 잡을 수 있다. 일단 입속으로 들어온 먹이는 감옥 창살 같은 이빨 탓에 빠져나가지 못한다. 탄력적인 위장은 한껏 커지기 때문에 입으로 들어온 모든 먹이를 받아들일 수 있다. 심해에선 언제 먹이를 찾을지 알 수 없다. 그러니 기회가 오면 얼른 유혹해서 힘껏 붙잡을 능력이 필요하다. 먹이가 아무리 크더라도 말이다.

암컷 아귀는 누가 보아도 고단한 환경에서 잘 생존할 수 있도록 진화하였다. 그럼 수컷은 어떨까?

이 종은 극단적인 성적 이형성(두 가지 다른 형태로 발생하거나 나타나는 성질 – 옮긴이)을 보이는데, 특히 신호 기관과 감각기관이 그렇다. 몸집은 암컷이 더 크지만, 수컷은 몸에 비해 후각기관이 더 크다. 그 말은 페로몬의 흔적을 잘 찾아서 암컷을 발견할 수 있다는 뜻이다.

실험 결과를 보면 암컷은 해류를 따라 움직이면서 페로몬을 분비한다. 사실 한 자리에 최대한 오래 머무는 것이 가장 바람직하다. 그래야 수컷이 그 냄새를 맡을 확률이 높아질 테니 말이다. 반면 수컷은 암컷의 페로몬 냄새를 맡을 때까지 수평, 혹은 수직을 가리지 않고 제멋대로 해류를 거슬러 헤엄을 친다. 흔적을 찾은 수컷은 수평으로 헤엄치며 냄새를 쫓아간다. 냄새가 약해지면 다시 지그재그로 마구 움직이며 페로몬을 찾는다.[6] 이 모든 과정이 숨바꼭질하고 너무 닮았다. 물론 이들에겐 놀이가 아니라 번식이 목적이지만 말이다. 그런 깜깜한 심해에서 시각은 후각으로 목표물을 찾아낸 후 그 목표에 아주 가까이 다가갔을 때만 유용하다.

어두운 심해에서 짝을 찾기란 쉬운 일이 아니다. 작디작은 수컷이 암컷을 발견하면 힘껏 깨문 다음, 말 그대로 물고 늘어진다. 적어도 산란이 일어나기 전까지는 그대로 꽉 물고 놓지 않는다. 놀랍게도 수컷은 그 상태로 평생 암컷에게 기생할 수도 있다.

수컷 아귀는 이빨로 암컷을 물어 찰싹 달라붙는다. 그러고는 서서히 하나로 녹아들어 피부와 순환기가 합쳐진다. 산란까지 기다리는 시간이 길수록 암수는 더 긴밀히 연결된다.[7] 수컷은 눈을 잃고, 내부 기관을 모두 상실하며, 후각기관도 쇠약해진다.[8] 단 하나, 고환만은 예외다. 고환은 아직 필요하다. 수컷의 유일한 기능이 암컷을 위해 정자를 생산하는 것이니 말이다. 그러니까 이 상태의 수컷은 갖고 다니는 정자은행 정도로 생각할 수 있다. 수컷은 이렇듯 과감한 성적 기생충이지만, 구멍동서 여럿이 같이 기생할 수도 있다. 문란한 이 종의 암컷은 많게는 6마리의 수컷을 동시에 달고 다닌다.

그러나 그 수컷들을 불쌍히 여길 필요는 없다. 어차피 짝을 찾지 못하면 죽을 것이고, 앞에서도 말했듯 그런 심해에는 짝이 될 암컷이 그리 많지 않다. 수컷의 후각은 놀랍지만, 소화기관은 그리 쓸 만하지 않다. 너무 별 볼 일 없어서 암컷에게 매달려 기생하지 않으면 생존할 수 없을 정도다. 무슨 이런 남편이 있을까? 정말 거지 같지 않은가!

흡혈귀를 닮은 강도 기생충

바다 칠성장어*Petromyzon marinus*도 물에 사는 흡혈귀다. 이 녀석들도 금붕어처럼 페로몬으로 소통하며 생존한다. 또 아귀 수컷처럼 기생하는 습관이 있다. 바다 칠성장어는 언뜻 보면 뱀장어랑 헷갈릴 정도로 닮았지만, 입을 들여다보면 생각이 달라진다. 칠성장어는 현재 살아남은 척추동물(물론 척추는 뼈가 아니라 연골이지만) 중 가장 오래된 생물로, 뱀장어보다 3억 살이 더 많은 것으로 추정한다.

신경생물학적으로 볼 때 녀석은 척추동물의 전신이다. 하지만 워낙 원시적이라 턱뼈가 없어서 깨물 수가 없다. 그래서 입을 늘 벌리고 다닌다. 녀석의 입은 흡반과 비슷하고, 면도날처럼 날카로운 이빨이 여러 줄 박혀 있다. 입안에는 이빨 달린 끌처럼 생긴 혀가 있는데, 숙주의 몸에 구멍을 내기에 안성맞춤이다. 바다 칠성장어는 남의 것을 빨아먹고 사는 생물이다. 아무것도 모르는 숙주를 물어 제 몸을 딱 붙인 다음, 숙주의 체액과 피를 빨아먹고 산다. 숙주는 대체로 죽는다. 녀석은 아가미 입구가 목구멍으로 바로 이어지기 때문에 피를 빨면서도 달라붙어 있을 수 있고, 동시에 호흡할 수도 있다. 어림잡아 바다 칠성장어 한 마리가 연간 약 18킬로그램의 숙주 물고기를 죽인다.[9]

바다 칠성장어는 콧구멍이 하나밖에 없어서, 호흡할 때마다 그 콧구멍으로 물이 들락거리고, 물에 실린 냄새도 들어왔다 나간다.[10] 호흡 순환의 조절은 연구개가 담당한다. 이것이 수축하여 물을 목구멍으로 흘려보내기 때문에 먹이를 섭취하면서 호흡을 할 수 있다. 암컷이 냄새를 뿜고, 수컷이 따라다니는 아귀와 달리 바다 칠성장어는 수컷이 냄새를 배출하고, 암컷이 수컷을 찾아다닌다.

바다 칠성장어는 연어와 비슷하게 산란을 위해 해류를 거슬러 오른다. 행동 연구로 밝혀졌듯 정자를 생산하는 수컷이 담즙산을 분비하는데 이것이 강한 성호르몬 작용을 한다. 산란 준비를 마친 암컷에게 수컷도 준비가 끝났으니 수컷이 있는 장소로 오라는 신호다.[11] 성호르몬은 먼 거리에도 – 최고 2킬로미터 – 효과가 있어서 암컷을 원하는 장소로 유혹한다.

이런 실험 결과를 바탕으로 바다 칠성장어 때문에 골머리를 앓는 지역에서 페로몬을 덫으로 사용하는 실험을 시행하였다. 장치를 고안하여 생물학적으로 분해 가능한 합성 성페로몬을 배출하는 것이다. 현재 실험은 아직 초기 단계이지만, 암컷이 가짜 냄새에 속아 수컷을 만나지 못하면 평소와 달리 수천 개의 알을 낳지 못할 것이다. 바다 칠성장어 같은 외래 침입종이 토종의 다양성과 어업계, 생태계를 망치고 있는 캐나다 온타리오호 같은 지역에서는 그런 방안이 큰 도움이 될 것이다. 이에 대해서는 14장에서 더 자세히 알아보기로 하자.

후각 지도를 따라가는 고난의 행군

바다 칠성장어는 짝짓기하기 좋은 물길이라면 어디든 가지만, 연어는 산란을 위해 반드시 자기가 '태어난' 담수로 향한다. 종에 따라 며칠 만에 도착하기도 하지만, 심하면 몇 년이 걸리기도 한다. 연어는 고향으로 가기 위해 시각과 전자기 감각, 예민한 후각 등을 두루두루 활용한다. 고향을 찾는 녀석들의 능력은 실로 비범하다.

연어의 삶은 담수에서 시작한다. 그곳에서 며칠 혹은 몇 년을 산다. 부화에서 은화smoltification(담수에서 부화·성장하던 연어과 어류의 치어가 바다로 내려가기 전에 몸의 색이 은색으로 바뀌면서 몸에 있던 검은 무늬가 없어지는 현상－옮긴이)까지 걸리는 시간은 아무래도 좋다. 연어는 이 시간 동안 고향의 화학적 지도를 머리에 새기고, 산란기가 되면 그 지도를 이용해 고향으로 돌아온다. 처음 바닷물로 이동한 순간부터 고향으로 돌아오기까지는 2~8년이 걸리고, 종에 따라 수백 혹은 수천 킬로미터를 헤엄쳐야 한다. 그 길이 얼마나 험난한지는 굳이 말할 필요 없다. 연어는 어떻게 그 고난의 행군을 견디는 것일까?

현재 우리는 연어가 자기장을 이용해 방향을 잡는다는 사실을 알고 있다. 연어는 자기장으로 얻은 지자기geomagnetism 정보를 방향의 지침으로 삼는다. 물론 시각적 정보도 활용한다. 어쩌면 시간의 경과를 쫓는지도 모른다. 그러나 고향 강바닥의 정확한 장소로 방향을 틀기 위해서는 후각을 이용한다. 연어의 후각이 개별적으로 얼마나 예민한지는 정확히 알지 못하지만, 연어는 자신이 부화한 강의 냄새를 정확히 알아맞힌다. 연어는 냄새 분자를 1백만 분의 1, 심지어 1조 분의 1 농도까지도 인지할 수 있다.

여러 실험에서도 밝혀냈듯 연어는 바다로 내려가는 동안 태어난 강물의 냄새를 후각 기억에 새긴다. 분명 녀석의 고향은 그곳만의 수상식물, 동물, 바닥 등이 어우러져 독특한 냄새를 풍길 것이다. 고향을 돌아올 때 녀석은 그 특별한 냄새를 떠올

리고, 그 냄새가 풍기는 길로 접어든다. 실제로 연어에게는 고향 강물의 화학적 지도가 있다.[12]

그렇다면 연어는 어떻게 화학 정보를 인지하고 해독할까?

연어의 머리 양쪽, 눈 아래에 붙은 콧구멍에는 약 1백만 개의 후각세포가 다닥다닥 붙어 있다. 여기에는 바다 칠성장어와 달리 섬모가 달려 있다. 후각 수용기가 붙은 머리카락 비슷한 조직이다. 이 섬모가 물속에서 냄새 분자를 인지한다. 그 냄새 분자를 인지하기 위해 진화를 거치며 발달한 조직이니까 말이다. 냄새 분자는 저마다 형태와 구성이 다르므로 한 가지 유형의 수용기하고만 짝을 짓는다. 그렇게 분자와 수용기가 자물쇠에 열쇠가 들어가듯 짝을 지으면 화학적 자극이 일어나 비강에서 뇌의 후각 망울로 이동하고, 그곳에서 연어의 환경에 대한 정보들이 처리된다. 망울의 뉴런들은 도착한 정보를 조직하여 뇌의 해당 부위로 전달한다.

연어의 후각은 귀향의 용도로만 쓰이지 않는다. 연어는 치어 시절부터 후각을 이용해 천적을 알아보고 피한다. 실험으로도 밝혀졌듯 연어는 냄새로 잠재적인 위험을 감지한다. 실험실 물탱크에 연어 치어들을 넣고 묽게 희석한 수달의 분비물을 넣었더니 녀석들이 그 부위를 피해 다녔다. 그런데 재미있는 것은 그 문제의 수달이 사전에 연어 한 마리를 잡아먹은 경우에만 그런 현상이 벌어졌다. 분비물의 주인이 자기 종을 해치지 않은 경우엔 분비물이 있는 지역을 피하지 않았다. 그러므로 연어에게 경보를 울린 것은 수달 자체의 냄새가 아니라 수달 먹이의 냄새라는 추론을 할 수 있다. 다시 말해 어떤 동물이 위험하냐가 중요치 않다. 거리와 상관없이 그 동물이 연어의 가족과 친척을 잡아먹었다는 사실이 중요한 것이다.[13]

천적을 피할 수 있다면 이보다 더한 기술도 동원할 수 있을 것이다. 다름 아닌 화학 위장술이다. 쥐치과*Monacanthidae* 물고기가 산호와 비슷한 색으로 위장을 한다는 사실은 이미 알려져 있다. 녀석들은 이런 시각적 위장을 넘어 화학적 위장술에도 능한데, 자기가 잡아먹은 산호의 냄새를 배출한다. 그렇게 하여 산호를 먹이로 생각하지 않는 천적들에게 산호인 척한다.[14]

후각 천재, 상어

그러니까 먹잇감이 되는 동물들은 냄새를 이용해 천적을 피할 수 있다. 그럼 포식자는 먹이를 찾기 위해 냄새를 어떻게 활용할까? 먹이사슬의 맨 윗자리를 차지하는 악명 높은 수중 생물은 어떨까? 상어 말이다.

상어는 총 500종이 넘으며, 대부분 바다에 산다. 그리고 연어와 비슷하게 해마다 수천 킬로미터를 헤엄쳐 태어난 장소로 돌아간다. 엄청난 거리로 대양을 가로지를 때도 많은데, 이때는 해류를 이용한다. 대서양을 시계 방향으로 가로지르도록 도와주는 걸프 해류도 그중 하나다. 종에 따라 시각이나 전자기 감각(전기장, 전기 등 펄스의 인지)을 이용하기도 하지만, 대부분은 환경에 맞추어 다양한 정도의 후각을 활용한다. 상어는 생존의 대가다. 심해는 물론이고 얕은 바다, 심지어 강에서도 살아남는다.

상어에게 발신기를 부착하여 얼마나 멀리 헤엄을 치는지, 어떤 감각을 활용하는지 살펴보았다. 가령 플로리다 해안에서 진행한 관찰 프로젝트에서는 흑단상어*Carcharhinus limbatus*가 여러 감각기관을 활용하며, 그중에는 후각도 포함된다는 사실이 밝혀졌다. 녀석들의 콧구멍을 막았더니 집으로 가는 길을 잘 찾지 못했다. 아예 집으로 가지 못한 녀석들도 많았고, 가더라도 코가 뻥 뚫린 친구들에 비해 더 먼 길을 돌아갔다. 집에 도착해서도 행동이 달랐는데, 친구들보다 빨리 고향을 떠났다.[15]

그러나 이 녀석들이 코가 정상이었다면 어떤 화학 정보를 이용해 고향으로 돌아갔을지는 아직 미지수다. 아마 녀석들은 고향 특유의 냄새를 확실히 인지할 수 없었을 것이다. 연어랑 비슷하게 머리에는 화학 지도가 새겨져 있었겠지만, 코가 막히는 바람에 냄새를 맡을 수는 없었을 것이다. 어쩌면 친구들의 페로몬을 인지하지 못해 길을 헤매었을지도 모른다. 따라서 이 실험 결과는 냄새가 중요하기는 하지만, 유일한 길잡이는 아니라는 사실을 입증한다. 지자기 감각도 중요한 역할을 할 수 있으며, 해류 역시 중요 정보를 제공하여 여정을 돕는다. 어쩌면 해류에서 고향의 냄새가 나지 않아서 당황했을 수도 있다. 어쨌거나 정확한 결론은 내리기가 힘들다.

그러나 상어가 뛰어난 체내 센서를 통해 심해에서도 먹이를 잘 찾는다는 사실은 의심의 여지가 없다. 실제로 상어는 – 종에 따라 차이는 있지만 – 심해를 좋아한다. 센서가 워낙 뛰어나다 보니 앞이 잘 보이지 않아도 먹이를 잘 찾을 수 있다. 이런 전기 감지 특수 시스템의 열쇠는 로렌치니 기관Lorenzini's ampullae이다. 이 기관은 주둥이에 붙은 빈 공간으로, 젤리 같은 물질로 가득 차 있다. 이 기관 덕분에 상어는 움직이거나 도망치려는 먹이의 아주 미세한 근육 수축도 감지할 수 있고, 쫓기거나 다친 동물의 진동도 감지할 수 있다. 당연히 한 치 앞도 안 보이는 환경에서도 먹이를 잘 찾을 수 있다.

음파는 물밑에서도 매우 잘 퍼져 나간다. 상어의 옆줄은 이 음파를 감지한다. 옆줄은 주둥이에서 시작하여 몸통 양 옆구리의 피부 바로 아래를 지나 꼬리 앞까지 이어지는 예민한 관으로, 안에는 액체가 가득 차 있다. 그 관의 미세한 구멍을 통해 물이 흘러 들어갈 수 있는데, 관에는 머리카락 비슷한 조직들이 붙어 있어서 물속의 진동에 예민하게 반응한다. 따라서 상어는 아무리 어두운 심해에서도 이 옆줄 덕분에 먹이 가까이 다가갈 수 있다.

백상어는 맑은 물에서 헤엄을 치기 때문에 앞을 잘 볼 수 있다. 어쩌면 우리가 녀석을 알아보기도 전에 먼저 우리를 알아볼 것이다. 물론 그건 거리가 10미터를 넘지 않을 때의 이야기이다. 그렇다면 백상어는 인간의 냄새도 맡을 수 있을까?

물이 흐릴수록 후각이 팔을 걷어붙일 확률이 높아진다. 이 말을 들으면 우리 머리에는 선명한 장면 하나가 떠오를 것이다. 물속의 피 한 방울이 저 먼 곳에 있는 상어의 콧구멍 쪽으로 향하고, 피에 굶주린 상어가 공격을 시작한다.

그러나 그건 허구다. 상어가 냄새를 맡고 인간을 사냥한다는 확실한 증거는 없다. 보통 상어가 인간을 공격하는 건 먹이와 착각했기 때문이다.

그렇다 해도 실제로 상어가 사람을 공격한 극적인 장면은 쉽게 잊히지 않는다. 가령 오스트레일리아의 서퍼 믹 패닝Mick Fanning은 2015년에 남아프리카 공화국 제프리스 베이에서 서핑 경기를 하던 도중 백상어에게 공격을 당했다. 그는 상어에게 강펀치를 날린 덕에 무사했지만, 사람들의 두려움은 쉬이 가시지 않는다. 그러나 그런 사건은 드물다. 단순한 이유 때문이다.

상어는 온갖 먹이를 먹는다. 플랑크톤에서부터 물고기, 갑각류 등을 거쳐 물개와 고래까지 못 먹는 것이 없지만 입맛이 까다롭다. 상어는 지방이 많은 먹이를 좋아한다. 물개가 상어의 식탁에 자주 오르는 이유도 그 때문이다. 먹이를 씹었는데 – 사람처럼 – 맛이 이상하면 상어는 비위가 상해 식욕을 잃는다. 물론 한 입 베어 물기만 해도 치명상을 입힐 수 있기에 무턱대고 안심할 일은 아니지만 말이다.

그렇다면 상어는 먹고 싶은 먹이를 어떻게 찾을까?

상어의 후각은 믿을 수 없을 만큼 예민하다. 상어가 헤엄을 치는 동안 물이 계속해서 비강을 통과하고, 자동으로 주변 냄새도 코로 들어간다. 코에서 냄새는 얇은 층 위를 지나게 되는데, 이 예민하고 얇은 주름 조직이 냄새를 오래 코에 붙들어 냄새 인지의 확률을 높인다. 얇은 층 위를 지난 냄새는 감각세포를 자극하고, 이것이 정보를 뇌로 전달한다.

상어, 특히 백상어의 예민한 후각과 관련해서는 온갖 추측이 난무하지만, 다른 수상생물보다 냄새를 더 잘 맡는다는 실험 결과는 아직 나와 있지 않다. 물론 상어는 뇌의 약 3분의 2가 후각 시스템이므로 후각도 더 예민할 것으로 추측해왔다. 실제로 상어는 많은 냄새를 2,500만 분의 1 농도에도 맡을 수 있다. 그 말은 망망대해에서 약 0.5킬로미터 떨어진 곳의 냄새도 맡을 수 있다는 뜻이다.[16]

알다시피 상어는 냄새로 방향을 정한다. 말 그대로 코를 쫓아다닌다. 이런 뛰어난 방향감각 덕분에 냄새의 원천을 정확하게 찾아낸다. 냄새가 왼쪽에서 오는지 오른쪽에서 오는지 순식간에 파악하여 그 방향으로 움직인다. 상어가 왔다 갔다 갈피를 못 잡는 것 같은 이유도 그 때문이다. 그렇게 움직이면서 먹잇감의 위치를 정확히 포착한다.

귀상어는 이런 특성의 덕을 가장 많이 보는 녀석이다. 귀상어는 머리가 납작해서 – 학자들은 '망치머리cephalofoil'라고도 부른다 – 한눈에 구분할 수 있다. 그런데 양쪽 콧구멍이 커다란 입과 거의 일렬을 이룰 정도로 뚝 떨어져 있어서 먹이를 쫓기에는 아주 그만이다. 녀석은 냄새가 강해지는 방향을 최단 시간에 파악한다. 그야말로 스테레오 후각을 갖춘 셈이다.

덕분에 녀석은 헤엄치는 각도가 더 작아도, 혹은 속도가 더 빨라도 다른 상어에 비해 양쪽의 시간 차이를 잘 인지한다.[17] 그래서 고속을 유지하면서도 방향을 틀어 먹이를 공격할 수 있다. 먹잇감의 처지에서 보면 아무 사전 경고 없이 상어가 불쑥 나타나는 셈이다. 물론 먹잇감이 '공포 물질schreckstoff'을 분비하지 않는다면 말이다. 냄새의 세상에서 공포 물질이라는 말은 화학적 경고신호 혹은 경보 페로몬을 의미한다.

공포 물질

어류는 대부분 사회적 동물이어서 떼를 지어 헤엄을 친다. 무리는 안전을 제공한다. 특히 공포 물질을 집단 방어 메커니즘으로 활용할 때는 무리를 짓는 편이 훨씬 유리하다. 물고기는 다쳤을 때, 혹은 잡아먹힐 때 그 물질을 분비한다. 남은 친구들에게 도망가라고 외치는 일종의 경고신호인 셈이다.

오스트리아 행동학자 카를 폰 프리슈Karl von Frisch는 수족관 물고기를 관찰하다가 최초로 공포 물질의 효과를 발견하였다. 그는 물고기의 청력 손상 실험을 하기 위해 교감신경을 잘랐는데, 잘못해서 꼬리에도 상처를 입혀 수조에 넣었다. 그러자 나머지 물고기들이 즉각 스트레스 증상을 보였다. 그는 실험의 목표를 변경하여 왜 이런 반응이 나왔는지 추적하여 유발 요인에 공포 물질이라 이름을 붙였다. 물고기 무리에게 말 그대로 코앞으로 다가온 위험을 경고하는 화학물질이다. 그때가 1942년이었다.

이후 수많은 학자가 연구를 이어갔다. 아마도 물고기는 자기도 모르게 공포 물질을 분비하는 것 같다. 포식자에게 공격을 당했을 때 (혹은 프리슈가 그랬듯 물고기의 꼬리에 상처를 냈을 때) 신체 부상에 대한 수동적인 반응을 보인 것이다. 부상의 냄새는 다른 포식자를 유혹하기도 하지만, 또 한 편으로 자기 무리에게 다가온 위험을 경고한다.[18]

최근 싱가포르 연구팀이 제브라 피시를 관찰하여 공포 물질을 확인하였다고 발표했다. 설탕과 비슷한 물질로, 이름이 글리코사미노글리칸 콘드로이틴glycosaminoglycan chondroitin이다.[19] 이 화합물은 다양한 형태를 띠며, 특히 연골에 많이 들어 있다. (연골이 자꾸 골치를 썩일 때 알약 형태의 식품 보조제로도 구입하여 먹을 수 있다.) 학자들이 선별 과정을 거쳐 분쇄한 제브라 피시로 여러 화학 화합물을 만들어 실험했더니, 글리코사미노글리칸 콘드로이틴은 친구 물고기들에게서 포식자 회피 행동을 유발하였다. 즉 친구 물고기들이 수족관 바닥에서 총알처럼 빠르게 이리저리 움직이거나, 잠시 느리게 헤엄을 치다가 다른 방향으로 흩어지기를 반복했다.

또 다른 재미난 사실도 입증되었다. 이 물고기의 후각 망울의 어떤 부분은 공포 물질에만 반응한다. 다른 화학적 자극에는 반응하지 않는다. 그러나 녀석들이 그런 경고신호를 보내는 이유는 아직 밝혀지지 않았다. 친구들을 구하기 위한 최후의 이타적 노력일까? 그 친구들이 유전적으로 보면 친척이므로 경고를 날려 자기 가족의 유전자를 지키려는 것일까?

아마도 녀석들은 모두가 공포 물질을 인지하고 반응하는 능력을 키운 것 같다. 그렇다면 이 녀석들은 자기 종의 진정한 생존자인 셈이다.

냄새의 유전학

물고기가 물속에서 뛰어난 후각을 활용한다는 사실은 명백하다. 그렇다면 진화를 거치며 다시 물로 돌아간 포유류는 어떨까?

어류와 달리 이들은 여전히 공기로 호흡한다. 별코두더지가 기포로 냄새를 쫓아 생존한다는 사실은 앞에서 이미 살펴보았다. 주로 물에서 살거나 물에서만 사는 물개와 고래는 어떨까?

학문의 역사를 통틀어 수많은 연구 결과들이 바다 포유류에게는 후각기관이 없거나, 있다 해도 퇴화한 기관이라고 주장하였다. 지금도 이빨고래류, 그중에서 돌고래, 범고래, 향고래 등은 그렇다는 의견이 지배적이다. 진화를 거치는 동안 녀석들의 냄새 신경 하드웨어가 소실된 것 같다.

수염고래류는 다르다. 최근 이 녀석들이 후각 신경조직 및 생화학 조직을 갖추었다는 사실이 입증되었다.[20] 학자들은 사냥에 나선 이누피아트족(알래스카 북단에 살며 고래를 사냥하는 원주민 – 옮긴이)과 합류하여 고래 두뇌를 해부하고 조직 표본을 얻은 뒤 후각 유전자의 존재 여부를 조사하였다. 실험실에서 살펴본 결과, 고래의 두뇌는 신경 경로를 거쳐 코와 연결되어 있었고 그곳에 실제로 수용기 유전자가 있었다. 다른 수염고래에서도 비슷한 점을 발견하였다.

그렇다면 녀석들이 굳이 냄새를 맡을 수 있어야 하는 이유는 무엇일까?

이 지점이 앨버트로스 및 다른 바닷새들과의 공통점이다. 이들은 모두 황화수소 냄새를 맡을 수 있다. 플랑크톤은 물론이고 수염고래가 좋아하는 크릴새우 냄새 말이다.[21]

물개 역시 후각이 없다는 믿음이 지배적이었지만 최근에 고래와 비슷한 능력이 입증되었다. 물개를 관찰한 결과 녀석들은 냄새를 맡을 수 있었다. 더구나 디메틸설파이드 냄새! 바다 동물들에게 아주 중요한 이 냄새가 다시 등장했다. 물개가 관심을 보이는 냄새는 그것만이 아니다.

아마 다들 바다사자 어미가 새끼에게 '뽀뽀'하는 귀여운 사진을 본 적 있을 것이다. 우리는 그것이 자식을 향한 사랑이라 생각하지만, 사실은 상호 인식의 중요한 과정이다. 냄새로 말이다. 오스트레일리아바다사자*Neophoca cinerea*는 새끼를 키우는 18개월 동안 새끼를 홀로 두고 사냥을 갈 때가 많다. 어떨 땐 며칠씩 집을 비우는데, 사냥에서 돌아오면 어미가 두고 간 자리에 새끼가 없을 확률이 높다. 보통 새끼는 군락을 떠돌아다니며 주변을 탐구하고, 그러다가 무리 사이로 들어가 다른 새끼들과 섞인다.

그러면 어미는 어떻게 자기 새끼를 알아보고 젖을 주고 먹이를 먹일까?

눈과 귀가 큰 역할을 한다. 바다사자 암컷은 눈과 귀로 새끼를 알아본다. 새끼의 외침과 생김새를 보고서 자기 새끼를 찾아낸다. 곁에 다가가서는 후각이 진정한 인식 신호가 된다. 그래서 엄마와 아기가 재회할 때 '뽀뽀'를 하는 것처럼 보인다.[22]

이를 통해 정확히 무엇을 인식할까?

사우스조지아섬에 사는 남극물개*Arctocephalus gazella*를 연구하였더니 어미와 새끼의 냄새가 성질이 비슷했고, 그 사실로 미루어 아마도 냄새는 유전적으로 암호화되는 것 같다. 학자들은 그 냄새가 종의 생존을 위해 매우 중요하다고 보았다. 근친 간의 교배를 막고, 유전적 다양성을 개선하는 데 이바지하기 때

문이다.[23]

물속에서 냄새를 못 맡는 바다 포유류는 공기 중의 냄새를 맡고 바다 저 먼 곳의 풍성한 식량원을 찾을 수 있다. 그러나 이빨고래가 수염고래와 다른 진화의 길로 접어들어 후각을 잃어버린 이유는 여전히 수수께끼이다.

학자들은 바다 동물의 이런저런 비밀을 캐고자 지금도 열심히 노력하고 있다. 물론 이미 밝혀진 비밀도 있다. 여러 동물종이 후각을 이용해 목표를 찾고, 먹이를 사냥하며, 위험을 경고하고, 짝과 새끼를 찾는다. 그러므로 우리가 이런 매력적인 바다 동물의 특정 행동을 조종하고 방해한다면 수많은 종의 생존이 위협받을 것이다. 앞서 4장에서 소개한 디클로페낙이 인도독수리의 목숨을 위협했던 것처럼 온갖 다른 경우에서도 동물들의 생존이 위태로워질 것이다.

6
냄새 러버, 쥐

베아트릭스 포터Beatrix Potter가 쓴 동화《못된 생쥐 두 마리 이야기》에서 두 마리 쥐, 헝커멍커와 톰썸은 인형의 집에 몰래 들어가 맛난 음식을 찾아내지만 알고 보니 장난감 음식이어서 길길이 화를 낸다. 아마 포터는 생물학자나 쥐 전문가가 아니었을 것이다. 그랬다면 생쥐는 생김새를 보고 판단하지 않는다는 사실을 알았을 테니 말이다. 쥐에게 중요한 것은 냄새다. 냄새는 무엇을 먹을 수 있는지, 누구와 짝짓기를 할 수 있는지는 물론이고, 어디 가야 엄마 쭈쭈가 있고, 누가 친구이고, 적인지도 가르쳐준다.

쥐는 인간의 뒤를 밟아 세계 어디든 쫓아왔고, 우리 선조들이 나중에 먹으려고 식품을 저장하기 시작하면서부터 골칫거리가 되었다. 쥐는 인간이 먹는 것은 전부 다 먹는다. 집쥐는 원래 중앙아시아에서 태어났고, 기원전 1만 3000년에 지중해 동부 연안으로 들어왔다. 그리고 기원전 1000년이 되자 이미 유럽 전역으로 퍼졌다.

집쥐는 생후 약 2주만 지나도 새끼를 낳을 수 있다. 그러니까 세대시간이 매우 짧다. 그래서 일단 한 번 번식을 시작하면 급속도로 숫자가 늘어난다. 암컷 한 마리는 1년에 5~10번 새끼를 낳고, 매번 6~8마리를 낳는다. 6마리의 쥐가 불과 3개월 만에 60마리로 늘어날 수 있는 것이다. 그러니 쥐가 우리 집의 떼거리 불청객인 것도 놀라운 일은 아니다. 특히 겨울이 혹독하여 밖에 먹을 것이 없을 때는 더욱 그렇다. 짧은 세대시간은 장점이 되기도 한다. 쥐가 생물학과 의학을 전공하는 많은 학자에게 가장 선호하는 모델 유기체가 된 이유도 그것이니 말이다.

사실 후각 연구에서는 두 종의 생물이 정보의 대부분을 제공한다. 파리와 쥐가 그 주인공이다. 이 둘은 각기 장단점이 있고, 서로를 잘 보완한다. 쥐는 포유류이기에 우리와 정말 가깝다는 장점이 있다. 이 장에서는 냄새와 관련한 쥐의 행동은 물론이고, 그 뒤에 숨은 메커니즘까지도 어느 정도 알아볼 것이다. 그러나 그 메커니즘을 알아내기 위해 전 세계 학자들이 지금껏 들인 시간과 노력, 수단은 실로 어마어마하기에 여기서 전달할 수 있는 내용은 그저 겉만 긁적이는 수준일 것이다. 여기서는 쥐의 후각에서 중요한 몇 가지 측면만 설명하려 한다.

코 부자, 쥐

우리가 보기에 코는 코다. 그걸로 끝이다. 그러나 척추가 있건 없건 대부분의 다른 동물은 냄새를 여러 곳에서 맡는다. 아주 좋은 사례가 쥐다. 쥐는 4개의 다른 기관으로 냄새를 맡을 수 있고, 각자가 나름의 형태와 기능이 있다.[1]

가장 중요한 후각기관인 코는 인간처럼 두개골 가장 안쪽, 콧구멍 위에 있다. 심하게 주름진 점막으로 이루어지는데 쥐의 경우 그 점막의 크기가 신체에 비하여 몇 배나 더 크다. 그 안에는 다양한 휘발성 냄새 분자에 반응하는 수천만 개의 냄새 뉴런이 들어 있다. 그 뉴런이 어떤 후각 수용기를 만들어내느냐에 따라 각 뉴런 세포의 특수성이 결정된다.

쥐의 후각 수용기 단백질은 약 1,200종으로,[2] 인간의 약 3배다. 모든 후각 수용기에는 매우 특정한 분자 조율 곡선이 있어서 자신에게 맞는 특정 냄새에만 반응한다. 그런데 그 곡선이 일정 정도까지 겹친다. 모든 동물의 후각 시스템이 어마어마한 해독 용량을 자랑하는 비결이 바로 그것이다. 그런 스펙트럼들이 서로 결합하기에 적은 유형의 수용기로 많은 종류의 냄새를 맡을 수 있는 것이다. 물론 매우 특수하여 하나 혹은 소수의 냄새에만 반응하는 수용기도 많지만, 나머지는 거의 모든 냄새에 반응한다.

이런 수용기를 달고 다니는 뉴런은 가장 중요한 후각 상피, 즉 후각 점막에 파묻혀 있다. 뉴런은 뭉뚱그려 코점막이라 부르는 그곳의 점막층에서 헤엄을 친다. 이 점막층은 어느 정도까지 여러 지대로 나뉘는데, 지대마다 개별 유형의 뉴런이 각기 다른 양으로 자리하고 있다. 모든 후각 뉴런의 축삭돌기는 점막에서 후각 망울로 향한다. 막스 플랑크 신경유전학 연구소 소장인 내 동료 페터 몸배르츠Peter Mombaerts는 신경유전학 방법을 사용하여 같은 수용기를 발현하는 뉴런은 보통 후각 망울에서 두 개의 특정 부위, 즉 두 개의 토리로 향한다는 사실을 최초로 입증하였다. 이러한 방식으로 들어오는 정보는 공간적 코드로 분석된다.[3·4] 그러니까 점막과 주 후각 망울이 있는 쥐의 코는 인간의 코와 매우 흡사한 모습이다.

쥐는 그 평범한 코로 무슨 냄새를 맡는 것일까?

쥐는 많건 적건 중요한 모든 냄새를 코로 맡는다.

쥐의 두 번째 코

야콥슨기관이라고도 부르는 서골비기관VNO은 쥐와 그밖에 많은 동물의 두 번째 코다.[5] 앞서 2장에서도 말했듯 인간에게도 서골비기관이 있는지 그 여부에 대해서는 논란이 많다. 서골비기관은 원래 18세기 네덜란드 해부학자 프레데릭 라위스Frederick Ruysch가 뱀에게서 발견하였지만, 덴마크 외과의사 루드비히 야콥슨Ludwig Jacobson이 1803년에 재발견하여 알렸다. 그래서 야콥슨기관이라고도 부른다. 서골비기관은 입천장 바로 위에 있고, 원통 모양의 두 조직으로 구성된다. 이 조직들은 점막으로 덮여 있는데, 여기에는 약 30만 개의 수용기 뉴런과 3가지 주요 유형의 서골비기관 특수 수용기가 있다.[6]

현재 우리가 아는 바로는, 서골비기관 수용기는 주로 페로몬의 인지를 담당하지만 쥐가 배출하는 다른 냄새도 도맡는다. 그중에는 병을 알리는 냄새도 포함된다. 두 가지 유형의 수용기는 휘발성의 작은 분자들을 붙들고, 세 번째 수용기는 물에 들어 있는 아주 무거운 폴리펩티드를 담당한다. 그중에는 주요 요중 단백질major urinary proteins, MUPs이라 부르는 쥐 오줌 단백질도 포함된다. 서골비기관 수용기는 페로몬 인지에 관여하지만, 암수 구분은 없는 것 같다. 다시 말해 성적 이형성이 없다. 서골비기관을 출발한 후각 뉴런의 축삭돌기는 냄새를 담당하는 1차 두뇌 부위의 해당 부분인 부속 후각 망울로 향한다.

서골비기관의 원통은 액체로 꽉 차 있고, 물이 든 관을 지나 비강과 연결된다. 그러므로 서골비기관이 냄새를 인지하는 기반은 액체다. 다시 말하면 이곳에서 다른 냄새 스펙트럼이 인지되거나, 아니면 뉴런으로 전달하기 위한 다른 메커니즘이 존재해야 한다. 혼자 알아서 기관과 자기의 후각 뉴런에 당도하는 냄새도 있지만, 자극을 유발하여 인지될 수 있으려면 MUPs와 결합을 해야 하는 것도 있다. 또 그 자체가 냄새 분자로 활약하는 MUPs도 있다.

서골비기관은 플레멘 반응으로 활성화된다. 플레멘 반응은 사회적 상호 행동에서 주로 나타나지만, 주변에 사회적으로 중요한 단서가 있을 때도 나타나는 특별한 행동 방식이다. 아마 말에게서 본 적이 있을 것이다. 말의 플레멘 반응은 누가 봐도 알아볼 수 있으니까 말이다. 플레멘 반응을 하면 서골비기관이 활짝 열리고, 자극이 기관 내부의 뉴런까지 밀고 들어갈 수 있다. 개가 플레멘 반응을 어떻게 활용하는지는 앞서 3장에서 이미 설명하였다.

그뤼네베르그 신경절

쥐는 콧구멍 바로 위, 주둥이 맨 끝에 약 300~500개의 뉴런을 가진 조직이 있다. 1973년 한스 그뤼네버그Hans Grüneberg가 처음으로 밝혀낸 조직이다. 그의 이름을 따서 그뤼네버그라 부르는 이 기관은 코와는 구조가 전혀 다르다. 후각 뉴런의 섬모가 피부에 박혀 있기는 하지만, 물에 용해되는 자극도 이 기관에 닿을 수 있다. 뉴런은 특수 수용기를 만드는데, 많은 수가 서골비기관의 수용기와 비슷하다. 뉴런에서 출발한 축삭돌기는 모여 특수 신경 경로가 되어 후각 망울의 해당 부분인 목걸이 토리necklace glomerul로 향한다.[7]

그뤼네버그 신경절의 기능은 오랫동안 논쟁의 대상이었다. 많은 학자는 새끼가 젖을 찾을 때 필요한 기관이라고 생각했다. 매우 일찍부터 발달하는 데다 어미의 유선 근처에 있기 때문이다. 그러나 스위스 로잔대학교의 마리 크리스틴 브로일렛Marie-Christine Broillet과 동료들이 어떤 냄새가 그 기관의 뉴런을 활성화하는지 정밀하게 조사하여 전혀 다른, 약간 섬짓한 기능을 발견하였다.[8] 이들 역시 처음에는 다른 학자들처럼 온갖 관련 냄새를 테스트해 보았다. 하지만 이 기관은 알려진 쥐의 페로몬에도, 젖이나 오줌 냄새에도 전혀 반응이 없었다.

자극의 빠른 전달과 빠른 반응은 위험이 임박할 때도 유용하다. 그래서 이들은 다음 차례로 위험과 관련 있는 여러 가지 냄새를 테스트하였다. 그리고 마침내 그뤼네버그 신경절의 뉴런들을 움직인 자극을 찾아냈다. 죽어가는 쥐가 배출하는 매우 특정한 물질이었다.[9] 연구자들은 쥐를 이산화탄소에 넣어 질식시켰다. 도축장에서 돼지를 죽이는 방법이기도 하지만, 그다지 유쾌하지 않은 죽음을 초래한다고 알려져 있다. (나는 왜 이 방법을 상업적인 목적에 이용하는지 모르겠다. 돼지가 죽어가는 모습을 사람들이 봐야할 이유가 없는데 굳이 왜….)

죽어가는 쥐가 배출하는 냄새에는 산 쥐나 아주 빨리 죽임을 당한 쥐에게는 없는 매우 특정한 분자들이 있다. 일종의 공포 물질이다. (5장 참조) 두 번째 실험에서 이들은 그 냄새 물질의 정체를 확인하였는데, 재미있게도 그것의 분자는 쥐가 고양이나 여우 같은 천적을 인지하게 도와주는 화합물과 매우 흡사했다. 그렇다면 그 기관의 기능은 일반적으로 쥐에게 실제로 공포를 느끼게 만드는 물질을 인지하게 하는 것인지도 모른다.

그뤼네버그 신경절은 공포를 조장하는 냄새의 인지를 넘어 추위 감각에도 관여한다.[10] 그것이 공포 냄새와 관련이 있는지는 아직 정확히 밝혀지지 않았다. 독립된 감각 인지일 수도 있다.

비중격기관

마세라기관Organ of Masera 혹은 비중격기관은 1921년에 발견되었지만, 로돌포 마세라Rodolfo Masera 덕분에 1943년에 세상에 알려졌다. 이 기관은 후각 상피의 아주 작은 조각으로, 후각 기능이 없는 상피를 통해 코의 주요 부위와 분리된다.[11] 위치는 정확히 코 한가운데인 비중격의 뒤쪽, 코와 목구멍이 이어지는 지점이다. 약 2만 개의 후각 뉴런을 갖고 있지만, 이것들이 생산하는 후각 수용기는 10여 가지에 불과하다.[12·13] 이들 뉴런의 절반은 MOR256-3이라는 이름의 특수 수용기를 만든다. 이 수용기는 지금껏 소개한 모든 수용기 중 가장 반응 범위가 넓다. 실로 온갖 냄새를 다 인지하지만, 정상 코의 뉴런보다 훨씬 더 예민한 것 같다. 격벽 기관 뉴런의 축삭돌기는 후각 망울의 몇 안 되는 신경절로 향해 간다.

비중격기관이 어디에 유익한지는 아직 아무도 모른다. 어떤 냄새가 있다는 신호를 뇌로 보내서 뇌가 원래의 후각기관에서 넘어올 세부 정보의 처리를 미리 준비하도록 도와준다는 추측이 가장 보편적이다. 이 기관은 그냥 미니어처 코로, 코의 기능을 보완한다는 추측도 있다. 그곳의 뉴런은 재미난 특성이 있다. 기계적 자극에도 반응하는 것으로 보아 아마도 두 가지 방식을 가지고 있는 것 같다. 그러니까 비중격기관의 뉴런은 냄새는 물론이고 기류 속도도 인지할 수 있으며, 어떤 자극이냐에 따라 예민도를 조절하는 것 같다.

종합해보면, 쥐는 4개의 기관으로 냄새를 맡는다. 하나는 인간처럼 진짜 코이고, 다른 셋은 각기 자기 장소가 따로 있다.

재미나게도 각 기관은 크기도 각양각색이다. 코에는 뉴런이 1천만 개 있고, 서골비기관에는 30만 개, 그뤼네버그 신경절에는 약 500개, 비중격기관에는 2만 개가 있다. 그러니까 원래의 코가 나머지 작은 기관에 주요 업무를 '아웃소싱'하여 페로몬 인지, 경고, 일반적인 냄새 인식 등의 특별한 임무를 수행하는 것 같다. 어쨌거나 후각 인지를 담당하는 기관이 많고 다양한 것은 쥐의 삶에서 냄새가 엄청나게 중요하다는 증거다.

삶을 결정하는 냄새

쥐의 코가 4개인 것은 다 이유가 있다. 페로몬이건 천적의 냄새이건, 음식의 향이건, 이런저런 형태의 냄새가 삶의 모든 측면을 결정하기 때문이다. 우리는 이미 페로몬을 통해 이루어지는 수많은 상호 행동을 알고 있다. 그중 특히 놀라운 몇 가지 경우를 조금 더 자세히 알아보자.

작은 쥐는 다양한 유형의 페로몬을 생산하는 걸어 다니는 공장이다.[14] 이 물질은 쥐의 오줌에서 채취할 수 있지만, 생식선과 눈물, 침에도 들어 있다. 페로몬의 주요 유형은 두 가지다. 유발 유형과 준비 유형이다. 유발형 페로몬은 끌림이나 공격 같은 직접적인 반응을 불러오며, 준비형 페로몬은 호르몬을 거쳐 전달되는 체내 특정 과정을 서서히 변화시킨다. 먼저 유발형 페로몬부터 살펴보자.

수컷 쥐에게서 볼 수 있는 유발형 반응은 침입한 다른 수컷을 향한 공격이다. 자기 영역에 다른 수컷이 들어오면 진짜 전쟁이 벌어진다. 암컷이나 거세한 수컷은 공격하지 않지만 거세한 수컷의 몸에 건강한 수컷의 오줌을 바르면 역시나 공격한다. 수컷의 오줌에 든 냄새 물질이 침입자의 존재를 알리는 것이다. 젖을 먹이는 어미 역시 수컷이 침입하면 공격한다. 새끼를 낳은 적 없는 암컷은 그런 반응을 보이지 않았다. 이런 반응은 아마도 침입자로부터 새끼를 보호하려는 의도인 것 같다. 암컷을 다시 짝짓기 상태로 돌리기 위해 수컷이 암컷의 새끼를 죽이는 일이 다반사이기 때문이다. 잔인하지만 효과가 매우 좋은 방법이다.

수컷과 암컷의 공격은 수컷 오줌에 든 휘발성 물질과 비휘발성 물질 탓이다.[15·16] 이 물질을 인지하는 곳은 원래의 코와 서골비기관이다. 여러 화합물이 완벽하게 섞였을 때만 영역이나 짝, 새끼를 지키기 위한 공격 반응이 나타났다. 다른 동물 종에서도 비슷한 반응이 나타나지만, 쥐는 어떤 동물에게도 볼 수 없는 특이한 실험 결과를 제공하였다.

어미 배를 떠난 새끼는 어미 젖을 찾아야 한다. 갓 태어난 새끼는 앞이 전혀 보이지 않으므로 어미 젖을 찾을 방법은 냄새뿐이다. 이때 새끼의 행동은 매우 전형적이어서 곤충처럼 지그재그로 움직여 목표물을 향한다. 어미의 젖꼭지를 닦거나 새끼의 코를 훼손하면 새끼는 젖을 찾지 못하고 굶어 죽는다. 이런 전체 과정은 어미 배 속에서부터 시작되는 학습 과정이 관여한다. 새끼는 양수 냄새를 익히지만, 어미의 젖과 침 냄새에도 신속하게 적응한다.[17] 다른 작은 포유류인 토끼의 경우 특정 페로몬이 입증되었지만, 쥐의 시스템이 더 유연한 것 같다. 어미가 먹는 음식을 통해 선호도가 달라질 수 있는 것이다. 이런 점은 앞서 2장에서 알아본 인간과 매우 유사하다.

가장 많이 알려진 페로몬의 유발 효과는 성과 관련이 있다. 쥐 역시 그렇다. 암컷과 수컷이 냄새를 통해 복잡한 상호작용을 한다. 암컷과 수컷의 소변은 각기 다른 성에게 큰 매력을 발산한다. 휘발성이 매우 높은 화합물은 물론이고, 비휘발성인 오줌의 주요 단백질(앞서 서골비기관을 설명하며 소개했던 MUPs)이 그 원인이다. 리버풀대학교의 제인 허스트Jane Hurst 연구팀은 수컷 쥐의 소변에서 특정한 MUPs를 찾아냈다. 암컷에게 성적 욕구를 불러일으키는 이 물질에게는 찰떡같이 잘 어울리는 이름이 있다. 바로 달신Darcin이다. 제인 오스틴의 소설 《오만과 편견》에 나오는 미스터 달시에서 따왔다.[18]

이렇듯 쥐는 상대 성별의 오줌 냄새에 끌리지만, 성기 주위를 빙 둘러 분포하는 특수 분비선 냄새와 타액, 눈물에도 유혹된다. 수컷 눈물의 냄새를 맡은 암컷은 짝짓기 분위기로 바뀐다. 이 모든 냄새는 원래의 코는 물론이고 서골비기관을 거쳐 복잡한 방식으로 함께 작용한다.

지금까지 설명한 페로몬 유형들은 모든 개체에게 효과를 발휘한다. 그러니까 이 페로몬들은 성과 공격 등에 관한 일반적인 알림이다.

적이냐, 아군이냐

쥐의 삶에서 인간만큼이나 중요한 또 한 가지 측면이 있다. 누가 친구이고 적인지, 누가 가족인지를 구분하는 것이다. 쥐는 이런 과제 대부분을 냄새를 통해 수행한다. 따라서 2장을 다시 한번 읽어보는 것도 좋을 것 같다. 앞으로 설명할 내용이 인간의 관계와 비슷할 테니까 말이다.

특히 혈연관계 판단에 필요한 개체 인식이 중요하다. 이때는 면역계에 관여하는 여러 단백질이 중요한 역할을 한다. 이 주제는 앞서 인간의 행동과 관련하여 짧게 설명하였다. 그 단백질 역시 쥐의 오줌에 들어 있고, 그 양도 개체마다 다르다. 코와 서골비기관의 뉴런이 그 단백질을 인지하는데, 쥐의 경우 짝을 선택할 때 그 냄새를 길잡이로 삼는다. 자신과 너무 가까운 짝을 택하는 것은 차이가 너무 큰 짝을 택하는 것과 마찬가지로 단점이 있을 것이다.

쥐의 개체 인식 효과 중에서 또 한 가지 잘 알려진 것이 있다. 우리 인간에게는 나타나지 않기를 바라 마지않는 효과다.

새끼를 밴 암컷이 모르는 수컷의 냄새를 맡으면 임신 봉쇄, 즉 브루스 효과Bruce effect가 나타난다.[19] (이제 다들 짐작했을 것이다. 쥐의 많은 기관과 행동 방식의 이름은 그것을 발견한 학자의 이름을 따서 짓는다. 이 효과는 영국의 동물학자 힐다 마거릿 브루스의 이름을 땄다.)

낯선 수컷의 오줌 냄새는 암컷에게 즉각적인 유산을 유발하고, 그렇게 되면 암컷은 누가 봐도 더 힘이 센 새 수컷과 짝짓기를 할 수 있다.

왜 더 힘이 세다고 인식할까?

아주 간단하다. 이전 지배자의 영역에 자기 오줌을 마킹할 수 있기 때문이다. 암컷이 그런 새 수컷을 알아보려면 이전 짝의 냄새를 확실히 기억하고 있어야 한다. 브루스 효과는 특정 MUPs가 원인인 것 같고, 서골비기관이 잘 작동할 때만 나타난다. 진짜 코는 아무런 역할도 하지 않는 것 같다.

냄새와 번식주기

준비 페로몬은 체내 과정을 바꾸어 유전자를 다음 세대로 물려줄 확률을 높인다. 그중 몇 가지는 암컷의 번식주기에 개입한다. 웨슬리 휘튼Wesley K. Whitten의 이름을 딴 휘튼 효과Whitten effect는 1956년에 확인되었고, 수컷 쥐의 냄새를 맡으면 함께 사는 암컷들의 번식주기가 같아지는 현상을 일컫는다.[20] 수컷이 있으면 암컷들 모두가 짝짓기 준비를 갖춘다. (2장에서 설명했고 논란도 많았던 마르타 맥클릭톡의 실험과 놀랄 정도로 유사하다.) 냄새가 주동하는 또 한 가지 변화 역시 수컷의 냄새가 원인이다. 수컷의 냄새를 맡으면 어린 암컷이 사춘기로 접어드는 현상, 즉 반덴버그 효과Vandenbergh effect다.[21] 물론 암컷들끼리도 서로의 주기에 영향을 줄 수 있다. 그러나 암컷 냄새는 휘튼 효과의 수컷 냄새와 정반대 효과를 일으켜서 거꾸로 배란 주기를 늦춘다.

이 모든 효과는 오줌에서 나오는 냄새의 영향이다. 휘발성 화합물은 물론이고, MUPs와 다른 무거운 물질 역시 냄새를 일으킨다. 그에 따른 행동은 서골비기관의 기능이 좋아야만 나타나고, 두뇌까지, 더 나아가 호르몬계까지 그 물질을 전달하는 가장 중요한 길은 서골비기관의 수용기를 거치는 것 같다.

번식과 생존

쥐의 삶에서 중요한 것은 두 가지다. 번식과 생존이다. 생존이 중요한 이유는 죽은 쥐는 번식을 할 수 없기 때문이다. 그리고 생존을 위해서도 후각이 가장 중요한 역할을 한다. 천적의 냄새 인지만 담당하는 특수 수용기가 따로 있는데, 코와 서골비기관에 있다.

이 자리에서 다시 한번 냄새와 관련하여 몇 가지 개념을 설명해야겠다. 페로몬에 대해서는 이미 이야기했다. 페로몬은 특수 화학 전달 물질로 같은 종의 개체끼리 소식을 전한다. 하지만 다른 종끼리 주고받는 소식도 엄청 많다. 이런 소식을 전달하는 물질의 이름은 그 정보가 누구에게 유익한지에 따라 달라진다.

정보의 수신자에게 유익하면 그 물질은 카이로몬kairomone이다. 전형적인 사례가 천적의 냄새를 맡고 도망가는 피식被食 동물이다. 발신자가 이익을 취하면 그 물질은 알로몬allomone이다. 대표적인 사례가 피식 동물을 속이는 미끼나 적을 막기 위한 악취다. 세 번째는 양쪽 모두에게 득이 되는 물질로 시노몬synomone이라 부르며, 대표적인 사례가 꽃향기다. 꽃향기를 맡고 날아온 곤충은 꽃에게 가루받이를 해주고 꽃꿀을 얻는다.

지금 우리는 상호 행동을 쥐의 처지에서, 즉 쥐와 천적의 관계에서 바라본다. 쥐가 천적의 냄새를 맡으면 쥐에게 득이 되기에 이 냄새 물질은 카이로몬이다. 여우, 고양이, 들쥐(들쥐 역시 집쥐의 천적이다.)와 여러 다른 동물 종에게서 이미 특유의 냄새가 확인되었다. 일반적인 의미에서 쥐가 인지하는 냄새도 많지만, 매우 특수한 부분 시스템을 통해 인지하는 냄새가 있는 것이다. 특히 페닐에틸아민이라는 이름의 냄새 물질은 진정한 천적 인식 물질이다. 이 물질의 냄새를 맡으면 쥐는 불안에 떨며 도망친다.[22]

노스웨스턴대학교 신경학자 토머스 보자Thomas Bozza의 실험실이 발표한 한 실험 결과는 천적의 냄새를 겨냥한 냄새 인지 사례를 입증한다. 그의 연구팀은 아직 기능이 밝혀지지 않은 작은 수용기 집단을 연구하였다. 그리고 애덤 디완Adam Dewan의 주도로 아주 우아한 실험을 진행하여 이 수용기 중 한 개만 유전적으로 차단해도 쥐가 특정 천적의 냄새를 맡지 못한다는 사실을 밝혀냈다. 그러니까 쥐의 후각에 자리한 매우 특정한 경로가 천적이 왔다고 경고해주는 경보시스템으로 작동하는 것이다. 천적 회피 행동을 불러오는 수용기의 개별 유전자는 TAAR4trace amine-associated receptor로, 그 수용기는 앞서 소개한 페닐에틸아민에 반응하였다. 예를 들면 그 물질은 고양이의 오줌에 들어 있다.[23]

그러니까 실험 결과는 쥐가 고양이 오줌을 정말로 경계한다는 사실을 잘 보여준다. 이 원리를 사람들은 진즉에 일상에서 활용하고 있다. 고양이 집사는 이미 사용했던 고양이 모래를 집 주위에 뿌려 쥐를 막는다. 물론 이웃들은 달갑지 않겠지만….

그들이 사는 세상

지금까지 소개한 실험 결과들로 미루어 나는 헝커멍커와 톰썸이 장난감 치즈에 속지 않았으리라 확신한다. 시야에 들어오기 훨씬 전부터 그것이 무엇인지 알았을 테니 말이다.

쥐는 극단적인 냄새 세상에서 산다. 모든 행동 방식과 많은 신체적 과정이 냄새를 감지하는 여러 기관에서 들어오는 정보에 의존한다. 먹이, 엄마, 짝, 친구, 적. 이 모든 것이 특정한 냄새를 풍기고, 쥐는 그 냄새를 맡고서 올바른 판단을 내려 생존과 번식의 기회를 높인다. 이 작은 생명체가 개와 마찬가지로 온갖 후각기관을 총동원하여 얼마나 다채로운 인상을 끌어모으는지, 인간은 절대로 상상할 수 없는 것이다.

7
개코 중의 개코,
나방

설탕 1킬로그램을 발트해에 쏟아붓고 다 녹을 때까지 잘 젓는다. 그리고 그 물을 한 모금 마신다. 그 정도의 적은 농도 변화를 알아차릴 수 있을까?

나방은 그럴 수 있다. 수컷 나방은 암컷을 찾으러 다닐 때 보통 냄새를 맡고서 방향을 잡는다. 절대 수치로 말하자면, 나방은 1평방미터 공기에 든 분자 몇 개의 냄새도 맡을 수 있다.[1·2] 인간의 냄새 문턱 값은 분자 약 2억 개다. 우리는 그동안 냄새를 잘 맡는 탐지기를 만들려고 무지하게 노력했지만, 여태 나방 '코' 근처에도 못 가는 수준이다. 19세기부터도 나방은 인기 높은 냄새 연구의 대상이었는데도 말이다.

1880년 장 앙리 파브르는 암컷 나방이 먼 곳의 수컷을 유혹한다는 사실을 세계 최초로 알아차렸다. 그의 실험은 간단했지만, 거기서 얻은 결론은 예리하였다. 시각과 청각을 배제하고 나니 후각이 결정적일 것이라 깨달은 것이다.

> "남는 건 후각이다. 나방이 유혹하는 미끼를 찾아내기 전에 살짝 망설이기는 하지만, 녀석들이 몰려오는 이유를 다른 감각보다 더 잘 설명할 수 있는 감각은 후각이다. 우리가 냄새라 부르는 것과 비슷한 분비물이 실제로 있는 걸까? 우리는 절대 인지할 수 없지만, 우리보다 뛰어난 후각을 유혹할 수 있는 극도로 미세한 분비물?"

파브르가 옳았다. 암컷 나방은 매혹적인 향기를 뿜어내어 수컷을 불러들인다. 이 향기가 페로몬의 전형적인 사례다. 페로몬은 같은 종의 다른 개체에서 행동이나 생리 반응을 불러내는 화학적 화합물을 말한다.[3] 여러 관점에서 호르몬과 비교할 수 있겠다. 그러나 호르몬은 한 개체 내부의 화학 전달 물질이지만, 페로몬은 같은 종의 다른 개체 사이에서 신호를 전달한다.

쓸모 있는 더듬이

수컷 나방은 페로몬 냄새를 맡는다. 물론 다른 냄새도 맡는다. 이 모든 냄새를 오직 더듬이로 맡는다. 더듬이는 머리 위에 붙어 있고, 눈으로 안 보일 정도로 작은 후각모, 즉 감각기 sensillum를 무수히 많이 – 최고 10만 개까지 – 달고 있다. 암수 모두 그렇다. 다시 이 후각모 한 개에는 몇 개의 후각 뉴런이 들어 있고, 그 후각 뉴런 각각이 특정 스펙트럼의 여러 냄새 분자를 인지할 수 있다. 수컷의 경우 이 후각 뉴런이 암컷의 페로몬을 잘 찾아내도록 특별하게 되어 있다.[4]

이런 감각모 하나하나가 아주 작은 코라고 상상해도 좋다. 각 감각모는 활동 반경을 자기 주변 환경으로 제한하며, 자기 안에 있는 뉴런 주변에서 일어나는 화학 과정을 조절한다. 이 뉴런들은 끈적한 액체에 떠다니는데, 이 액체 덕분에 분자가 뉴런으로 잘 이동할 수 있다. 따라서 수컷 나방은 인간보다 최소 백만 배는 더 예민하게 암컷 나방의 냄새에 반응한다.

수컷의 두뇌 구조 역시 암컷을 찾으려는 노력의 일환이다. 두뇌 후각 센터의 절반 가까이가 암컷의 페로몬에 집중한다. 이 센터는 다시 여러 개의 작은 덩어리로 나뉘는데, 각각이 암컷의 냄새를 구성하는 분자 하나씩을 담당한다.[5]

왜 진화는 그렇게나 낮은 농도마저 인지할 정도로 대단한 능력을 선사했을까?

이 질문의 답을 얻으려면 일단 자웅 선택sexual selection이라는 문제를 깊게 파고들어야 한다. 또 온갖 신호에 귀를 기울여 먹이나 숙주를 찾아내는 포식자와 기생생물도 살펴보아야 한다.

적은 노력으로 많이 얻으려면

수컷을 유혹하기 위해 암컷 나방이 분비하는 성페로몬은 사실 극소수의 냄새 분자이다. 시간당 분비량이 이 페이지의 점 하나 무게 정도다. 그렇게나 적은 양을 배출하면서 암컷이 노리는 효과는 두 가지다. 냄새가 약하면 천적이나 기생 생물에게 발각될 위험이 적다. 천적은 나방을 찾아내려 혈안이 되어 있다. 그래서 적은 양에도 천적에게 발각될 수는 있겠지만 그런 경우는 흔치 않다.

그러나 나방 한 종의 천적은 치명적일 정도로 후각이 발달하였다. 나방의 알을 먹고 사는 이 생물은 특정 나방 종의 페로몬에 맞추어 너무도 예리하게 후각이 키워졌고, 암컷 나방의 냄새를 찾아내어 추적할 수 있다. 그러고는 암컷 나방에 올라타 세상 곳곳을 따라다니다가 암컷 나방이 알을 낳는 순간 깡충 뛰어내려 나방의 알 속에 자기 알을 낳는다. 그럼 녀석의 알이 나방 알보다 빨리 부화하여 나방 알의 유기물을 먹는다. 당연히 나방 알은 그대로 죽고 만다.[6]

신호는 유전자를 따라

암컷 나방의 페로몬 농도가 극도로 낮은 또 하나의 이유는 번식을 위한 그런 신호, 특히 성적 신호가 갖는 의미 때문이다. 암컷이 그 정도로 낮은 농도의 신호를 보내면 아주 예민한 '코'를 가진 수컷만 암컷을 찾는다. 그러니까 수컷들에겐 점점 더 예민해져야 한다는 지속적인 진화 압박이 존재한다. 따라서 많은 수컷 나방이 거대한 더듬이를 달고 다닌다.

공기역학적으로 보면 날아다니는 곤충에게 그런 커다란 '바람막이'가 바람직할 리 없다. 제트기 끝에 거대한 낙하산이 달려 있다고 상상하면 될 것이다. 하지만 짝짓기 성공 방식으로는 채산이 맞기 때문에 그걸 달고 다니는 보람이 있다. 더듬이는 여러 면에서 공작의 꼬리를 닮았다. 큰 꼬리는 수컷 공작의 이동을 방해하지만 작은 꼬리를 가진 수컷보다 암컷에게 훨씬 더 매력을 발산한다.[7,8]

암컷이 수컷 중에서 냄새를 제일 잘 맡는 놈을 선택하므로, 이 '개코' 유전자가 자손에게로 전달된다. 따라서 그 암컷의 아들들 역시 냄새를 아주 잘 맡을 것이다. 이를 설명하는 가설을 '섹시한 아들 가설Sexy Son Hypothesis'이라 부른다. 우수 형질의 수컷과 짝짓기를 한 암컷은 역시나 그 형질의 유전자를 가진 아들들을 낳는다.[9] 이 아들들은 더 잘 번식하여 생존할 것이고, 이로써 어머니의 유전자는 더 효율적으로 미래 세대로 전달될 것이다. 따라서 진화는 자신을 찾으라며 수컷에게 심한 압력을 행사하는 암컷을 선호한다. 고도로 예민한 후각을 갖춘 수컷 역시 암컷의 냄새를 인지하여 짝짓기할 수 있으므로 선호된다.

위험 예측

수컷은 어떤 역할을 할까?

수컷은 엄청난 위험을 감수하고 암컷이 있는 곳까지 날아간다. 가는 동안 나는 곤충만 잡아먹는 새나 박쥐를 만날 수도 있다. 이런 위험을 예방하기 위해 수컷은 박쥐 소리를 듣는 여러 개의 귀를 갖고 있다. 박쥐가 오는 소리가 들리면 수컷 나방은 '걸음아 날 살려라' 하며 도망을 친다.[10] 하지만 거래를 택하기도 한다. 근처에 암컷이 있어서 곧 짝짓기할 것 같다고 느끼면, 설사 그 암컷이 박쥐보다 멀리 있다 해도 수컷이 박쥐 때문에 날개짓을 멈출 확률은 훨씬 낮다. 그러니까 잡아먹힐 확률과 짝짓기 확률 사이에서 저울질을 하는 것이다.[11]

녀석의 천적들은 암컷에게 홀딱 빠져 제정신이 아닌 수컷의 상태를 이용한다. 그중에서도 볼라스거미의 사냥법은 정말이지 교활하다. 거미는 끈적거리는 작은 공을 만들어 그 공에 암컷 나방이 수컷을 유혹할 때 쓰는 물질을 바른다. 그러고는 나뭇가지에 앉아서 거미줄에 그 공을 매달아 대롱대롱 늘어뜨린다. 수컷 나방이 저 위에 암컷이 앉아 있다고 확신하고 다가오면 거미는 공을 나방 방향으로 흔든다. 그러다 나방이 달라붙으면 끌어당겨 날름 먹어치운다.[12] 앞장에서 소개한 용어를 적용한다면 거미의 미끼 물질은 알로몬이다. 물질의 생산자에게 득이 되니 말이다.

누가 봐도 암컷을 찾는 수컷의 여정은 위험하고 시간과 노력도 많이 든다. 그러나 그 끝은 보람이 있다. 암컷은 희귀하고 고유한 자원이다. 수컷이 성공을 거두면 큰 보상이 따른다. 녀석의 유전자가 암컷의 알에 실려 다음 세상을 보게 될 테니 말이다.

1%의 차이

소통 수단이라는 면에서 볼 때 나방의 신호는 매우 효율적이다. 수십억 마리의 나방들이 해마다 그 물질 덕분에 만나 짝을 짓는다.

그렇다면 다른 종은 어찌 알고 쫓아가지 않는 것일까?

자연에는 수천 종의 나방이 있다. 그들 모두가 같은 소통 채널을 사용한다면 수컷은 시간 대부분을 다른 종의 암컷을 쫓아다니는 데 허비할 것이다. 현실은 당연히 그렇지 않다. 모든 나방 종의 암컷은 독특한 자기들만의 페로몬 혼합물을 생산하고, 수컷의 후각 뉴런은 오직 그 분자에 맞추어져 있다. 모든 종이 지극히 고유한 냄새 언어를 갖고 있다고 말할 수 있을 것이다.

노벨상을 수상한 아돌프 부테난트Adolf Butenandt가 1959년에 나방의 페로몬을 입증하자 큰 관심이 일었다.[13] 그러나 그가 암컷 누에나방의 페로몬인 봄비콜Bombykol을 입증하기까지는 무려 50만 마리의 누에나방이 희생되었다.[14] 당시엔 화학적 화합물의 숫자가 너무 많아서 종마다 각각의 화합물이 있다고 생각했다. 하지만 훗날 그렇지 않다는 사실을 알게 되었다. 휘발성 전달 물질로 합성되고 이용되는 것은 한정된 스펙트럼의 분자뿐이다. 자기 종만의 특수성을 지키기 위해 암컷은 진화를 거치는 동안 여러 화합물을 특징 있게 혼합하였다. 그와 동시에 수컷은 아무리 많은 다른 곤충의 분비물이 뒤섞여 있어도 자기 종의 암컷을 딱 찾아내는 정보처리 시스템을 만들어 내었다.[15]

나방의 행동을 연구할 때 전형적인 도구가 풍동이다. 보통은 플렉시 유리관을 쓰는데 그 관으로 느리게 기류가 흐른다. 바람 방향을 거슬러서 암컷의 냄새와 흡사한 여러 가지 합성 혼합 화합물을 집어넣는다. 그런 다음 바람 방향으로 수컷을 들여보내면 틀에 박힌 비행을 목격할 수 있다. 이 비행은 진화를 거치는 동안 이상적인 수색 행동으로 발전하였다. 즉 수컷은 바람을 거슬러 날면서 동시에 지면을 살펴 자신이 얼마나 앞으로 나아가는지를 점검한다. 도중에 암컷의 냄새를 놓치면 수컷은 수색 활동에 들어간다. 그리고 냄새가 나지 않는 시간이 길어질수록 수색 범위를 점점 더 넓힌다. 이런 방식의 수색이 냄새를 다시 찾을 확률을 가장 높인다. 냄새를 찾으면 수컷은 서둘러 다시 바람을 거스른다. 암컷을 찾을 때까지 이런 행동을 계속 반복하다가 마침내 찾으면 내려앉아 짝짓기를 한다.[16]

눈을 뜨게 해준 위험한 학문

내게 과학에 대한 눈을 활짝 뜨이게 해준 것은 나방 더듬이에 있는 각각의 후각 뉴런 반응을 측정하는 실험이었다. 아직 그 누구도 본 적 없는 것을 연구한다는 건 정말이지 엄청난 기분이다. 무언가를 처음으로 본다는 것, 그것이 사실상 학문의 본질이다. 나방의 성호르몬 연구는 위험하지 않은 분야 같지만, 항상 무탈한 것만은 아니어서 어느 정도는 위험이 따른다. 특히 야외에서의 연구 활동은 더 그렇다.

이 분야의 진정한 선구자 에른스트 프리스너Ernst Priesner는 1994년 7월에 실종되었다. 야외 연구에 열정적이었던 그는 쉬지 않고 유럽 전역을 떠돌았다. 그런 그가 가르미시-파르텐키르헨 주변의 알프스 지역에서 곤충채집통을 설치하고 점검하러 나가서는 돌아오지 않았다.

오스트리아의 생물학자인 프리스너는 곤충 후각의 생리학 · 생화학 · 생물리학은 물론이고, 페로몬 생합성에도 전문가였다. 더구나 막스 플랑크 제비젠 행동생리학연구소에서 일했다. 따지고 보면 그는 자신의 전문 분야가 여러모로 발전할 수 있도록 초석을 깔아준 사람이었다. 그의 스승이었던 독일 생물학자 디트리히 슈나이더Dietrich Schneider는 곤충 후각 연구의 아버지로, 1950년대에 세계 최초로 곤충 후각의 작동 메커니즘을 밝히려 애썼다.

프리스너가 돌아오지 않자 지역 산악구조대가 나섰다. 수색대원들이 그를 찾아 산으로 올랐다. 그러나 허사였다. 그는 어디에서도 발견되지 않았다.

비대칭 추적과 암컷의 압력

진화의 시공간에서는 늘 새로운 생물 종이 태어난다. 특히 페로몬의 변화가 그런 일을 일으킬 수 있다.

그렇다면 페로몬의 변화는 어떻게 해서 일어날까?

보통 소통 시스템은 장기간 그대로 유지된다. 수컷이나 암컷이 냄새나 신호를 바꾸면 짝을 찾지 못할 위험이 발생하기 때문이다. 그런데도 우리는 변화를 목격한다. 어떻게 그런 일이 일어날 수 있는지를 설명하는 이론이 비대칭 추적asymmetric tracking이다. 이 이론은 모든 암컷에게는 어떤 일이 있어도 수컷이 찾아온다는 생각을 출발점으로 삼는다.[17]

돌연변이로 암컷이 규범에서 벗어나는 냄새를 풍긴다 해도 수컷은 그 암컷을 찾아내려 한다. 그러니까 어떤 종이건 새로운 냄새에 반응할 준비가 된 수컷이 몇 마리씩은 있는 것이다. 이런 식으로 개체군 일부는 새로운 페로몬을 생산할 수 있고, 그에 반응할 수 있다. 그리고 시간이 흐르면서 새로운 종이 탄생한다.

이러한 변화 과정이 어떻게 같은 종 안에서 수많은 다른 후각 언어를 만들어낼 수 있을까?

유럽에서 우리가 한 가지 사례를 찾아냈다. 스웨덴의 거세미나방*Agrotis segetum*을 프랑스나 불가리아의 동일 종 표본과 비교하였더니 수컷도, 암컷도 달랐다. 프랑스의 암컷이 불가리아의 수컷과 '대화'를 나눌 수 없고, 불가리아의 암컷도 프랑스의 수컷과 말을 주고받을 수 없을 확률이 매우 높았다. 사하라 남쪽에도 같은 종이 산다. 짐바브웨의 거세미나방은 진화를 거치며 페로몬 대부분을 잃어버렸다. 아마도 지리적 고립이 원인인 것 같으며, 그로 인해 새로운 방언이나 언어가 생겨났다. 그런데 많은 경우 차이가 너무 심해 새로운 종이라 부를 수 있을 정도다.[18]

몇몇 나방 종에선 암수의 역할이 바뀌었다. 수컷이 냄새를 풍기면 암컷이 반응한다. 그리고 몇몇 열대 나방 종에서 관찰할 수 있듯 역할이 바뀌어도 수컷의 위험은 여전하다. 이 종들의 수컷은 무리를 지어 나무에 매달려 있고, 등에 페로몬을 배출하는 커다란 조직을 달고 있다. 수컷들이 그런 식으로 무리를 지어 암컷을 유혹한다.[19·20]

그런 행동은 다른 동물의 교미 행동에 비유할 수 있겠다. 수컷들이 모여서 자신들의 공동 행동에 유혹된 암컷에게 자기과시를 한다. 그러면 암컷이 수컷의 특정 신호나 특성을 보고 짝을 고른다. 나무에 매달린 나방들에겐 냄새를 풍기는 조직의 크기가 이런 신호일 수 있다.

혀로 냄새를 맡는 나방

성페로몬은 나방이 자랑하는 수많은 매력 중 하나에 불과하다. 나방은 가루받이하는 곤충이기도 하다. 꽃이 특정한 냄새를 풍겨 가루받이 곤충을 유혹한다는 사실은 아마 모르는 사람이 없을 것이다. 담배나무의 경우 박각시나방 *Manduca sexta* 이 그 일을 맡는다.

그럼 박각시나방은 어떻게 꽃향기를 맡을까? 그리고 꽃향기는 박각시나방의 행동과 꽃의 상호 행동에 어떤 영향을 미칠까? 이런 의문은 매력적인 연구 활동 주제였고, 실제 그 결과도 매우 놀라웠다.

우리는 담배나무 몇 그루의 냄새 유전자를 차단했다. 그래서 냄새를 뿜는 담배나무와 그렇지 않은 것을 만들었다.[21] 이어 박각시나방을 담배나무들에게 날려 보내고, 비행 패턴과 접근 방식 및 꽃과의 접촉 방식을 분석하였다. 실험은 현대식 풍동과 야외 텐트에서 진행하였다.

박각시나방이 향기 없는 꽃에도 자주 찾는 것으로 보아 꽃을 볼 수 있다는 사실이 입증되었다. 하지만 박각시나방은 꽃이 가루받이에 성공할 수 있을 만큼 오래 머물지는 않았다. 향기 없는 꽃이 – 박각시나방의 잦은 방문에도 – 매우 적은 수의 씨앗만 만들었다는 사실은 충분치 못한 가루받이를 반영한다.

박각시나방은 향기나는 꽃을 찾는데 더 많은 시간을 들였고, 당연히 가루받이의 성공 비율도 더 높았다. 동시에 박각시나방 역시 꽃을 찾을 때마다 매번 더 많은 꽃꿀을 얻었다. 이 실험 결과는 꽃 근처에 왔을 때 박각시나방이 냄새를 중요한 판단 기준으로 삼는다는 사실을 입증한다. 그 이유는 다 알다시피 꽃향기가 꽃에 담겨 있을 꽃꿀의 양을 비춰주는 거울이기 때문일 것이다.

우리는 풍동과 야외 텐트에서 일련의 실험을 진행하면서 신경생리학 · 해부학 · 유전학 연구를 시행하였다. 그 결과 박각시나방의 주둥이proboscis가 꽃향기를 인지한다는 사실을 알 수 있었다. 그 긴 주둥이가 더듬이의 후각 수용기를 방해하여 냄새를 맡지 못하게 하는 것으로 보아, 사실상 그 주둥이가 코와 혀를 합친 기능을 하는 것 같다. 주둥이가 식물 근처에서 냄새도 맡고, 또 보상으로 달콤한 꽃꿀도 빨아먹으니 말이다. 그러니까 박각시나방은 꽃을 잘 찾기 위해 혀로 냄새를 맡는 것이다.[22]

이렇듯 박각시나방은 주둥이로 꽃향기를 맡을 수 있으므로 꽃을 효율적으로 찾을 수 있다. 이것은 다시금 우리 생태계를 위해서도 매우 중요한 서비스가 된다.

혁신의 노력

하지만 나방은 유용 작물에 가장 큰 피해를 주는 해충이기도 하다. 아프리카에서는 밤나방과의 한 종인 열대거세미나방*Spodoptera frugiperda*이 창궐하여 온갖 유용 작물들이 막대한 피해를 보았다. 유럽옥수수좀*Ostrinia nubilalis*, 왕담배나방*Helicoverpa armigera* 같은 다른 종들도 마찬가지다. 실제로 거의 모든 농작물은 나방의 공격을 받는다. 숲이라고 해서 사정이 다르지 않다. 참나무 줄기나방 *Thaumetopoea processionea*, 매미나방 *Lymantria dispar* 이 나뭇잎을 마구마구 갉아 먹는다. 우리 집에도 나방이 들어와 건조식품이나 옷을 갉아 먹는다.

한때 이 모든 문제의 해결책이 페로몬이라 믿었던 적이 있었다. 하지만 희망과 달리 아니었다. 페로몬으로 처리할 수 있는 나방 종도 많았지만 그렇지 않은 종도 있었기 때문이다. 현재 가장 인기 높은 퇴치법은 짝짓기 방해 전략이다. 주변 환경에 강한 페로몬 향을 풍기면 수컷 나방은 활동을 멈추고 짝짓기를 하지 않는다. 당연히 애벌레가 태어나지 않을 것이고, 작물을 갉아먹지 않을 것이다. 현재는 작물 자체가 페로몬을 풍겨 짝짓기를 방해하는 실험이 진행 중이다. 그에 대해서는 14장에서 더 자세히 알아보겠다.

나방의 부정적인 영향은 주로 인간이 단일 경작지를 조성하고, 실수로 생물 종을 새로운 환경으로 데려갔기 때문이다. 일반적으로 나방은 중요한 가루받이 곤충이며, 새와 포유류의 중요한 먹이다. 또 밤에 나방을 관찰해보면 정말 매력이 철철 넘친다. 하얀 천과 검은 조명을 이용해 실험을 해보면 아마 새로운 친구들을 많이 만나게 될 것이다.

8
무시할 수 없는 후각의 소유자, 초파리

늦은 밤까지 질펀한 파티를 즐긴 자리. 아침이면 사방에 포도주 잔이 굴러다니고, 잔 속 잔여물에는 귀찮은 초파리 떼가 떠다닌다. 술잔에 남긴 술에 빠져 이미 세상을 하직한 녀석들도 있다. 그런 순간이면 부엌을 떠돌고, 포도주 잔을 맴도는 이 작은 동물이 과학의 세상에서는 진정한 거인이라는 사실을 도저히 믿기 힘들게 된다.

초파리는 가장 중요한 모델 유기체다. 이슬파리, 과실파리라고도 불리는 초파리는 분자 과정에서 야외 행동에 이르기까지 후각의 기본 원리에 대한 중요한 통찰을 제공하는 원천이다. 녀석의 학명은 '*Drosophila melanogaster*'이다.

일단 부엌과 포도주 잔으로 돌아가 보자. 어떤 과정을 통해 초파리는 포도주 잔에 홀리는 것일까? 그 이유는 무엇일까?

이름에서 손쉽게 짐작할 수 있다. 이 곤충과 녀석의 수많은 친척은 사실 과실파리가 아니라 효모파리다. 즉 다른 종의 발효 산물에 혹한다.[1] 초파리는 과일에서 생기는 효모를 좋아한다. 그리고 포도주는 발효한 포도의 산물이므로 파리를 유혹하는 분자를 배출한다.

다들 가정에서 직접 실험해 볼 수 있다. 초파리 덫을 만들어 과일 껍질 주변을 떠나지 않는 귀찮은 초파리를 제거할 수 있다. 가게나 온라인에서도 초파리 덫을 팔지만 만들기 쉬우니 한 번 직접 만들어보자.

- 작은 유리그릇에 발사믹 식초 10밀리리터, 물 90밀리리터를 붓고, 주방세제 한두 방울을 떨어뜨린다. (세제는 냄새가 없을수록 좋다.)
- 파리가 날아다니는 곳에 그릇을 놓아둔다.
- 몇 시간만 지나도 대부분이 그릇 바닥에 빠져 익사한다.

작동원리가 무엇일까?

초파리에게 발사믹 식초는 도저히 거역할 수 없는 유혹이다. 보통 초파리는 워낙 가볍다 보니 물의 표면장력 덕분에 균형을 잡고 살아남을 수 있다. 하지만 주방세제를 넣으면 표면장력이 제거된다. 따라서 파리가 물에 빠져 밑으로 가라앉는다. 좀 비열하지만 효과는 그만이다.

물론 내 연구 활동은 거기서 훨씬 더 나아갔다. 나는 초파리가 어떤 냄새를 좋아하는지 분석한 후 녀석들이 도저히 거역할 수 없는 약 5종의 냄새 분자를 찾아냈다. 그 이야기를 하기 전에 먼저 왜 내가 하필이면 초파리를 실험 대상으로 삼았는지부터 털어놓겠다.

이상적인 모델

초파리는 작고 단순해 보이지만 알고 보면 매우 복잡한 생명체다. 학자들이 그토록 초파리를 좋아하는 이유가 그것만일까?

초파리의 냄새 인지 시스템에 관해서는 개별 신경세포에 이르기까지 이미 분석이 끝났다. 나아가 녀석의 유전자 특성에 관해서도 20세기 초부터 연구가 진행되어 왔고, 이미 그 시스템을 조작할 수단도 많이 갖추고 있다.[2] 초파리의 마지막 장점, 정말로 중요한 장점은 빠른 번식이다. 초파리는 몇 달 안에 여러 번 세대교체를 할 수 있기에 진화 연구와 유전자 조작의 이상적인 대상이다.[3]

냄새 인지를 연구하는 학자들도 초파리를 모델 유기체로 활용한다. 그래서 초파리 후각은 다른 동물에 비해 훨씬 연구가 많이 진행되었다. 더듬이와 촉수에서 냄새 분자를 인지하는 개별 후각 뉴런도 세세한 부분까지 모조리 연구를 마쳤다. 그래서 현재 어떤 수용기가 뉴런을 생산하며, 그것이 어떤 분자를 인지하는지, 두뇌의 어떤 부분으로 정보를 전달하는지 알고 있다.[4]

초파리의 모든 더듬이에는 이런 후각 뉴런이 약 1,200개 있고, 그 각각이 총 60여 종의 수용기 중 1~2종을 만든다. 그곳으로 들어온 정보는 냄새 인지를 담당하는 부위인 더듬이엽으로 전달된다. 거기서 인풋과 아웃풋의 접점들이 작은 공 모양 조직, 즉 토리를 만든다. 각 토리는 기능 단위로서 특정 스펙트럼의 냄새 분자 처리에 관여한다. 그런 스펙트럼은 한 가지 유형만 전담할 수도 있지만, 훨씬 더 큰 집단을 아우르기도 한다.[5]

냄새 분자가 더듬이에 도착하면 토리 부대에서 기능적인 지도가 만들어진다. 이 지도는 더 높은 차원의 두뇌 부위로 전달되는데, 기억을 저장하고 타고난 행동 방식을 코드화하는 곳이다. 대부분의 냄새는 여러 수용기가 인지한다. 다시 말해 토리 부대는 피아노와 비슷한 연주를 할 수 있어서 단 60가지 유형의 수용기로 수천 가지 냄새를 코드화한다.[6·7]

코 말고도 여러 기관을 냄새 인지에 활용하는 쥐처럼 (6장 참조) 초파리 역시 독자적인 두 번째 후각기관이 있다. 초파리 입 주위로 배열된 촉수이다. 오랫동안 사람들은 이것이 초단거리의 냄새를 판별하는 특수 기능을 한다고 믿었다. 하지만 최근 들어 촉수는 사실상 두 번째 더듬이에 불과하며 먼 곳에서 유혹하는 냄새도 인지한다는 사실이 입증되었다.[8] 후각 처리를 두 개의 기관으로 나눈 이유는 아직 밝혀지지 않았다.

코에 저장된 기억

코와 더듬이에서 서로 다른 냄새 분자를 감지하는 미세한 단백질들을 살펴보면 초파리의 특별한 입지가 새삼 두드러진다. 초파리가 진화를 거치며 후각 시스템에 새로운 구성 요소를 고안했기 때문이다. 인간의 코에서는 수용기가 분자를 식별하고 세포를 통해 전기 신호 자극을 보내면 그 세포가 이온 통로를 열어 전기 신경 자극을 일으킨다. 초파리의 경우 이온 통로 기능이 수용기에 바로 연결되어 있어 화학 신호를 전기 신호로 바꾸는 길이 매우 빠르고 안전하다.[9·10]

이 특별한 구조 덕분에 더듬이에서 이미 단기 기억이 생겨날 수 있다는 점도 매력적이다. 매우 약한 – 전기 신호를 일으킬 수 없을 정도로 약한 – 냄새 자극이 딱 한 번 후각 뉴런에 도착하면 더는 반응이 일어나지 않는다. 하지만 일정 시간 안에 또 한 번 비슷한 자극이 있으면 반응이 일어나서 신호가 두뇌에 도달한다. 한 번의 약한 자극은 걱정거리가 아니지만, 반복되면 중요하다는 의미일 수 있다. 그러니까 한 번은 별 것 아니어도 두 번은 중요한 것이다.[11]

실험 대상 이상의 존재

예전에 연구 활동의 하나로 초파리의 후각 생태를 조사한 적이 있었다. 그러니까 나는 초파리를 유전자 실험에 쓰이는 날아다니는 시험관이 아닌, 동물로서 이해하고 싶었다. 그 과정에서 몇 가지 재미난 원리를 찾아냈는데, 그중 가장 중요한 것이 초파리의 생존과 관련 있는 비밀이었다.

우리는 생존과 번식에 필요한 냄새가 그다지 많은 수용기에서 코드화되지 않는다는 것을 발견했다. 다시 피아노 연주로 비유하면, 많은 수용기를 사용하는 것은 화음 연주와 비슷하다. 하지만 어떤 냄새는 피아노 건반 하나를 누르는 것처럼 하나의 전담 경로에 의해 감지된다. 앞서 7장에서 나방의 짝짓기 소통을 살펴보며 그런 법칙을 보았지만, 그것만 빼면 사실 그 어디에서도 그런 원리를 발견한 적이 없었다.

그런데 초파리의 지오스민 감지 시스템geosmin-detecting system에서 최초의 사례를 발견하였다. 아마 지오스민이라는 개념은 생소하겠지만 인간은 이 냄새에 극도로 예민하게 반응한다. 농도가 낮으면 밭갈이를 마친 들판에서 풍겨오는 향긋한 냄새이며, 농도가 진하면 상한 포도주 냄새나 오래된 지하실의 쿰쿰한 냄새가 난다. 초파리에게서 이 냄새만 전담하며 다른 냄새에는 일절 관심 없는 하나의 수용기를 찾아냈다. 그게 다가 아니었다. 그 수용기는 극도로 낮은 농도에도 지오스민을 감지한다.[12]

왜 그럴까?

생존 전술의 계기

우리는 오랜 기간 여러 실험을 진행하며 초파리가 지오스민 감지 시스템을 활용하여 썩은 과일을 피한다는 사실을 입증하였다. 앞서 말했듯 초파리는 발효하는 과일의 효모를 먹고 산다. 그 말은 적정 정도로 부패가 진행된 과일을 찾아다닌다는 뜻이다. 과일이 썩되 너무 썩어서는 안 된다. 부패가 너무 진행

되면 박테리아나 곰팡이 같은 미생물이 과일을 덮친다. 그런 과일은 성충은 물론이고 애벌레에게도 치명적인 독이 된다. 그런 독성 상태의 과일에게 보이는 파리의 반응은 우리가 냉장고에서 몇 주 전에 넣어놓고 깜빡한 음식을 발견했을 때와 비슷하다. 인간 역시 상한 식품을 먹지 못하게 막는 강력한 방어 메커니즘을 갖고 있다. (2장 참조)

그렇다면 초파리의 회피 반응은 어떻게 진행될까?

여기서도 지오스민이 등장한다. 지오스민의 냄새는 상한 포도주와 같지만 독성 박테리아나 곰팡이의 냄새와도 같다. 초파리 더듬이에 붙은 뉴런이 그 냄새를 감지하면 신호가 두뇌로 달려가고, 그곳에서 곧바로 오직 이런 상황을 위해 마련해둔 통로로 향한다. 생태적 이름표가 달린 전도 경로인 셈이다. 정보는 함께 도착한 다른 자극들과 합쳐지지 않고 따로 남아서 이렇게 외치는 특수한 경고 신호를 전달한다.

"그쪽으로 가지 마. 떨어져!"

우리는 다시 실험을 해보았다. 빛이나 온도에 예민한 이온 통로를 지오스민 전담 뉴런에 심었다. 그렇게 뉴런을 인공적으로 빛이나 온도로 활성화하였더니 초파리는 평소 너무나 좋아하던 음식에도 시큰둥했다. 거꾸로 지오스민 전용 수용기가 없는 변이 초파리는 경고 신호를 무시하고 썩은 음식을 먹었다. 효모의 지오스민 생산 효소를 제거하였을 때도 초파리는 썩은 음식에 달려들어 먹고서 죽고 말았다.

걸음아 날 살려라 수용기

또 하나 초파리(혹은 애벌레)에게 치명적인 위험은 기생말벌이다. 이 작은 곤충은 초파리의 애벌레 몸에 알을 낳고, 그 알이 살아 있는 초파리 애벌레를 먹으며 자란다. 말벌 애벌레는 결국 초파리 애벌레를 죽이므로 정확히는 기생생물이라 부를 수 없다. 기생생물은 숙주를 죽이지 않고 숙주에게 빌붙어 산다. 말벌 애벌레의 경우는 숙주를 죽이므로 포식 기생자라고 불러야 옳다.

자연에서는 최고 80%의 초파리 애벌레가 포식 기생자로 인해 죽는다. 당연히 초파리의 처지에서는 방어책 개발의 압박이 엄청나다. 우리는 실험을 통해 그런 메커니즘을 발견했고, 그것 역시 냄새를 기초로 삼는다. 초파리는 후각기관에 생태적 이름이 붙은 또 다른 전도 경로를 발달시켰다. 이 경로는 특별히 포식 기생자의 성호르몬을 감지한다. 천적의 냄새를 맡은 초파리는 얼른 달아난다. 그런데 놀랍게도 애벌레 역시 같은 반응을 보인다. 애벌레의 작은 후각기관이 해당 냄새를 맡으면 말벌의 암컷이 알을 낳기 힘들도록 요리조리 몸을 움직인다.

더듬이와 코에 있는 후각 뉴런은 각기 하나의 냄새 수용기만 생산한다고 알려져 있다. 그런데 성충 초파리는 포식 기생자를 알아차리기 위해 이 규칙을 깨버렸다. 우리는 하나의 동일 뉴런에서 두 개의 다른 수용기를 발견하였고, 그 각각이 무서운 천적의 페로몬 냄새를 감지하였다. 이 실험 결과는 재미난 사실을 암시한다. 하나의 신호 경로를 부정적인 여러 냄새의 감지에 활용할 수 있다는 것이다. 사실 초파리는 애벌레를 죽이는 놈의 정체가 무엇인지 관심이 없다. 빨리 도망쳐야 한다는 것만 알면 그만이다.[13]

감귤류 냄새와 초파리

그러면 모든 특수 전도 경로는 나쁜 냄새에만 특화되었을까?

그렇지 않다. 우리는 초파리 암컷에게서 전혀 다르지만 역시나 생존에 필요한 냄새를 담당하는 특별한 전도 경로를 발견하였다. 위험의 냄새를 맡아 생존을 보장하는 능력 못지않게 초파리에게 중요한 필수 기능이 있다. 바로 번식이다. 암컷 초파리에게 그 기능은 곧 알을 낳을 적소를 찾는다는 뜻이다. 애벌레는 멀리 가지 못하므로 엄마가 살기 좋은 장소에 알을 낳아야만 생존할 수 있다.

따라서 초파리 암컷은 감귤류 과실 냄새를 인지하는 독자적인 전도 경로를 갖추고 있다. 초파리는 감귤류 과실을 너무너무 좋아하는데, (우리도 부엌에서 직접 확인해볼 수 있다.) 특히 알을 품은 암컷이 더 그렇다. 이런 과실의 활성 냄새 물질은 레몬의 리모넨limonene과 오렌지의 발렌센이다.[14]

이 사실을 입증한 마지막 증거는 우리 연구소에서 일어났던 예상치 못한 사건이 가져다준 선물이었다. 한 대학생이 일반적인 프로젝트의 하나로 향기의 매력을 연구하면서 초파리가 작은 관에서 바람을 거슬러 움직이는 장치를 사용하였다. 어느 날 그녀가 실험실로 연구팀장을 찾아와 부탁하였다. 아니 부탁을 넘어 애걸복걸했는데, 제발 리모넨 실험을 멈추어 달라는 것이었다. 관이 늘 알로 가득 차서 닦아내기가 보통 힘든 게 아니라고 말이다. 당연히 이유가 있었다. 관에 사는 암컷이 리모넨 냄새를 맡자 알 낳기 전용 전도 경로가 활성화되어 알을 왕창 낳아버린 것이다.

진화도 계산에 넣어야

그런 연구에선 항상 진화의 측면을 눈여겨볼 필요가 있다. 감귤류 전담 냄새 경로의 경우, 우리는 일단 그 경로가 진화의 관점에서 유의미한지부터 물었다. 초파리는 아프리카에서 진화하였다. 감귤류 과실은 아시아가 원산지다. 그러니 초파리가 진화를 거치면서 그 당시 자기 주변에 존재하지 않았던 과일의 감지 시스템을 만들어내기란 여간 어렵지 않았을 것이다.

그런 고민을 바탕으로 우리는 각종 아프리카 희귀 과일을 수입하였다. 그리고 이 모두의 냄새를 수집하였다. 마침내 생김새와 향기는 오렌지와 같지만, 그밖에는 전혀 유사점이 없는 아프리카 과일을 찾아냈다. 바로 모노도라 테누이폴리아 *Monodora tenuifolia* 이다. 초파리가 진화를 거치며 감귤류 과일 향을 좋아하게 된 것은 이 과일 때문이었을 확률이 높다. 그리고 인간을 따라 세계 곳곳으로 이동하면서 모든 감귤류 과일에 적응한 것이다.

여러 다른 특수 냄새 경로 덕분에 초파리는 냄새의 지형에서 방향을 잡고, 필수 냄새를 찾고, 적이나 독성물질을 피할 수 있다. 앞에서 말했듯 짝짓기 소통에도 이런 특수 냄새 경로가 자주 이용된다. 다른 경쟁자가 먼저 차지하기 전에 얼른 짝을 찾아내려면 그런 전도 경로가 예민하기도 해야 하고, 특수하기도 해야 한다. 수많은 곤충 종들이 다 그렇다. 초파리 역시 그런 짝짓기용 특수 경로가 있어서 암수가 상호 행동을 하려면 그것이 꼭 필요하다.

수컷은 짝짓기 후 암컷이 낳는 알이 확실히 자기 자식이게끔 보장하는 대단히 효율적인 방법을 개발하였다. 짝짓기하는 동안 특정 향기를 암컷에게로 전달하는 것이다. 그것이 다른 수컷들이 싫어하는 냄새이므로 경쟁자가 너무 일찍 그 암컷과 짝짓기를 하지 못하게 막아준다. 여기서 '너무 일찍'이란 자기 정자가 제 임무를 다하기 전에 다른 수컷의 정자가 자기 정자를 쫓아낼 수 있는 기간이다.[15]

그런 사례들은 후각 시스템이 다양한 경로로 냄새를 감지하고 코드화할 수 있다는 사실을 말해준다. 대부분의 일반적인 냄새는 여러 경로로 인지되고, 시스템에서 조합 패턴을 형성한다. 그러나 몇 가지 – 번식과 생존에 매우 중요한 그런 냄새 – 는 그것만 전담하는 특수 경로가 있어서 그 냄새를 감지하고 처리한다.

편식쟁이 초파리

진화를 이해하고 싶다면, 특히 어떤 동물이 어떻게 하여 그것만의 특별한 생활방식에 적응했는지 알고 싶다면, 다른 생활방식으로 사는 수많은 친척 종을 연구하면 된다. 초파리 과는 그런 가능성을 제공한다. 초파리 과는 가까운 친척 종이 1,000종을 넘는다. 그중 다수가 초파리처럼 썩어가는 과일을 좋아하지만, 자연에서 더 넓은 생태적 지위ecological niche를 자랑하는 종도 적지 않다.

넓은 스펙트럼의 다양한 과일과 채소종은 물론이고, 육지에 사는 게의 아가미, 심지어 흡혈박쥐의 분비물까지도 녀석들의 생태적 지위가 된다. 나도 정말 재미난 두 가지 경우를 발견하였다. 한 종은 다른 초파리를 죽이는 썩은 과일에서 살고, 또 한 종은 신선한 과일을 좋아한다.

탄자니아 해안에서 약 1,800킬로미터 떨어진 인도양 섬나라

세이셸에는 초파리 과의 아주 특별한 종이 살고 있다. 이름도 딱 맞게 세켈리아초파리*Drosophila sechellia*다. 이 녀석들이 흥미로운 이유는 먹이다. 녀석들은 거의 한 가지만 먹는데, 수풀과 작은 나무에서 자라는 노니 열매로 그 향기가 매우 흥미롭다. 바나나와 고르곤졸라를 뒤섞은 냄새가 난다. 냄새의 이유는 식물이 생산하는 특유의 에스터(알코올 또는 페놀이 유기산 또는 무기산과 반응하여 물을 잃고 축합하여 생긴 화합물의 총칭 – 옮긴이)와 그보다 더 함량이 높은 산이다. 이상하게도 대부분의 다른 초파리들을 죽이고도 남을 정도의 높은 산 함량이다. 그러니까 세켈리아초파리는 다른 동물에게는 독이 될 음식을 먹는 별종으로 진화하였다. 한 마디 덧붙이자면, 노니의 열매와 즙은 인간의 다양한 질병에도 도움이 된다고 알려져 있다.

세켈리아초파리의 더듬이를 자세히 살펴보면 재미난 점이 눈에 들어온다. 노니 열매에서 분비되는 물질을 감지하는 뉴런이 다른 초파리들보다 많을뿐더러 그 특수성도 살짝 달라졌다. 나아가 두뇌에서도 약간 다른 일이 일어난다. 이 냄새를 담당하는 토리의 크기가 크다. 그러니까 냄새 감지 시스템 전체가 이 유일한 식량을 찾느라 혈안이 되어서 코와 두뇌를 바나나-고르곤졸라 슈퍼 탐지기로 만든 것이다.[16·17]

어떻게 해서 그런 전문화가 일어났을까?

첫째, 노니 열매는 세이셸에 지천으로 널려 있어서 언제나 먹을 수 있다. 둘째, 세켈리아초파리가 알을 만들려면 이 열매를 먹어야 한다. 우리는 추가 실험을 통해 이 녀석들이 파킨슨병 성질의 변이를 갖고 있어서 신경전달물질인 도파민을 극소량만 생산한다는 사실을 알아냈다.[18]

이 점은 알 생산에 큰 영향을 미친다. 합성된 먹이를 먹은 파리는 거의 알을 낳지 않았다. 노니 열매에는 L-도파가 다량 함유되어 있는데, 이것은 도파민 생산을 억제하는 변이를 막아주는 화합물이다. 그래서 노니 열매를 먹은 파리는 알을 많이 낳는다. 그러니까 이 파리들은 진화를 거치면서 노니 열매를 먹어 자신의 결핍을 메움으로써 스스로 불임에 대처하는 방법을 배운 것이다. 또 독성이 있는 열매를 먹기 위해 강력한 산성 내성을 키웠다. 그러나 이 여러 과정이 어떤 관련이 있으며, 무엇이 먼저인지는 지금껏 밝혀지지 않았다.

새로운 발전, 새로운 위험

최근 또 다른 초파리 종 하나가 언론을 도배하며 전 세계의 근심거리로 떠올랐다. 벗초파리*Drosophila suzukii*가 그 장본인이다. 왜 지금에 와서 녀석들에게 이렇듯 큰 관심이 쏟아지고 있을까?

대답은 녀석이 새로운 생태적 지위로 밀고 들어와 인간을 경쟁자로 삼았기 때문이다. 벗초파리는 원래 동아시아에 산다.

그런데 국제 과일 무역으로 인해 북미와 남미, 아프리카, 유럽 등지에 진출하였고, 그곳의 고가 농작물을 덮쳤다. 포도밭도 예외가 아니다. 문제는 이 종의 암컷이 친척들과 달리 썩은 과일이 아니라 신선한 과일을 좋아한다는 데 있다. 특히 부드러운 과일을 좋아해서 버찌는 물론이고 딸기, 블루베리, 라즈베리까지 먹어치운다.[19·20]

암컷 벗초파리는 딸기에다 알을 낳는다. 당연히 그런 과일을 찾기 위해 특별한 후각을 키웠다. 녀석은 썩지 않은 과일뿐 아니라 열매를 에워싼 푸른 잎이 뿜어내는 화합물을 감지한다. 그래서 수풀이나 나무에 달린 과일을 공격한다. 바로 그런 행동 탓에 벗초파리는 농작물을 해치는 골치 아픈 해충이다. 다른 종들은 주로 썩은 과일에 알을 낳기 때문에 식품업계에는 별 피해를 주지 않는다.

왜 벗초파리만 혼자서 익어가는 과일의 냄새를 맡을까?

벗초파리는 익어가는 과일의 거센 저항을 극복한 유일한 종이기 때문이다. 익지 않은 열매는 이미 익었거나 썩은 열매보다 찌르기가 더 힘들다. 벗초파리의 비밀 병기는 그런 상황에 맞춤 개발된 기관이다. 암컷의 산란관ovipositor이 작은 톱과 똑같이 생겼다. 그래서 과일의 외피를 잘라 알을 낳을 수 있다.[21] 톱날을 휘두르는 이 침입종 해충은 지금껏 과일 산업에 어마어마한 경제적 손실을 입혔다. 산딸기류 열매들과 다른 과일 농장이 입은 피해가 이미 수십억에 달한다.

다양한 초파리 종을 연구하면서 우리가 마주치는 각종 생활 방식의 사례는 이것 말고도 수없이 많다. 특정 환경과 좋아하는 먹이가 후각의 진화를 어떤 방향으로 이끄는지 알고 싶을 때, 녀석들의 특수한 적응은 더할 나위 없이 멋진 사례들을 제공한다. 효모를 먹고 살면 효모 특유의 발효 냄새를 맡을 수 있어야 한다. 노니 열매를 먹고 살면 노니 특유의 냄새를 맡을 수 있어야 한다. 흡혈박쥐의 분비물을 먹고 살면 코를 어디에다 갖다 대야 할까…. 그건 상상에 맡기기로 한다.

9
모기와 피 냄새

지구에는 위험한 동물이 참 많다. 위험한 동물이라 하면 보통 호랑이, 상어, 악어 같은 덩치 큰 맹수를 떠올린다. 하지만 사람을 가장 많이 죽인 살인범은 작디작은 곤충이다. 말라리아모기 혹은 그것보다 더 작은 단세포 기생생물로, 모기에게서 옮겨와 말라리아를 일으키는 말라리아원충*Plasmodium*이다.

세계보건기구의 발표를 보면 2017년 약 2억 3천만 명이 말라리아에 걸렸고, 그중에서 40만 명 이상이 목숨을 잃었다. 안타깝게도 사망자의 3분의 2가 5살이 채 안 된 아이들이었다.[1] 황열병, 뎅기열, 치쿤구니야 바이러스, 지카 바이러스 같이 모기가 옮기는 다른 질병 역시 30만 명의 목숨을 앗아간다. 이 수치가 정확히 어느 정도인가를 알기 위해 비유를 하자면, 육지에 사는 가장 치명적인 야생동물이 하마인데, 아프리카에서 해마다 하마 때문에 죽는 사람은 약 500명이다. 인류의 시작부터 따져보면 모기가 옮긴 병은 약 540억 명의 목숨을 빼앗았다. 지구에서 살았던 모든 남녀의 절반가량에 해당하는 숫자이다.

말라리아모기 – 여러 지역에서 여러 종이 말라리아를 옮기므로 여러 종이다 – 는 모두가 얼룩날개모기 속*Anopheles*이다. 모기의 후각을 다룰 이 장은 이 말라리아모기 종들과 그것들이 질병 사슬에서 담당하는 치명적이면서도 영리한 기능에 집중할 것이다.

말라리아의 진범

말라리아가 어떻게 발생하는지 알려면 몇 가지 사전 정보가 필요하다.[2] 말리리아 원충은 숙주가 얼룩날개모기와 인간, 이 둘이며, 이 두 숙주의 몸에서 성장 주기를 거친다. 인간의 피에 들어간 말라리아 원충은 스포로조이트*Sporozoit*라 부르는 특정 발전 단계에서 간으로 들어간다. 우선 간세포에 침입하여 성장하고 증식한 후 적혈구 세포를 덮친다. 거기서 다시 여러 단계를 거친 후 새끼를 낳고, 이 새끼들이 다른 적혈구 세포를 감염시켜 성장 주기의 새 라운드를 시작한다. 인간에게서 말라리아 증상이 나타나는 이유는 피에 있는 이 원충 탓이다.

성장 주기 동안 적혈구 세포 안에서는 특정 형태의 원충이 등장한다. 바로 생식모세포gametocyte이다. 그중에는 수컷 형태와 암컷 형태가 있다. 이것들이 인간의 피를 타고 모기 암컷에게 도달하고, 모기의 위장에서 짝짓기한다. 그러고 거기서 다시 주기를 시작하여 성장하고 증식한다. 약 10~18일이 지나면 말라리아 원충은 스포로조이트 단계가 되어 모기의 침샘으로 이동한다. 암컷 모기가 새로운 피를 빨려고 다음 사람을 물 때, 혈액 응고를 막기 위해 침을 주입하는데 그로 인해 자기 입도 막히게 된다. 이 침을 따라 스포로조이트가 사람 피로 들어가고, 다시 간으로 이동한 다음 처음부터 다시 주기를 시작한다.

모기 역시 원충 때문에 고통을 겪고, 그걸 막기 위해 여러 가지 방지책을 개발하였다. 그 이야기는 다음에 하기로 하자.

충생의 큰 목표

모기의 처지에서 보면 생명이 짧기에 다양한 방식의 최적화가 필요하다. 수컷은 3가지 인생 목표가 있다. 생존, 먹이, 짝짓기. 암컷 역시 마찬가지지만 여기에 알 낳을 적당한 장소를 찾는 것이 추가된다. 이런 활동의 다수가 냄새 정보에 의존하기에, 모기의 삶은 후각과는 떼려야 뗄 수 없다. 이 장에서는 말라리아모기의 삶과 냄새, 모기 후각의 모든 측면을 자세히 살펴보려 한다.

거의 모든 곤충이 그러하듯 모기 역시 더듬이로 냄새를 맡는다. 거기서 더 나아가 모기는 이산화탄소를 인지하며, 7장에서 소개한 나방과 매우 유사하게 원래는 입인 촉수에도 몇 개의 후각 뉴런이 있다. 더구나 모기, 특히 수컷 모기는 더듬이를 청각에도 활용한다. 이에 대해서는 뒤에서 살펴볼 것이다.

피보다는 꽃이 좋아

모기를 떠올리면 피를 빨아먹는 성가신 작은 곤충이라는 생각이 먼저 든다. 그러나 사실 모기는 대부분 다른 것을 먹고 산다. 수컷은 꽃꿀만 먹고 살며, 암컷도 피를 먹기 전과 후에 충분한 에너지를 얻고자 꽃꿀을 들이켠다. 먹이 섭취 방법은 매우 특수하며, 꽃향기에 좌우된다. 최근까지만 해도 모기가 찾아가는 꽃이 어떤 종인지 정확히 알지 못했다.[3]

그런데 케냐 나이로비에 있는 국제 곤충 생리학 및 생태학 센터ICIPE의 학자들이 매우 지능적인 전략을 써서 모기가 어떤 꽃에서 먹이를 찾는지 최초로 밝혀냈다. 이들은 야외에서 모기를 채집하여 간단한 1차 테스트를 거쳐 녀석들에게서 과당fructose을 찾아냈다. 그 말은 녀석들이 꽃꿀을 먹었다는 뜻이다. 이어 연구자들은 모기 위장 내용물의 DNA를 분석하여 녀석들이 어떤 꽃의 꿀을 먹었는지 밝혀냈다.

하지만 그들은 그것으로 만족하지 않았다.[4] 이들은 DNA 분석에서 확인된 모든 꽃의 향기 물질을 모아 그것으로 모기 더듬이에 전기생리학 실험을 시행하였다. 그 결과 모기가 먹이를 찾을 때 어떤 분자 - 다른 말로 하면 어떤 향기 물질 - 를 이용하는지 정확히 확인할 수 있었다. 모든 표본에는 두 가지 향기가 있었는데, 유인물질로서 모기에게는 없어서는 안 되는 필수품인 것 같았다. 더구나 추가로 발견된 몇 가지 향기는 꽃꿀이 어떤 식물의 것인지를 정확히 알려주었다. 그러니까 모기는 만찬을 준비해놓은 꽃의 향기를 알아차리는 일반적인 감각을 키운 것이다. 뒤에서 더 살펴보겠지만 이 화합물은 다른 맥락에서도 다시 등장한다.

앞에서 말했듯 모기도 말라리아 원충에 감염된다. 모기는 무엇을 할 수 있을까?

많은 종이 자가 치료를 하는 것 같다. 감염된 모기는 꽃꿀을 찾을 때 말라리아 예방 효과가 있는 물질을 함유한 꽃으로 갈아탄다. 올바른 꽃꿀을 먹어 병증을 줄이고, 더 많은 자손을 낳으려는 것이다.[5]

일반적으로 보아 말라리아모기는 후각이 매우 예민하여 어떤 꽃이 풍성한 꽃꿀을 제공할지, 혹은 의학적 효과가 있는 꽃꿀을 제공할지 알아차린다. 이 꽃들의 향기에는 몇 가지 공통되는 성질이 있는데, 일반적으로 모기에게 '꽃꿀' 소식을 전달한다.

피 냄새

많은 모기 종이 진화를 거쳐 여러 동물의 피를 먹고 살 수 있게 되었다. 아마 단백질, 특히 질소가 매우 부족한 환경에서 그 영양소를 공급하려는 적응 방법이었던 것 같다. 더구나 피는 소화가 잘 되고, 빠른 시간 안에 에너지를 공급한다. 말라리아모기는 그 대상을 대체로 인간에게로 국한하였다. 다른 모기 종은 새, 소, 갑각류 등을 노린다. 이때 선별 기준은 명확히 냄새다.

피 잔치는 암컷 모기만 누리는 호사다. 암컷은 이 피로 알 낳을 준비를 한다. 알을 완벽하게 생산하려면 피에 든 영양소가 꼭 필요하다. 또 피는 수명을 연장하고, 일반적으로 날아다니는 데 필요한 에너지를 공급한다.

그렇다면 암컷은 인간을 어떻게 찾아낼까?

2장에서 이미 살펴보았듯 인간은 피부로 엄청난 분자를 배출한다. 우리 자신의 것도 있고, 피부에 붙어사는 미생물의 것도 있다. 또 우리는 호흡할 때마다 특유의 분자를 배출한다.[6] 이 다양한 냄새들을 한번 살펴보자.

몇 년 전 네덜란드 학자들이 말라리아모기가 땀 난 발냄새를 좋아한다는 사실을 알아냈다.

"음, 이 카본산, 달콤해!"

학자들은 풍동 실험으로 모기가 사람의 땀 냄새를 진짜 좋아한다는 사실을 입증할 수 있었다. 이들은 땀과 비교할만한 비슷한 종류의 냄새가 무엇일까 고민한 끝에 림부르거Limburger 치즈를 떠올렸고, 맡아보니 진짜 오래 신은 양말 냄새와 똑같았다. 그랬더니 정말로 모기들이 치즈와 연구자들의 발로 똑같이 몰려들었다.[7]

그러나 땀에 젖은 발은 냄새 이야기의 작은 부분에 불과하다. 냄새에 좌우되는 행동 방식을 연구할 때는 자연에서 농도와 양도 고려해야 한다.

스웨덴의 리카르드 이그넬Rickard Ignell과 동료들은 말라리아

모기를 유혹하는 자연의 냄새가 개별적으로 어떤 모습인지 알고 싶었다. 화학, 행동 연구, 생리학, 현장 실험 등을 총동원하여 이들은 자연 상태에서 인간의 냄새 농도를 조절할 수 있었다. I-Octen-3-ol(옥테놀, 즉 균류 냄새)처럼 오래전부터 물망에 올랐던 물질은 물론, 여러 가지 알데히드와 모노테르펜를 함유한 혼합물이었다. 재미나게도 앞서 언급했던 모기를 유혹하는 꽃의 몇 가지 냄새 물질 역시 인간의 냄새에 다시 등장하였다.

피부에서 풍겨 나오는 이런 냄새와 더불어 우리의 숨결에도 몇 가지 분자가 있어 매력을 북돋는다. 숨을 내쉴 때마다 우리는 이산화탄소와 아세톤 구름을 내뱉는다. 이 두 화합물이 모기를 유혹하는 효과를 강화한다. 아세톤이 그런 유혹 물질이라는 사실은 모기가 당뇨병 환자를 더 좋아한다는 관찰 결과로도 설명된다.[8] 당뇨병 환자의 숨결에 든 아세톤은 일반인보다 농도가 더 높다.

이 모든 사례연구 결과를 종합해보면 암컷 말라리아모기를 인간에게로 데려다주는 냄새는 상당히 복잡다단하다. 카본산(발냄새…), 암모니아, 알데히드, 모노테르펜, 피부의 균류 냄새, 숨결의 이산화탄소와 아세톤…. 게다가 이 모든 물질의 농도와 양이 적절해야 한다.

모기가 좋아하는 냄새

앞서 2장에서도 알아보았듯 사람마다 냄새가 다른 것은 유전적 요인이 원인이지만 피부에 사는 미생물과 먹는 음식 탓이기도 하다. 아마 이 모든 요인이 결합하여 나타나는 현상일 것이다. 그와 함께 우리는 모기한테 특히 잘 물린다고 호소하는 사람들을 알고 있다. 남편이나 아내는 멀쩡한데 나만 물린다고 하소연하는 사람이 주변에 꼭 있다. 그런 주장이 과학적으로도 옳을까?

네덜란드의 빌렘 타켄Willem Takken 연구팀이 실험 참가자들을 모아 그들의 냄새가 말라리아모기에게 얼마나 매력적인지 비교하였다. 실험에 참여한 27명이 뚜렷한 차이를 보였다. 남들보다 유의미하게 모기를 더 끌어들이는 사람들이 있었다. 그러나 어떤 냄새 물질 탓인지는 아직 밝혀지지 않았다.

사람마다 그런 차이가 분명히 있으므로 그것이 유전자 탓이라 – 유전적 요인도 함께 작용한다 – 는 추측이 가능하다. 그 관계를 밝히기 위해 제임스 로건James Logan과 존 피케트John Pickett는 일란성 쌍둥이와 이란성 쌍둥이를 비교하였다. 그리고 실제로 모기를 부르는 유전적 성향, 냄새에 바탕을 둔 그런 성향이 있다는 사실을 밝혀냈다.[9] 실험 참가자의 숫자는 많지 않았다. 일란성 쌍둥이는 18쌍, 이란성 쌍둥이는 19쌍이었다. 하지만 결과는 명백했다. 분명 인간의 냄새 특성에는 키나 지능에 비유될 유전적 요인이 있었다. 그러니까 모기에게 발산하는 매력은 개인에 따라 명확한 차이가 있다.

모기에게 물릴 확률을 높이는 또 다른 요인도 있을까?

당뇨병 환자의 냄새가 일반적으로 모기에게 더 매력적이라는 말은 앞에서 이미 했다. 다른 실험에선 잠비아에서 모기장을 치고 잠을 잔 임신부 역시 보통 사람들보다 두 배가량 더 많이 모기한테 물렸다. 이 경우도 어떤 냄새 물질이 원인인지는 밝혀지지 않았다.[10]

말라리아 환자와 건강한 사람을 대상으로 하여 정말로 재미난 또 다른 차이를 발견한 학자들도 있다.[11] 이들은 케냐 출신 아동 3명을 한 집단으로 묶어 총 12개의 집단을 만들었다. 이 지역은 말라리아가 창궐하는 곳으로 유명하다. 각 집단은 말라리아 원충에 감염되지 않은 아동 1명, 아직 감염력이 없는 무성 단계의 말라리아원충에게 감염된 아동 1명, 그리고 병을 옮기는 유성 생식모세포를 몸에 가지고 있는 아동 1명으로 구성했다. 3명의 상태를 비교해보았더니 감염력이 있는 단계의 아동이 풍기는 냄새가 다른 친구들보다 두 배가량 더 말라리아 모기를 유혹하였다. 첫 실험 후 감염된 아동에게 말라리아약을 주었더니 차이가 완전히 없어졌다. 그러니까 이 실험 결과는 감염 단계의 말라리아 원충이 숙주 아동을 모기에게 더 매력적인 사람으로 만들었다는 사실을 말해준다.[12]

여러 실험 결과에서 밝혀졌듯 생식모세포 단계의 말라리아

원충을 몸에 담고 있는 사람은 냄새가 강한 특정 알데히드와 테르펜을 피부와 숨결로 배출한다. 리카르드 이그넬과 그 동료들은 거기서 더 나아가 생식모세포가 HMBPP(이름이 어찌나 긴지 여기다 다 적을 수가 없어서 약자로…)라는 이름의 특정 화합물을 생산한다는 사실을 입증할 수 있었다. 이 신진대사 산물은 모기 암컷에게 강한 식욕 촉진제로 작용하지만, 또 한 편으로 적혈구 세포 내에서 매력적인 냄새 물질이 더 많이 생산되도록 독려한다.[13]

이것은 극도로 흥미로운 실험 결과다. 말라리아 원충이 자신의 번식을 장려하도록 자기 숙주를 부추긴다는 뜻이니 말이다. 새로운 전염의 '씨앗'을 담은 인간에게 모기가 더 매력을 느끼게 하여 전파 확률을 급격히 높이는 것이다.

자주 토론의 대상이 되는 또 다른 요인은 음식이다. 모기를 피하는 음식이라면서 온갖 추천이 난무한다. "마늘을 먹으면 모기가 안 물어", "비타민 B를 먹어봐" 등등. 선의의 충고를 던지는 친구는 모기를 흡혈귀와 헷갈린 것이 분명하다. 마늘을 먹어도, 비타민 B를 먹어도 효과는 미미하니 말이다.

반대로 모기가 맥주를 마신 남성을 더 좋아한다는 (안타까운) 실험 결과는 있다. 티에리 리페브르Thierry Lefèvre와 그 동료들은 부르키나파소에서 40여 명의 남성에게 토종 맥주 '돌로' 1리터나 물 1리터를 마시게 한 뒤, 15분 후 모기에게 몇 방이나 물렸는지 세어 보았다.[14] 체온과 내쉬는 이산화탄소량은 비슷했는데도 맥주를 마신 쪽이 훨씬 더 많이 물렸다. 차이는 몸에서 뿜어 나오는 냄새가 만드는 것이 분명했다. 학자들은 이런 결론을 내렸다.

"아마도 모기는 맥주를 마시는 것에 따른 우연한 부수 효과를 넘어 조금 전 맥주를 마신 사람을 더 선호하도록 진화한 것 같다. 그것은 맥주로 인해 숙주의 방어 행동이 줄거나 혈액의 영양이 풍부해지기 때문일 것이다. 이런 가설은 매력적이지만 추가 연구가 필요하다."

피를 향한 험난한 여정

작은 암컷 모기는 막중한 임무를 앞두고 있다. 우선 매력적인 제물을 향해 날아가야 하고, 가는 도중에 새나 박쥐, 인간의 손을 잘 피해야 한다. 하지만 의심을 사지 않고 무사히 피부에 도달했어도 적당한 혈관을 찾아내야 한다.

우리는 한국 인천대학교 생명과학부 권형욱 교수와 협력하여 새로운 후각 경로를 발견하였다. 피를 찾는 마지막 단계에 관여하는 경로다. 피부에 안착한 암컷 모기는 작은 주삿바늘처럼 생긴 조직으로 피부를 찌른다. 이 작은 바늘 끝에 몇 개의 더 작은 조직이 붙어 있는데, 더듬이의 후각 섬모 감각기를 닮은 모양이다. 그 조직에 어떤 유전자가 새겨져 있는지 분석하던 우리는 두 가지 후각 수용기를 만났다. 그리고 그 수용기가 어떤 냄새 분자를 알아보는지 테스트했더니 피의 여러 내용물이 나왔고, 그중에는 앞서 언급했던 균류 냄새도 있었다.[15]

우리는 RNA 전사(DNA에 적혀 있는 유전 정보를 mRNA로 옮기는 과정 – 옮긴이)를 방해하여 바늘침에 있는 작은 코를 쓸모없게 만들었다. 그랬더니 암컷 모기가 쥐의 피부에서 적당한 혈관을 찾을 때까지 훨씬 긴 시간이 걸렸다. 아마 바늘 끝에 달린 그 작은 코가 피를 찾는 마지막 단계에서 도움을 주는 것 같다. 이런 점은 7장에서 설명한 나비의 긴 혀와 아주 유사하다. 나방도 혀끝에 작은 후각 섬모가 달려 있어서, 그것으로 숨은 꽃꿀 창고를 찾는다.

애벌레를 위하여

지금까지 설명한 과정의 다수는 먹이가 있는 최고의 장소를 찾도록 도와준다. 먹고 짝짓기를 마쳐도 암컷에게는 아직 중요한 임무가 하나 더 남아 있다. 적당한 장소를 찾아 알을 낳아야 한다. 말라리아모기의 애벌레는 보통 작은 물웅덩이에서 살기에 암컷의 판단은 매우 중요하다. 자손의 운명이 오로지 암컷의 판단에 달린 것이다.

애벌레는 주변 곳곳의 유기물을 먹고 산다. 식물과 곤충, 갑각류의 대사물질일 수도 있고, 해조류, 원생동물, 박테리아 같은 미생물일 수도 있다. 특히 암컷 모기는 옥수수와 사탕수수의 꽃가루도 찾아다닌다.[16] 앞서 소개한 먹이에는 질소가 너무 적게 들어 있는데, 그 부족한 영양소가 바로 꽃가루에 많이 들어 있다. 실제로 에티오피아에서 옥수수밭을 조성한 후 말라리아 환자의 숫자가 늘어났다.

애벌레의 먹이가 될 것들은 모두 냄새를 풍긴다. 그리고 썩어가는 풀과 그것의 꽃가루 냄새는 확실히 알을 밴 암컷을 유혹한다. 옥수수와 사탕수수 꽃가루의 특별한 냄새 역시 암컷의 코에는 향기롭기 그지없다. 최근에는 알을 밴 암컷이 좋아하는 미생물의 냄새까지도 확인되었다. 우리는 당연히 이 모든 냄새를 생활에 이용할 수 있다. 알을 밴 암컷이 좋아하는 냄새를 이용해 덫을 만들 수 있는 것이다.

암컷 모기는 이렇듯 좋은 냄새는 물론이고, 이미 부화한 애벌레와 천적의 냄새도 잘 맡는다. 과밀을 방지하는 이런 냄새 신호는 아마도 4장에서 바닷새의 먹이 찾기를 설명하면서 소개했던 화합물과 비슷한 형태의 황 화합물인 것 같다. 이 물질은 13장에서 공짜 가루받이를 하는 꽃을 소개할 때 다시 만날 것이다. 다른 많은 모기 종의 암컷들은 다른 암컷을 유혹하는 페로몬을 분비한다. 하지만 말라리아모기는 그런 경우가 없다.

냄새는 모기의 힘

이 모든 사례는 모기에게는 냄새가 행동의 동인이며, 여러 대안 중 하나를 선택할 때 냄새가 절대적으로 중요하다는 사실을 잘 보여준다. 인간의 피에서 배출된 몇 가지 특유의 분자를 더듬이가 포착하면 암컷은 곧바로 허공으로 날아올라 인간의 피부에 도달하려 애쓴다. 그러나 분자량의 비율이 다르거나 다른 분자가 곁들여져 있으면 적당한 숙주가 아니라는 신호이므로 암컷은 비행을 멈춘다. 따라서 우리는 모기가 어떤 이유로 인간을 좋아하는지 제법 많은 정보를 이미 갖고 있지만, 이런 기존의 지식은 아직 모기를 막기에는 역부족이다. 우리는 여전히 1950년대에 개발한 인공 물질을 이용해 모기를 쫓는다. 연구에서 적용까지는 먼 길이다. 이에 대해서는 14장에서 더 자세히 알아보기로 하자.

10
'골리앗' 공룡, '다윗' 나무좀

길이가 고작 몇 밀리미터, 무게도 몇 밀리그램밖에 안 되는 동물이 거대한 공룡 크기의 생물을 죽일 수 있을까?

말도 안 되는 소리 같지만 산속의 나무들을 쓰러뜨리는 나무좀을 보고 있으면 그 말은 사실이다. 수천 마리 나무좀이 합동 공격을 해서 몇백 년 된 소나무, 가문비나무, 느릅나무 등을 불과 몇 주 안에 쓰러뜨려 유령 숲을 만든다.

한 지역의 이야기가 아니다. 북반구 전체에서 그런 현상이 관찰되고, 규모도 유례가 없다. 캐나다의 죽은 소나무 숲은 달에서도 보일 정도다. 넓은 갈색 띠가 서부 해안에서 내륙 쪽으로 뻗어 있다. 수백만 평방미터의 숲이 이미 파괴되었고, 태고의 생태 시스템이 영원히 변해버렸다.[1] 느릅나무는 세계 대부분 지역에서 네덜란드 느릅나무병이 크게 번지면서 거의 멸종 상태에 놓였다. 그 병은 느릅나무 나무좀이 옮기는 균류 전염병이다.[2] 현재 유럽에서는 가문비나무가 비슷한 운명을 겪고 있다. 수백만 그루의 나무가 가문비나무 나무좀의 습격으로 죽어가고 있다.[3] 가문비나무는 느릅나무에 비하면 저항력이 훨씬 큰데도 말이다.

창의적인 후각 기능

모든 종의 나무좀–나무 종에 따라 적어도 한 종이 있으므로 수천 종의 나무좀이 있다–은 주로 냄새를 따라 다닌다.[4] 작은 더듬이로 여러 유형의 분자를 인지하여 같은 종의 친구와 숙주 나무를 찾는다. 이 작은 조직은 곤충의 '코' 구조가 얼마나 삶의 방식을 좌우하는지 여실히 보여준다. 7장에서 살펴본 나방이 깃털 같은 거대한 더듬이를 달고 다니는 이유도 그 때문이다. 나방은 나무좀과 달리 후각기관의 크기를 고민할 이유가 없다. 대부분 공중을 날아다니기 때문에 달고 다닐 수만 있다면 아무리 커도 괜찮다.

하지만 나무좀은 나무껍질을 뚫고 들어가 거기에 좁은 굴을 판다. 당연히 나방처럼 큰 더듬이를 달고 다닐 수가 없다. 나무좀은 방망이같이 생긴 작은 더듬이를 머리 양쪽에 달고 있는데, 구멍에 들어갈 때는 접을 수 있다. 이런 창의적인 아이디어 덕분에 좁은 굴을 기어 다닐 때는 더듬이를 접어 보호했다가 밖으로 나오자마자 활짝 펴서 성능 좋은 후각기관으로 변신시킨다. 접었다 폈다 할 수 있는 더듬이 유형은 곤충의 왕국에서 목격되는 수많은 더듬이 형태 중 하나에 불과하다. 곤충의 외부 형태학에 관심을 두고 열심히 관찰해본 사람이라면 그런 창의적 형태가 얼마나 많은지 충분히 알 것이다.

똑바로 선 나무를 공격하는 나무좀은 코끼리를 죽이려는 개미를 닮았다. 침엽수는 극도로 뛰어난 방어 메커니즘을 갖추고 있다. 그래서 곤충이 껍질을 뚫고 들어오려 하면 곧바로 이를 죽일 수 있는 수지를 콸콸 흘려보낸다. 호박색의 끈적이는 이 액체에는 독성 물질이 가득하여 공격자를 치명적인 액체 안에 가둬버린다.[5] 선사시대 곤충 화석이 그렇게나 많은 이유가 바로 그것이다. 수백 년 전 곤충들이 나무의 수지에 갇혀 오도가도 못 하는 바람에 그 시대 생명의 스냅숏이 되고 만 것이다. 〈쥐라기 공원〉을 보고 많이 상상하겠지만, 그 곤충의 유전물질을 채취하여 복제할 수 있느냐는 또 전혀 다른 문제다.

그럼 나무의 방어 전략인 수지를 어떻게 극복할 수 있을까?

나무좀은 3가지 주요 전략을 찾아냈다. 첫째, 화학적 소통 시스템을 개발하여 공격할 때 시공간적으로 서로 협력한다. 둘째, 허약한 나무, 즉 수지를 많이 생산할 수 없는 나무를 찾아내는 능력을 키웠다. 셋째, 생물학적 '비밀 병기'를 마련하였다.[6] 이제 하나씩 살펴보자.

대규모 집단의 소통

나무좀이 큰 나무를 공격할 때 어떻게 협력할까? 또 그보다 더 중요한 점으로, 나무를 완전히 정복했다는 것은 어떻게 알까?

질문에 대답하자면 먼저 공격의 진행 과정과 그때 이용하는 화학 신호–페로몬–부터 살펴봐야 한다. 맨 먼저 수컷 척후병이 나무를 공격한다. 녀석이 껍질에 작은 구멍을 파고는 암컷을 부른다. 가장 중요한 신호는 두 가지 냄새 성분의 혼합으로, 이런 내용이다. "이리 와서 나하고 짝짓기하고 같이 이 나무 잡아먹자."[7·8]

수컷이 운이 좋아 흐르는 수지에 휩쓸려 죽임을 당하지 않으면 아마 암컷을 찾을 것이다. 둘은 짝짓기를 하고서 함께 소집 페로몬을 분비한다. 같은 종의 친구들을 유혹하는 페로몬이다. 나무좀 친구들이 몰려와 껍질에 구멍을 뚫고 역시나 거기서 짝짓기를 한다. 그렇게 순환은 계속된다. 결국, 나무좀의 개체군이 너무 커져 대량 공격을 버틸 수 없게 된 나무에 남은 것은 죽음뿐이다.

짝짓기를 마친 나무좀의 암컷은 에너지가 풍부한 나무의 체관부에 굴을 파기 시작한다. 껍질 바로 밑에 자리한 이 섬유층은 사실상 복잡한 영양소 수송 시스템이다. 따라서 나무가 성장하고 생존하려면 꼭 필요하다. 한 마리 암컷이 굴 벽에 최대 80개의 알을 낳는다. 그동안 수컷은 페로몬을 바꾸어 두 가지 다른 냄새 물질을 생산한다. 낮은 농도에서는 여전히 친구들을 유혹하지만, 일정한 값의 농도를 넘어서면 정지신호로 변한다. 마지막 단계에 이르면 나무좀은 직접 정지신호를 송출한다. "이제 그만 와. 여기는 꽉 찼어. 다음 나무로 넘어 가."[9]

알에서 깨어난 작은 애벌레는 어미가 판 굴과 90도 되는 방향으로 나무를 먹어치운다. 그 길이 매우 우아하면서도 치명적인 무늬를 만들기에, 유럽 가문비나무 나무좀의 학명은 '*Ips typographus*'로 인쇄공이라는 뜻이다.

요약하면 이렇게 정리할 수 있겠다. 화학적 소통은 총 4단계를 거친다. 1단계에서 수컷이 유혹 물질이나 소집 페로몬을 분비한다. 이 물질은 주로 암컷을 유혹하지만, 아주 일반적으로 다른 친구들을 불러모으기도 한다. 2단계에서는 수컷과 암컷이 같은 신호를 송출하므로 신호가 더 강해진다. 3단계에서는 암컷이 알을 낳은 후 수컷이 이중 기능을 하는 페로몬을 생산한다. 일정 농도까지는 친구들을 유혹하지만, 그 농도를 넘어서면 정지신호로 변한다. 나무좀이 나무에 꽉 차면 4단계가 시작된다. 마지막으로 정지신호를 보내 더 이상의 추가 공격을 막는다.[10] 나무좀이 나무가 다 찼다는 것을 어떻게 아는지는 아직 풀리지 않은 수수께끼이다.

연약한 먹잇감

나무좀은 방어 메커니즘이 약한 나무를 골라내는 능력이 있다. 개체들의 밀도가 낮아 동지가 적을 때 이런 능력이 중요한 역할을 하는 것 같다. 밀도가 정점에 달하면 발에 걸리는 모든 것을 파괴하는 것처럼 보인다. 나무의 품질은 물론이고, 나무 종도 가리지 않는다. 하지만 동지가 적을 때는 후각과 미각을 활용하여 나무의 적합성과 활력성을 따져 공격 목표를 정한다.

나무좀은 나무가 배출하는 냄새 물질의 농도를 비교하여 나무가 얼마나 방어를 잘 할지 알아낼 수 있다.

대체 나무의 활력성은 어떻게 알아낼까?

모든 나무는 나름의 유전자형이 있다. 이런 개성이 방어능력도 좌우한다. 그래서 더 힘이 세고, 수지의 양도 많아 남들보다 방어를 더 잘하는 나무들이 있다. 나무의 일반적인 생리 상태 역시 중요하다.[11] 물이 부족하고 기온이 높으면 나무의 힘이 떨어질 수 있다. 가뭄이 심한데 기온까지 높으면 방어력은 더 떨어진다. 그래서 길고, 덥고, 건조한 여름은 나무를 병약하게 만들어 나무좀의 희생양이 되게 한다.[12]

힘센 무기

가문비나무 나무좀은 나무껍질을 파고 들어갈 때 나무의 저항력을 떨어뜨리는 특수 병기를 지참한다. 특정 균류의 포자나 균사를 나무 조직 속으로 끌고 들어가는 것이다. 가장 유명한 것이 자낭균*Ascomycota*이다. 나무좀이 이것들을 데리고 들어가면 가문비나무의 목질이 검푸르게 변한다. (당연히 목재의 시장가치가 크게 떨어진다.)

이런 종의 균류는 특유의 냄새가 있어서 나무좀이 정확히 알아보고서 찾아 데리고 다닌다.[13] 그러면 이 미생물 탓에 나무가 더 허약해지고, 결국 균류가 물 수송로를 막아 나무를 죽인다. 균류는 나무좀과 애벌레의 먹이가 되기도 한다. 여러 연구 결과를 보면 심지어 나무좀이 나무 체관부보다도 더 좋아하는 먹이인 것 같다.

나무좀과 균류의 '협력' 사례 중 더 악명 높은 한 가지는 세계적으로 널리 퍼진 네덜란드 느릅나무병이다.[14] 몇 종의 나무좀이 거대한 느릅나무를 공격하여 나무껍질을 파고든 후 그 안에 알을 낳는다. 성충 나무좀은 나무의 분지分枝도 파서 먹어 치우는데, 그럴 때 치명적인 균류를 나무 안으로 끌고 온다. 그래서 나무좀 몇 마리만 있어도 균류가 수많은 나무로 번져나갈 수 있다. 큰 숲이 단기간에 망가질 수 있는 것이다. 스웨덴 남부의 최대 규모인 느릅나무 숲에서도 그런 일이 일어났다. 불과 몇 년 만에 그 큰 면적에 앙상한 나무의 유골들만 남았다. 전체적으로 느릅나무는 전 세계 대부분 지역에서 거의 멸종이 되다시피 했다. 한 마리 작은 나무좀이 극도로 공격적인 균류의 포자와 균사를 데리고 다니기 때문이다.

편식하는 코

나무좀은 먹기 좋은 나무를 찾는 재주도 용하지만 못 먹는 나무를 골라 피하는 기술도 아주 뛰어나다. 앞서 보았듯 파리와 나방의 후각에는 '악취' 물질을 담당하는 특수 정보 경로가 있다. 가문비나무 나무좀 역시 그런 탐지기가 있어서 자작나무가 내뿜는 냄새를 기가 막히게 싹싹 피해 다닌다.[15]

나무좀이 좋아하는 가문비나무나 소나무의 냄새에다 자작나무의 물질을 섞으면 나무좀에게 매력도가 확 떨어진다. 이런 연구 결과는 임업에 매우 중요한 의미가 있다. 혼합림이 단일림보다 저항력이 커서 나무좀의 습격에도 잘 견딘다는 뜻이니 말이다. 이처럼 숙주 냄새와 비숙주 냄새를 전략적으로 혼합하여 궁극적으로 가장 해로운 나무 해충을 억제하고 숲의 저항력을 높이는 것을 신호 전달 물질의 다양성이라고 한다.

뛰는 놈 위에 나는 놈

나무좀은 수많은 다른 동물의 중요한 영양원이다. 나무좀의 페로몬을 인지하여 그것이 있는 장소를 찾아낼 수 있는 곤충이 여러 종인데, 털점박이개미붙이*Thanasimus formicarius*가 대표적이다. 녀석에게는 나무좀이 생산하는 페로몬을 인지하는 수용기가 있다. 그래서 나무 표면을 기어 다니는 나무좀을 정확히 추적할 수 있다.[16·17]

또 다른 나무좀의 천적은 냄새는 물론이고, 진동을 감지하는 탐지기까지 있어서 나무껍질 아래 숨은 애벌레를 찾아서 그 몸에 자기 알을 낳는다. 딱따구리 역시 나무좀의 천적이다. 딱따구리는 좁은 부리로 나무좀과 애벌레를 콕콕 집어 꺼낸다. 냄새를 맡아서 나무좀을 잡아먹는 또 하나의 재미난 천적은 멧돼지다. 나는 스웨덴의 숲에서 멧돼지가 특정 나무 주변을 맴돌며 뛰어다니는 광경을 자주 목격했다.

연구를 통해 밝혀졌듯 멧돼지는 나무좀에게 심하게 당한 나무의 냄새를 좋아한다. 새로 깨어난 나무좀 세대는 땅속에 들어가서 겨울을 난다. 그럴 때 멧돼지가 예민한 주둥이로 냄새를 맡으며 나무 주변을 어슬렁거리다가 나무좀이 숨어 있는 흙을 통째로 먹어치운다. 그러니 숲 주인에게는 멧돼지가 더할 나위 없는 은인인 셈이다.

지구 온난화의 수혜자

나무좀은 생태계에서 중요한 역할을 맡지만, 전 세계의 숲을 황폐하게 만드는 것도 사실이다. 가장 심각한 피해를 본 지역에선 해마다 수백만 평방미터의 숲이 이 녀석들 탓에 망가진다. 지금과 같은 기후변화가 나무좀에게는 엄청나게 유리한 조건이므로 날이 갈수록 녀석들의 개체 수도 폭발적으로 늘고, 출몰 빈도도 높아지고 있다.[18] 더구나 1장에서도 말했듯 기후변화는 도미노 효과를 내므로 숲의 자연 방어 메커니즘이 나

날이 망가지고 있다.

수령 3,000년 이상의 캘리포니아 자이언트 세쿼이아(거삼나무)들이 죽은 이유 역시 가뭄과 산불, 거기에 특정 종의 나무좀(북미 삼나무 나무좀*Phloeosinus punctatus*)이 가세했기 때문으로 추정되어 불안을 더한다.[19] 이 세쿼이아들은 아마도 현재 지구에서 가장 큰 생명체들일 것이다. 그러니 나무좀은 우리 시대의 공룡을 쫓아다니는 곤충 떼다. 이런 난국을 타개하기 위해 수많은 숲 주인들이 냄새를 활용하는 각종 묘책을 고민하고 있다. 더 자세한 내용은 14장에서 알아보겠다.

11
크리스마스섬에는 산타클로스가 아니라 게가 있다

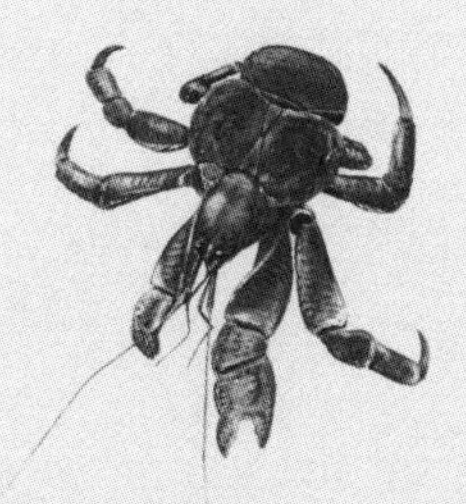

매력적이고 놀라운 동물은 참 많다. 그 못지않게 매력적이고 놀라운 장소도 참 많다. 나는 아프리카 사바나와 그레이트 베리어 리프를 가 본 후 진짜 자연의 기적은 이제 다 보았다고 생각했다. 하지만 크리스마스섬과 그곳 원주민들을 보고서는 그것이 엄청난 착각임을 깨달았다. 후각 연구와 행복한 우연이 그 작은 섬을 우리 가족의 두 번째 고향으로 만들어준 그때로 다시 거슬러 가 보자.

때는 2002년, 내 밑에서 박사 논문을 쓰고 있던 박사과정생 마르쿠스 스텐스미르Marcus Stensmyr가 세상에서 가장 거대한 육지 절지동물(곤충류 · 갑각류 · 거미류를 포함하는 동물문)에 관한 흥미로운 대중 과학 논문을 들고 나를 찾아왔다. 주인공은 야자집게로, 녀석은 갑각류다. 야자나무에 올라가 코코넛 열매를 딸 수 있어서 그런 이름이 붙었다. 학명은 '*Birgus latro*'이다.[1] 마침 우리가 곤충 후각의 진화를 연구하던 때라서 마르쿠스는 육지에 사는 게 중 몇 가지 종도 같이 비교해보는 게 어떻겠냐고 제안했다.

야자집게의 최대 군집은 크리스마스섬에 있다. 크리스마스섬은 인도네시아의 자바섬에서 남쪽으로 약 350킬로미터, 오스트레일리아의 퍼스시에서 북서쪽으로 26,000킬로미터 떨어진 인도양에 자리한 135평방미터 면적의 섬이다. 본토와 뚝 떨어져 있지만, 오스트레일리아의 영토이다. 얼마 전에는 그곳 난민 수용 시설이 뉴스거리가 되면서 유명세를 치렀고, 2010년에는 그곳에서 난민선이 전복된 일도 있었다.

이 섬은 외딴 섬이다 보니 역사의 대부분을 인간이나 다른 포유류의 횡포에서 벗어날 수 있었다. 그래서 그곳에는 주로 새와 곤충, 게가 사는데, 특히 게에게는 둘도 없는 생태실험장이다. 다른 곳에서는 포유류가 떠맡는 수많은 생태적 지위를 이곳에서는 게들이 차지했기 때문이다. 1억 마리가 넘는 홍게(크리스마스섬 게라고도 부른다) 군집은 낙엽을 분해하여 울창한 우림의 바닥을 깨끗하게 유지한다. 바위게*Grapsidae*는 특수한 육식동물의 역할을 떠맡고, 먹이사슬의 제일 꼭대기에는 야자집게가 버티고 있다.[2]

물에 빠지면 익사하는 게

재미있게도 진화의 시공간을 따져볼 때 육지 게는 상대적으로 최근에야 지금의 생활공간으로 이주하였다. 500만 년 전에 처음으로 숲과 해안에 둥지를 틀었기 때문이다. 비교를 위해 제일 가까운 친척인 곤충을 살펴보면 이 녀석들은 무려 4억 년 전에 육지로 올라왔다.

그런데 이런 정보가 후각 연구 학자에게 무슨 의미가 있을까?

곤충은 아주 오랜 기간 후각을 공기에 맞추어 진화하였다. 반면 육지에 사는 게는 불과 500만 년 전에 그런 후각을 갖추었다. 따라서 자동적으로 이런 의문이 든다. 이 동물에게 과연 후각 시스템이 있을까? 있다면 곤충과 비교해 어떤 모습일까? 또 나는 후각을 전공하는 생태학자이니만큼 자연스럽게 이 거대한 절지동물의 행동 역시 매우 궁금했다.[3]

야자집게는 세계에서 가장 큰 육지 절지동물로 무게가 최고 5킬로그램에 달하며, 다리 역시 가장 길어서 보폭이 거의 1미터에 가깝다. 녀석은 앞쪽에 붙은 강렬한 인상의 집게발로 코코넛 열매 껍질을 잘라낸다. (그래서 이 녀석을 코코넛게라 부르는 사람들도 많다) 녀석의 집게발 악력은 인간 턱의 두 배이다.[4]

야자집게는 육지에서 살기 위해 정말 재미난 해결책을 찾았다. 껍질 밑에 수많은 혈관이 관통하는 피부층, 흔히 말하는 아가미폐가 있어서 그것으로 호흡을 한다. 더불어 제일 뒤편의 다리 한 쌍을 작은 '물병 세척솔'로 탈바꿈시켜 쉬지 않고 폐의 표면을 닦는다. 예전의 아가미는 신장 비슷한 기능을 담당한다. 그 폐가 공기 호흡에 맞추어 진화하였으므로 다 자란 야자집게는 육지에서만 살 수 있다. 즉 물에 빠지면 익사한다.[5]

알은 바다에서, 생활은 육지에서

야자집게의 삶은 대양에서 시작한다. 알은 바닷물에서 성장해야 하기 때문이다. 특정한 밤 – 대부분 보름달이 뜨는 밤 – 암컷들이 바위 해변으로 이동하여 알을 바다에 빠뜨린다. 사실 암컷에게는 위험한 일이 아닐 수 없다. 자칫 물에 빠졌다가는 그대로 익사하기 때문이다. 대략 4주 정도 지나면 새끼들이 알에서 깨어나며, 해류와 조수에 몸을 맡긴 채 적당한 해변으로 떠밀려간다. 거기서 육지로 기어 오르면 이제 바다와는 영원히 안녕이다.

야자집게는 조개껍데기에 들어가 살기 때문에 작은 새끼 역시 다른 친척들이 그렇듯 집으로 삼을 적당한 껍데기를 찾아다닌다. 새끼는 이 껍데기를 여러 번 갈아서 더 크고 넓은 집으로 이사를 한다. 하지만 일정한 나이가 되면 다른 게들과 달리 스스로 껍질을 만들기 때문에 굳이 조개껍데기를 찾아다녀야 할 필요가 없다. 물론 스스로 만든 껍질 역시 몸과 함께 커지지 않기 때문에 어른 게는 해마다 땅을 파고 들어가서 허물을 벗는다. 낡은 껍질을 벗고 더 큰 새 껍질을 만드는 것이다. 이 과정을 평생 해마다 반복하는데, 이런 식의 삶을 최고 100년까지도 이어나갈 수가 있다.[6]

야자집게 따라가기

우리가 크리스마스섬에서 연구 활동을 시작할 당시만 해도 야자집게에 대한 정보가 그리 많지 않았다. 우리는 우선 몇 마리 게를 따라다니며 녀석들이 무엇을 하고 어떻게 이동하는지 알고 싶었다. 그를 위해 아주 큰 야자집게 몇 마리에게 위성위치발신기가 든 작은 배낭을 메어주었다. 게가 정글을 헤매다니면 발신기가 해당 위치의 GPS 좌표를 제공하고, 그 데이터는 배낭에 저장되었다.

게가 약 10미터 근방에만 있어도 정보를 불러올 수 있었으므로 우리는 그 데이터를 무선으로 내려받을 수 있었다. 다운로드가 시작되면 설치한 청각 신호도 함께 들을 수 있었다. 발신기 한 대 가격이 약 1천 유로였고, 게를 한 마리 한 마리 쫓아다닐 수 없었기에 게의 위치가 확인될 때마다 잔치가 따로 없었다.

일단 게 한 마리를 발견하면 데이터를 내려받는 데는 불과 몇 분밖에 걸리지 않았다. 그러면 컴퓨터로 녀석이 우리 눈에 띄지 않았던 며칠 동안 어떤 길을 돌아다녔는지 볼 수 있었다. 어떨 때는 1주일에 최고 2킬로미터를 이동하였고, 또 어떤 때는 1주일 동안 꼼짝도 하지 않고 한자리를 지킬 때도 있었다.[7]

왕노다지 담수 동굴

이런 식으로 우리는 야자집게의 짝짓기에 대한 새로운 정보들을 입수하였다. 이 게의 번식 생물학은 오래도록 수수께끼였다. 암컷이 알을 바다에 떨어뜨린다는 것은 이미 알았지만 우리는 그 전에 무슨 일이 일어나는지 알고 싶었다. 그때까지 완전 미지의 세계였으니 말이다. 연구를 시작할 당시 우리는 일단 두 가지 질문을 던졌다. 게는 서로를 어떻게 찾을까? 그리고 어떻게 짝짓기를 할까?

녀석들을 관찰하다 보면 커다란 수컷이 몇 주 동안 꼼짝도 하지 않고 우림에 가만히 있을 때가 많았다. 그러다가 갑자기 벌떡 일어나 몇 킬로미터나 떨어진 해안으로 달려갔다. 뒤를 쫓아가 보면, 해안에서 멀지 않은 해변 담수 동굴 근처에 암컷들이 모여있을 때가 많았다. 거기서 우리는 (어쨌든 아는 한도 내에선) 최초로 게들의 짝짓기를 관찰하였다. 흥미롭게도 이 녀석들은 '정상위'를 고수한다. 다시 말해 수컷이 암컷의 발을 잡아서 천천히 바닥에 눕히고는 짝짓기를 시작하는 것이다.

그런데 짝짓기를 마치고 나도 아직 알 낳기 좋은 시점이 아닐 때가 많다. 바로 이때 담수 동굴이 중요한 역할을 한다. 달이 떠올라 조수 조건이 적당하다는 신호를 보낼 때까지 알을 밴 암컷들이 수백 마리씩 동굴에 모여든다. 나는 밧줄을 타고 동굴로 내려가 이 데이비드 애튼버러David Attenborough(영국의 동물학자이자 방송인으로 50여 년 동안 여러 동물 다큐멘터리의 해설을 맡았다.-옮긴이) 스타일의 진귀한 장면을 목격하였다. 동굴 벽에는 알을 밴 반짝이는 암컷들이 다닥다닥 붙어 있었다.

똑똑한 게, 멍청한 인간

추적장치 실험 덕에 우리는 또 다른 행동방식도 관찰할 수 있었다. 때로 큰 게 수백 마리가 특정 나무로 모여든다. 아렝가 *Arenga* 속의 토종 야자종이다. 이 나무는 베리류 비슷한 씨앗을 만드는데, 게들이 이 씨앗이라면 환장을 하는 것 같았다. 실제로 게들은 최소 1주일 전부터 열매가 익을 것이라는 사실을 알았다. 그리고 훗날 우리가 밝혀냈듯 그 능력은 나무가 분비하는 냄새 신호 덕분이었다. 열매가 익을 때가 다가오면 커다란 수컷들은 열매를 푸짐하게 먹으려고 나무 꼭대기까지 기어올랐다.

나는 경험주의 학자답게 그날도 게가 왜 이 열매를 그렇게나 좋아하는지 몸소 알아보자는 (어리석은) 결단을 내렸다. 그러고는 익은 열매를 모아 그중 몇 개를 입에 넣었다. 이런! 한 입 베어 먹자마자 온 입안이 얼얼했다. 숨쉬기가 힘들었다. 열매엔 독이 있었다.

무지 걱정을 했는데 다행히 몇 분 지나자 증상이 가라앉았다. 입과 혀의 감각도 돌아와 겨우 마음을 놓았다. 우리를 따라왔던 감시원이 아내에게 한 마디 했다.

"철이 언제 들라나…."

이 일화에는 교훈이 숨어 있다. 실험 관찰을 할 때는 세심한 태도를 잊지 말아야 한다는 것이다. 나는 아렝가 열매의 효과를 몸소 체험한 후 바닥에 앉아 게가 어떻게 열매를 먹는지 자세히 관찰하였다. 과연, 게는 집게발로 훌륭한 솜씨로 열매의 껍질을 정성껏 벗겨내었다. 그러고는 열매를 쪼개어 그 안에 든 영양 가득한 무독성 내용물을 맛나게 먹어치웠다. '똑똑한 게, 멍청한 인간….'

아렝가 야자나무는 또 다른 매력이 있었다. 바람에 나무가 쓰러지면 하루 이틀 지난 후 부러진 줄기로 수많은 야자집게가 몰려들었다. 그래서 우리는 태풍을 흉내 내어 나무를 톱으로 자르고 줄기를 쪼개어 속을 밖으로 드러내었다. 과연 하루 이틀 지나니 엄청난 숫자의 게들이 줄기의 절단면으로 몰려와서 신나게 속을 먹어치웠다. 몇 시간 후 게들이 술 취한 것 같은 행동을 했다. 비틀거리다가 자주 넘어졌다. 속에 코를 대고 냄새를 맡아보니 알코올 발효가 진행 중이었다. 부러진 나무줄기가 야자집게의 호프집으로 변신한 것이다.

천하장사 야자집게

2003년 처음 크리스마스섬에 갔을 때는 우리가 연구할 생명체와 환경에 대해 아는 것이 별로 없었다. 늦가을 우리 가족은 4살 · 6살 두 아이를 데리고 섬을 향해 긴 여정에 올랐다. 만사형통이었는데 착륙이, 좋게 말해 흥미진진했다. 그곳 활주로는 세상에서 제일 위험한 곳 중 하나여서 딱 세 번 착륙 시도를 해서 실패하면 연료를 채우러 자카르타로 회항해야 한다. 다행히 우리 비행기 기장은 한 번에 성공했다.

우리는 실험을 진행하고 야자집게 몇 마리를 잡아도 좋다는 허가를 받았다. 첫날 밤 곧 무너질 것 같은 토요타 하이럭스를 타고 도로를 따라 달렸다. 놀랍게도 우림에 가는 도중에 게를 잡아 모을 수 있었다. 하지만 녀석들이 얼마나 힘이 센지 미처 몰랐다. 우리는 녀석들을 양동이에 넣고 자동차 예비 타이어로 덮어두었다. 이튿날 아침에 일어나니 게들이 25킬로그램 무게의 바퀴를 간단히 들어내고서 달아난 후였다. 다행히 우림에는 게가 많았다.

야자집게 후각 파헤쳐보기

우리는 게의 후각을 입증하고자 세 가지 실험을 시행하였다. 행동 생물학 · 생리학 · 형태학적 실험이었다. 모든 실험을 우리의 '핑크 하우스', 즉 크리스마스섬의 우림 한가운데에 있는, 금방이라도 무너질 것 같은 낡은 관리소나 그 주변에서 실시하였다. 우리는 야자집게가 정말로 후각을 이용해 먹이를 찾는지 밝히기 위해 일단 녀석들이 무엇을 즐겨 먹는지 관찰하였다.

녀석들의 먹이는 코코넛 과육, 아렝가 열매, 죽은 홍게였다. 우리는 한밤중에 기둥을 세우고, 거기에 냄새를 달리한 여러 가지 먹이를 자루에 담아 걸었다. 얼마 안 있어 큰 야자집게들이 먹이를 먹으러 달려왔다. 그러니까 야자집게는 칠흑같이 어두운 열대의 밤에도 냄새를 맡고서 좋아하는 음식을 찾아내었다. 이로써 첫 번째 사실은 입증되었다. 야자집게는 냄새를 맡을 수 있고, 후각을 이용해 먹이원을 찾는다.

다음으로 나는 박사과정생 마르쿠스와 실험실로 향했다. 말이 실험실이지 책상 하나에 의자 두 개가 있는 텅 빈 방이었다. 다행히 우리는 휴대용 전기생리학 장치를 들고 갔다. 야자집게의 더듬이 하나를 그 장치에 연결하고 냄새 물질로 자극을 준 뒤 전기 신경 신호를 측정하였다. 왜 더듬이일까? 우리는 곤충이 어떻게 냄새를 인지하는지 알고 있었다. 하지만 야자집게는 더듬이가 두 쌍이라 그 둘을 다 점검해보아야 했다. 검사 결과, 우리가 자연이나 합성 냄새 물질로 자극을 하면 한 쌍이 매우 강한 전기 신호를 송출하였다. 그러니까 두 번째 사실 역시 확인되었다. 야자집게의 후각기관은 두 번째 쌍의 더듬이에 있다.[8]

마지막 형태학적 조사를 위해 여러 마리 게의 두뇌를 구했다. 슬프게도 밤마다 큰 트럭에 치여 죽는 야자집게가 워낙 많아서 구하기가 어렵지 않았다. 크리스마스섬에서 캐낸 인산염을 수송선이 있는 곳까지 실어 나르는 트럭이다. 운이 좋으면 게가 치이자마자 바로 뇌를 꺼내기도 했는데, 그런 뇌는 사람 손을 최대한 덜 타서 온전한 형태를 유지했다. 우리는 그 뇌를 화학적으로 보존 처리해서 독일로 실어왔고, 초현대식 현미경으로 조사할 수 있었다. 그 결과 세 번째 사실도 확인되었다.

그렇다면 야자집게의 두뇌는 어떻게 진화하였기에 공기 중의 냄새를 맡을 수 있는 걸까?

야자집게의 뇌

우리는 시설이 훨씬 더 좋은 독일의 실험실로 돌아온 후 더듬이에서 두뇌에 이르기까지 야자집게의 후각 시스템을 분석하였다. 더듬이는 곤충 더듬이 모양이었지만 두꺼운 털로 덮여 있었다. 냄새관 혹은 촉각감각기관aesthetask이다. 여기에는 수많은 뉴런이 들어 있는데, 이 뉴런이 다양한 냄새 분자의 인지를 돕는다. 우리는 녀석이 어떻게 이 냄새 분자들을 알아보는지 알기 위해 잠재적인 냄새 수용기를 코드화하는 유전자를 찾아 나섰다. 그리고 육지 게가 태고의 수중 후각 수용기를 간직하고는 있지만, 공기 중에서 작동하도록 시스템을 바꾸었다는 사실을 알게 되었다.

두뇌는 어떨까?

우리는 갑각류 두뇌의 진짜 전문가인 슈테펜 하르츠슈Steffen

Harzsch에게 도움을 청했다. 그와 힘을 모아 두뇌로 향하는 후각 경로를 추적하였고, 정말로 놀라운 사실을 목격하였다. 야자집게는 두뇌의 거의 절반을 후각 정보를 처리하는 데 투자한다. 뇌의 일부분이 꼬리처럼 밀려나면서 그 끝에 눈이 달려 있었다. 이런 식으로 추가 공간을 확보한 것이다. 곤충과 비교할 때 실로 어마어마한 숫자의 뉴런이 두뇌의 초기 차원에서 이미 후각 정보를 처리한다.[9]

첫 실험의 모든 결과가 한 방향을 가리켰다. 야자집게는 뭍에 오르면서 상대적으로 짧은 시간 안에 뛰어난 공기 중 후각 인지 능력을 키운 것이다. 이런 사실을 알게 되자 우리는 다시금 여러 차례 섬으로 돌아와 새로 개발한 방법으로 이 흥미진진한 동물을 계속해서 연구하였다. 분명 야자집게는 이 지역 갑각류 사이에서 인간의 생태적 지위, 즉 먹이사슬의 꼭대기에서 장수하는 잡식 동물의 지위에 있었다.

코코넛 열매는 나의 운명

처음 크리스마스섬을 찾은 이후 우리는 네 차례 더 탐사대에 참가하여 야자집게의 후각을 더욱 정밀하게 연구하였다. 추가로 현지의 생태학자 미셸 드류Michelle Drew와 마이클 스미스Michael Smith와 협력하여 장기 실험을 시행하였다.

우리는 계속해서 위성으로 녀석들을 추적하였고, 몇 마리에게는 마이크로칩을 심었다. 덕분에 우리는 최초로 게의 개체가 어떻게 성장하는지 추적할 수 있었다. 야자집게는 평생 성장한다. 그래서 해마다 크기를 재면 나이를 계산할 수가 있다. 실제로 야자집게는 100년을 살 수 있고, 많은 개체가 실제로 100살까지 장수한다.

후반의 탐사에서는 돌리 비치에 현장 실험실을 설치했다. 알다시피 그곳에는 60살을 넘긴 수컷들이 예사로 돌아다니는 곳이다. 해변은 코코넛 야자나무가 가득하고, 수컷은 야자 열매를 쪼개느라 여념이 없다. 보통 열매를 쪼개려면 사흘이 걸리지만 고생한 보람은 충분하다. 물론 그러는 동안에 서로 싸우기도 하고, 훔치기도 했다.

우리는 쪼개진 열매가 게들을 어떻게 유혹하는지 알고 싶었다. 익은 코코넛 열매를 칼로 잘라 해변에 놓아두었다. 몇 초도 안 지나 커다란 수컷들이 우림에서 기어왔다. 그리고 바로 싸움이 벌어졌다. 코코넛 열매 냄새가 게들을 유혹한 것이 분명했다. 코코넛을 숨겨두거나 코코넛 밀크로 실험을 해도 결과는 같았다.

우리는 냄새를 연구하는 학자답게 어떤 냄새가 녀석들을 유혹하는지도 알고 싶었다. 그래서 샘플을 들고 독일 예나의 실험실로 가서 냄새를 분석하였다. 그리고 다음에 크리스마스섬을 찾을 때 합성 냄새 물질을 들고 와 실험을 했고, 특히 아세

토인이라는 이름의 성분이 자연 물질 못지않게 게들을 끌어모은다는 사실을 밝혀내었다. 놀랍게도 이 냄새 물질은 아렝가 열매와 코코넛 열매 모두에 들어 있다.[10]

홍게

크리스마스섬의 동물을 설명하면서 홍게를 빠뜨릴 수 없다. 육지에 사는 이 게는 우리가 상상하는 게의 모습 그대로다. 등딱지 크기는 최고 10센티미터다. 주로 우림의 관목에서 살기 때문에 우림의 바닥은 홍게의 배설물로 뒤덮여 있다. 홍게는 다른 곳의 지렁이와 곤충이 차지하는 생태적 위치에 있다. 한마디로 '쓰레기 처리 전담반'이다.[11]

우리가 처음 크리스마스섬을 찾았을 때 홍게의 이동이 한창이었다. 그러니까 1억 마리가 넘는 것들이 섬의 대부분 지역에서 움직이고 있었다. 홍게들은 떼를 지어 도로와 정원과 식당을 건너 행진했다. 이 시기 동안엔 자동차 운행이 대부분 금지된다. 예외인 몇몇 도로에는 특수 울타리를 치고 전용 건널목을 만들어 놓았다. 그래도 운전을 해야 한다면 누군가가 차 앞에서 걸어가며 홍게를 쓸어야 한다.

홍게는 번식기가 되면 우림을 나와 해변으로 이동한다. 먼저 수컷이 길을 나서며 작은 영역을 확보한다. 그럼 암컷이 뒤를 따라가며 짝을 고른다. 짝짓기를 마친 수컷은 우림으로 돌아가고, 암컷은 해변에 남아 조수가 가장 적당한 때를 기다린다. 그러고는 바다에 알을 떨어뜨린다. 알과 부화한 새끼는 몇 주 동안 바다에서 살다가 다시 우림으로 돌아간다. 서로 보조를 맞추어 기어가기 때문에 그때가 되면 섬은 마치 부드러운 빨간 양탄자를 깐 것 같다.

어른 홍게의 이동도, 새끼 홍게의 물결도 정말로 놀라운 자연의 기적이다. 다른 동물 종에게는 이보다 잘 차린 잔칫상이 없다. 암컷이 바다에 알을 낳으면 세계 최대 규모의 고래상어 떼가 섬을 돌면서 새끼들을 먹어 치운다. 육지에 올라와도 야자집게와 바위게가 끝없이 밀려오는 새끼들을 신나게 먹어 치운다.

같은 환경, 다른 뇌

갑각류가 육지로 오른 이유는 아마도 5가지이며, 그 각각의 이유가 5가지 유형의 '게'를 만든 것 같다. 앞서 우리는 조개껍데기를 집으로 삼는 게와 '보통' 게를 알아보았다. 나머지 3종은 민물게 종과 단각류, 등각류다. 이 5가지 계통선 모두 각자의 감각기관을 이용해 육지 생활에 적응할 수밖에 없었다. 우리는 야자집게의 놀라운 후각 두뇌에 크게 감동한 뒤여서, 남은 게들의 두뇌도 수집하기 시작했다.

놀랍게도 육지 생활에 적응한 후 녀석들의 후각은 매우 다양한 경로로 진화하였다. 물과 육지에 사는 게 종, 민물게 종, 단각류는 서로 친척인 만큼 형태가 매우 유사하다. 그러나 조개껍데기에 사는 게는 후각 정보를 처리하는 두뇌 부위가 매우 크다. 반대로 등각류는 후각기관을 완전히 없애버린 것 같다. 물에 사는 종은 그나마 1차 후각 두뇌 부위가 남아 있지만, 육지에 사는 종은 아예 아무것도 없다. 사막에 사는 등각류는 후각기관을 '새로 발명한' 것 같지만 위치는 전혀 다르다. 이유가 무엇일까?

이 종은 진화를 거치며 페로몬을 이용하는 세련된 소통 시스템을 개발하였다. 그래서 코가 없으면 소통할 수 없다.

그러면 무엇이 먼저일까? 닭이 먼저일까, 달걀이 먼저일까?[12]

육지로 오른 이 5종의 갑각류를 관찰하다 보면 절로 의문이 떠오른다. 5종 중에서 한 종은 후각기관이 엄청나게 커졌지만, 나머지 종들은 없는 것이나 다를 바 없다. 그 이유가 무엇일까?

이 질문에 대답을 하자면 아직 더 추가 연구를 할 필요가 있을 것이다.

게의 적, 개미와 인간

크리스마스섬과 세상에 단 하나밖에 없는 그곳의 생태 환경은 무엇보다 두 가지 이유에서 위태롭다. 무지막지하게 공격적인 개미 종인 긴다리비틀개미(혹은 노랑미친개미*Anoplolepis gracilipes*)가 10여 년 전부터 인도양과 대서양의 여러 섬으로 퍼져 나가고 있다. 이 개미는 엄청나게 큰 집단을 형성하는데, 몇 헥타르 이상 뻗어 나가면서 마주치는 모든 것을 먹어 치운다. 크리스마스섬의 게들에게는 실로 재앙이 아닐 수 없다. 개미는 작고 게는 크지만, 개미가 떼거리로 달려들어 게의 눈에 산을 뿌리기 때문에 게가 앞을 보지 못한다.

그 때문에 여러 지역에서 이미 여러 종의 게가 사라졌다. 게가 사라지면 우림에도 직접적인 악영향이 미친다. 우림의 성격이 개방적인 숲에서 완전히 폐쇄적인 숲으로 바뀐다. 크리스마스섬에서 산림 감시원들이 아무리 사투를 벌여도 결국 질 수밖에 없는 형국이다. 개미를 죽이려고 놓은 독극물은 야자집게도 유혹한다. 그러니까 미끼를 놓기 전에 녀석들을 일일이 쫓아야 한다. 얼마나 고생이 많겠는가. 이런 우울한 상황을 견디고 과연 게들이 살아남을지, 결과를 예측할 수 없다.

역시나 크리스마스섬을 위협하는 또 다른 생물은 바로 인간이다. 크리스마스섬은 대부분 태고의 산호초로 이루어져 있으므로 땅에 광물, 특히 인산염이 풍부하다. 인간이 이 광물을 채

굴한다. 채굴이란 나무를 베어내고, 거대한 불도저로 표토를 떠낸다는 뜻이다.

그 흙이 거대한 트럭(이때는 아무도 빗자루를 들고 도와주지 않기 때문에 트럭이 게를 마구 치고 다닌다)에 실려 거대한 컨베이어 벨트로 향하고, 다시 화물선으로 이동하여 저 먼 곳으로 실려 간다. 인도네시아가 주요 목적지인데, 그곳 사람들이 이 흙을 이용해 우림을 팜유 농장으로 바꾼다. 그야말로 아무에게도 도움이 안 되는 상황이다. 단기적인 이익을 위해 수송로 양쪽 끝 우림이 마구잡이로 황폐해지고 있으니 말이다.

삶의 터전을 잃어버린 크리스마스섬의 동물들에겐 실로 엄청난 재앙이다. 너무 늦기 전에 정치가들이 생각을 바꾸어주기를 바라는 것 말고는 우리가 할 수 있는 일이 없으니 실로 안타까울 수밖에.

12
식물도 냄새를 맡을 수 있을까?

당연히 식물은 (보통은 우리에게도 즐겁게) 향기를 내뿜는다. 하지만 식물은 코도, 콧구멍도 없다. 그러니 냄새를 맡을 수 없는 걸까? 자기 냄새도 못 맡는 걸까?

다행히 식물에는 우리 코에 수용기가 있듯이 특정 화학적 정보를 인지하는 메커니즘이 있는 것 같다. 굳이 호들갑스럽게 인간과 비교하지 않더라도 식물이 그런 냄새를 이용해 서로 소통을 하는지는 당연한 궁금증일 것이다.

그런 궁금증을 진지하게 추적한 최초의 논문은 두 편이다. 하나는 현재 막스 플랑크 화학 생태학 연구소에서 일하는 내 동료 이안 발드윈Ian Baldwin이 잭 슐츠Jack Schltz와 함께 쓴 논문이다. 또 하나는 1983년 데이비드 로즈David Rhoades와 고든 오리언스Gordon Orians가 발표하였다.[1] 이들은 곤충이 하듯 나뭇잎에 상처를 내면 그 잎이 보내는 신호가 공기를 헤치고 이웃 나무들에게로 이동하여 생화학적 변화를 일으킨다고 주장하였다. 여기서 가장 중요한 점은 그런 변화 덕에 이웃 나무들이 자기 잎을 공격하는 곤충과 맞서 싸웠다는 사실이다. 대중 언론은 '말하는 나무'라는 제목을 달아주며 이들의 주장을 열렬히 환영하였지만, 당시 같은 분야에서 연구하던 학자들은 외면하였다.

어쩌면 식물은 그냥 자신과 대화를 나누는 것이 아닐까?

1995년에 나온 한 논문이 처음으로 이런 추측을 하였지만, 그때만 해도 큰 관심을 끌지는 못했다. 그러니까 그 논문의 주장은 식물끼리 소통하는 것이 아니라 한 식물 내에서 일종의 내적 소통이 일어난다는 것이다. 식물이 배출한 휘발성 물질이 내적 화학 전달 물질 혹은 호르몬으로 작용할 수 있다고 말이다. 이 논문을 쓴 미국 위스콘신대학교의 학자들은 식물 연구의 가장 중요한 모델 유기체인 애기장대*Arabidopsis thaliana*에게서 기체 형태의 호르몬인 에틸렌을 인지하는 ETR 1 수용기ethylene receptor를 발견하였다.[2]

에틸렌은 식물이 생산하는 단순 기체로, 식물의 성장과 발달 조절에서 매우 중요한 역할을 맡는다. 특히 세포 작용에 중요하지만, 씨앗이 발아하고 열매가 익는 등 생리작용에도 매우 중요하다. 식물은 기체를 생산할 수도, 흡수할 수도 있으므로 당연히 그 과정에서 일종의 독백이 일어나는 것 같다. 그러니까 그 기체가 휘발성 호르몬으로 쓰이는 것이다. 상업적 기업들, 특히 바나나와 아보카도 업계에선 식물의 자연 성숙 과정을 촉진하기 위해 이미 이를 활용하고 있다.

식물이 서로의 냄새를 맡을 수 있다는 주장이 처음 발표되고 40여 년이 흐른 지금, 한 가지 사실은 분명해졌다. 식물은 진화를 거치며 공기 중의 특정 신호를 이용하게 되었다. 현재 모두가 입을 모아 이 물질을 휘발성 유기 화합물VOC이라 부른다. 이 물질은 자기 종에게서 생존 전략을 불러내는 것은 물론이고, 주변 환경, 이웃 식물과 다른 생명체들에게도 연쇄반응을 일으킨다.[3·4]

이것을 두고 전통적 의미의 소통이라 불러도 좋을지는 아직 명확한 결론이 나지 않았다. 그러나 식물이 화학 신호를 내보낸다는 사실은 의심의 여지가 없으며, 이 물질이 다른 식물과 다른 생명체는 물론이고, 자신의 다른 부위에도 반응을 일으킨다는 점 역시 확신할 수 있다. (온도 변화나 가뭄 같은 환경 조건으로 인한) 무생물적 스트레스는 물론이고, (균류와 곤충 같은 생명체로 인한) 생물적 스트레스 역시 이런 신호를 불러올 수 있다.

그런 자연의 상호작용은 소통의 한 형태일까? 또 어떻게 진행될까?

냄새 맡는데 꼭 코가 있어야 돼?

냄새 배출 메커니즘이 작동하자면 식물의 유전자 장치에 그것이 새겨져 있어야 한다.

도쿄대학교 학자들이 최근에 실제로 그렇다는 사실을 입증하였다.[5] 이들은 담배 나무를 대상으로 18년 이상 연구를 이어갔고, 덕분에 냄새가 특정 생존 전략을 활성화한다는 사실을 입증할 수 있었다. 세세한 실험 과정은 생략하고 바로 결론으로 들어가자면, 실험 결과는 이 한 문장으로 요약할 수 있다. '식물의 휘발성 유기 물질은 유전자 발현에 영향을 준다.'

유전자가 발현되려면 그것의 유전자 코드가 일련의 반응을 유도하여 세포에서 단백질이나 다른 기능적 분자가 합성

되어야 한다. 일단 첫 단계에서는 한 가닥의 DNA가 메신저 RNA^mRNA^로 번역된다. 이런 유전자 읽기 과정을 전사라고 부른다.

식물의 경우 휘발성 유기 화합물이 영향력을 행사하여 전사가 일어나는 동안 보조 억제인자—유전자를 켜거나 끄는 단백질—에 달라붙어 원하는 식물의 행동 변화를 일으킨다. 그런데 냄새 분자가 그런 반응을 일으키자면 식물 세포에 흡수되어야 한다. 이점이 도쿄대학교 연구팀의 가장 중요한 발견이었다. 그러니까 식물은 유전자를 이용해서 직접 냄새를 맡는 것으로 보이며, 이 사실은 후각 전반을 이해하려 할 때 완전히 새로운 시각을 열어준다.

그렇다면 식물의 '냄새 맡기'는 어떻게 진행될까? 그 과정은 어떤 반응을 일으킬 수 있을까?

유비무환의 식물 전략

휘발성 유기 화합물은 주변 식물에 위험을 경고할 수 있을까?

도쿄대학교의 학자들도 입증했듯 냄새는 이웃 식물에 경고를 보낸다. 이웃 식물이 곤충에게 공격을 당했을 때 다른 식물들의 저항력이 뚜렷이 증가한다. 그 메커니즘이 어떻게 작동하는지는 아직 밝히지 못했지만, 도쿄대학교의 연구자들은 초식동물에 의해 유도되는 식물 휘발성 물질herbivore-induced plant volatiles, HIPVs이 핵심 역할을 하는 것으로 추측하였다.

우리는 아직 식물이 그런 방어 전략용 경고신호를 어떻게 불러내는지는 잘 모른다. 하지만 한 가지는 분명하다. '프라이밍priming'이라고도 부르는 준비가 중요한 역할을 한다. 어떤 식물이 공격을 당하면 이웃들에게 준비를 시켜서 이들이 미리 나름의 개별적인 방어 시스템을 작동시킬 수 있는 것이다. 보통 이 말은 페놀이나 탄닌 화합물처럼 공격자에게 독이 되거나 유해하거나 거부감을 일으키는 물질을 식물이 생산한다는 뜻이다.

그렇다면 이것은 얽히고설킨 세상에서 식물들끼리 주고받는 일종의 이타적인 정보 교환일까? 아니면 식물들이 힘을 합쳐 공동의 위험에 대처하려는 조치일까?

장황한 설명을 곁들여 그것이 사실이라고 주장하는 저자들도 많다. 대표적인 인물이 《나무수업Das geheime Leben der Bäume》을 쓴 독일 산림지도원 페터 볼레벤Peter Wohlleben이다. 그러나 그 과정이 진정한 소통이라는 주장에 의문을 제기하는 학자들도 많다. 이들은 식물은 그저 서로를 '엿들을' 뿐이며, 그렇게 경청하다가 뭐든 경고신호를 낚아채면 얼른 방어 모드로 전환한다고 주장한다. 식물은 움직일 수 없기에 '도청'하고, 최대한 많은 경고성 냄새를 '기다리며', 그렇게 하여 생존 기회를 높인다고 말이다.

이유가 무엇이건 한 가지는 분명해 보인다. 위험이 닥칠 때는 대비하는 것이 좋다. 진정한 소통인지 아니면 수동적인 정보 유포인지 알아내려면 아직 수많은 추가 연구가 필요하다. 그러나 전체적으로 학자들은 식물이 그저 이웃의 소리에 귀를 기울일 뿐, 적극적으로 신호를 보내 위험을 경고하는 것은 아니라는 견해다. 논리적으로도 이유가 있다. 같은 땅에서 함께 사는 이웃은 영양과 생존의 경쟁자이기도 하다. 그러니 자신의 생존 기회를 희생하면서까지 이웃의 이로움을 꾀하는 행동은 크게 기대하지 않는 편이 좋을 것 같다.

균류의 전략

조금 더 숲속에 머물러보기로 하자. 주제에서 살짝 벗어나지만, 수잔 시마드Suzanne Simard의 연구 활동을 들여다볼 필요가 있을 듯하니 말이다. 브리티시 컬럼비아대학교의 삼림생태학 교수인 그녀는 뛰어난 연사다.[6] 30년 이상 캐나다 숲에서 연구 활동을 이어가고 있는데 각종 실험을 통해 나무들이 아주 멀리 떨어져 있어도 서로 네트워크로 연결되어 있으며, 지하의 수지상균근*Arbuscular mycorrhiza*이 그 연결망 노릇을 한다는 사실을 입증하였다. 이 균류는 나무에 붙어서 나무를 이롭게 한다. (물론 자신도 네크워크의 덕을 본다.)

수지상균근은 나무의 뿌리를 연결하여 정보와 양분의 교류를 돕는다. 시마드가 말한 이런 '우드 와이드 웹Wood Wide Web' 덕분에 식물은 해충을 막고, 서로 협력하며, 친구에게 필요한 탄소, 질소, 물을 전달한다. 시마드는 이런 숲 생태 네트워크를 항공 시스템이나 교통망 같은 인간의 네트워크에 비유한다. 이 네트워크 역시 우리의 지하철망처럼 대부분 지하에 묻혀 있다. 휘발성 화합물이 이 네트워크에서 어떤 작용을 하는지는 아직 밝혀지지 않았지만, 언젠가는 그 의문이 풀릴 날이 올 것이다.

균류는 나무와 다른 식물의 면역계 강화에도 이바지한다. 균류가 방어 물질의 생산을 유발하기 때문이다. 이 화합물이 나중에 면역계 반응을 촉진하고 강화한다. 이로써 우리는 다시 '대비'라는 주제로 돌아왔다.

발 없는 냄새가 천리 간다

미리 대비하면 빠르게 행동하고 반응하여 식물 방어 메커니즘의 초기 단계를 활성화할 수 있다. 그리고 그를 통해 해충이나 기생생물에 맞서는 힘을 키운다. 그러니까 방어 물질은 식물의 자가 면역계를 준비시키는 일종의 작동기라 할 수 있겠다. 그런 식으로 대비를 하면 앞으로 비슷한 위험이 닥칠 때 더 빨리, 더 효과적으로 자신을 지킬 수 있으니 말이다. 그 작동기는 생명체일 수도 있지만 식물 호르몬이나 휘발성 유기 화합물처럼 화학적 신호일 수도 있다.

식물이 생존하자면 성장 과정 전체를 포함해서 모든 부위에서 이렇게 대비를 할 수 있어야 한다. 사실 대비란 해충이나 병원균의 침입에 대응하여 식물이 준비태세를 갖추는 상태이다. 다시 말해 식물의 방어 반응을 작동시켜 해충 저항력을 키우는 유전자 발현을 준비하는 것이다. 그런 대비를 냄새로도 촉발할 수 있을까?

연구 결과들을 보면 그럴 수 있다. 스웨덴 · 보스니아-헤르체고비나 · 이탈리아 · 미국 학자들의 협력 연구 결과는 무언가가 식물을 접촉할 경우 식물이 그런 식의 스트레스 냄새를 배출하는 것 같다고 주장한다.[7] 그러면 이웃 식물들이 당장 '신속한 방어 동조'를 보인다. 이 연구에서는 이웃 식물이 자기 즙액을 빨아 먹는 진딧물이 싫어하는 상태로 바뀌었고, 그런 방어 메커니즘은 진딧물이 가까이 오기도 전에 미리 활성화되었다.

그런 신호가 냄새를 배출하는 당사자 식물에게는 어떤 의미가 있을까?

사실 냄새는 공기 중으로 증발하므로 멀리 가지 못한다. 그러니 냄새의 진짜 목표는 이웃이 아니라 자신의 부위일지도 모른다. 몸통에서 멀찍이 떨어진 자신의 잎이나 새싹에 위험을 경고하므로 결국엔 자신에게 득이 되는 것이다. 실제로 식물은 유관 시스템으로는 연결되지 못하는 부위가 많다. 이럴 때 휘발성 유기 화합물이 식물 내부의 신호 전달을 맡아줄 빠른 외부 신호, 즉 기체 형태의 호르몬으로 쓰일 수 있다.[8]

이 모든 과정은 식물끼리 혹은 한 식물의 부위 사이의 상호작용처럼 보인다. 하지만 그런 냄새가 다른 생명체에게도 영향을 줄 수 있을까?

생화학전과 조종의 대가, 식물

공격을 당한 식물은 일종의 스트레스 신호로 휘발성 유기 화합물을 배출한다. 식물은 뿌리 박힌 몸이라 도망을 칠 수 없기에 그런 생화학적 정보야말로 식물의 무기 창고에서 절대 빼놓을 수 없는 무기다. 그 무기를 제대로 작동시키기 위해 식물은 생태 네트워크에서 산다. 식물이 득을 보려면 스트레스 신호가 그 네트워크 내에서 신호의 목표 집단에 도달해야 한다. 또 구조 요청에 대한 반응 역시 그 목표 집단에 득이 되어야 한다. 그렇지 않다면 뭐하러 식물이 그런 노력을 하겠는가?

세 가지 유기체가 관여하는 그 과정을 삼영양 상호작용tritrophic interactions이라 부른다. 사실상 이 말은 해충의 공격을 받은 식물이 화학 신호를 보내 그 식물과 같은 생태 네트워크의 다른 생물에게 구조를 요청한다는 뜻이다. 그러면 이 생물이 식물을 도와주러 오는데, 그 생물 역시 상호작용의 덕을 본다. 맛난 애벌레를 찾아 그 몸에 자기 알을 낳을 수 있기 때문이다. 식물의 생명을 구하고 보호하는 활동 탓에 그런 생물은 경호원이라 불리기도 한다.

각 네트워크는 지역 환경과 식물 종, 해충 종에 따라 목표 집단과 이득이 다를 수 있다. 일반적으로 볼 때 많은 식물 종이 그런 능력을 갖추고 있는 것 같다. 해충의 천적을 유혹하여 그것의 힘을 빌려 해충을 혼내거나 죽이거나 쫓는 간접적 방어 메커니즘이다. 간접적이긴 하지만 효과는 매우 뛰어난 방어책이다.

한 가지 사례가 잔디다. 텍사스주립대 농업생명연구소A&M AgriLife Research의 학자들이 밝혀낸 대로, 정말 단순해 보이는 이 식물도 휘발성 물질 형태의 냄새를 배출한다.[9] 그 냄새는 우리도 금방 알아차리는 방금 깎은 풀냄새이기도 하지만, 기생말벌이 좋아하는 스트레스 신호이기도 하다. 잔디는 조직에 상처가 나면 그 냄새를 분비한다. 상처는 잔디깎이가 낸 것일 수도 있지만, 이빨 모양의 저작기관으로 즙이 많은 잔디 줄기를 베어 먹는 애벌레의 소행일 수도 있다. 푸른 잎 냄새를 풍기는 휘발성 화합물은 지방산 탓이며, 일반적으로 식물의 복잡한 신호전달 메커니즘에 참여한다. 이 화합물은 호르몬 자스몬산과 함께 식물의 방어 준비를 독려한다. 이 냄새는 즉각 배출되므로 빠른 대응이 가능한 무기다.

다시 한번 말벌과 잔디로 돌아가 보자. 말벌은 푸른 잎의 휘발성 물질에 혹한다. 그 냄새가 무슨 의미인지를 알기 때문이다. 그 냄새는 식물이 상처를 입었다는 의미다. 나아가 말벌은 상처의 원인 – 애벌레 – 이 자신에게 유익할 수 있다는 것도 안다. 식물에 날아와 상처의 범인인 애벌레를 찾은 말벌은 애벌레를 찔러 그 몸 안에 자기 알을 낳는다. 그 결과 애벌레의 번식주기가 끊어지고, 잔디는 엄청난 이득을 본다.

휘발성 물질을 이용하는 방어 메커니즘은 잔디만의 것이 아니다. 우리는 조너선 거셴존Jonathan Gershenzon과 지빌레 운지커Sybille B. Unsicker가 주도한 공동 연구를 통해 양버들*Populus nigro* 역시 곤충에게 공격당했을 때 특별한 냄새를 배출한다는 사실을 알게 되었다. 이 경우는 포식 기생자인 독나방살이고치벌*Glyptapanteles Liparidis*을 불러들여서 자신을 갉아먹는 매미나방*Lymantria dispar*을 제거하려는 목적이다.

우리는 실험실에서 전기 생리학 및 행동 생물학 실험을 시행하고, 베를린 오더 강변을 따라 늘어선 야생 포플러 숲에서 야외 연구를 진행하여, 암컷 말벌이 무사한 이웃의 잎보다 매미나방이 갉아 먹은 잎을 더 좋아한다는 사실을 알아냈다. 실제로 곤충의 공격을 받은 식물이 배출하는 냄새는 말벌을 유혹하는 물질이기도 했다.

재미있게도 유혹의 원인은 푸른 잎사귀에서 나오는 테르펜이나 휘발성 분자가 아니라 주로 혼합물 속에 든 질소 화합물인 것 같다. 곤충에게 갉아 먹힌 잎과 무사한 잎의 휘발성 물질 프로필이 다른 것은 자스몬산 신호 탓이며, 또 휘발성 물질의 생합성이 국부적으로 활성화되기 때문이다. 우리 실험에서도 자스몬산은 말벌이 숙주 동물 – 애벌레 – 을 찾도록 도와준 필수 신호였다.[10]

나무도, 잔디도, 휘발성 물질은 말벌과 식물 모두에게 득이 된다. 물론 애벌레는 그렇지 않겠지만 말이다.

공격이냐 수비냐

식물은 식물 종과 공격에 따라 알로몬이나 시노몬을 이용하여 공격자를 피하거나 사로잡는다. 그리고 바라는 결과를 거두기 위해 공격자의 종에 맞추어 자기 냄새를 바꿀 수 있다.

어떻게?

식물은 침을 뱉지 않지만 누가 자기에게 침을 뱉으면 알아차린다. 곤충은 식물을 베어 먹으면서 침 자국을 남기는데, 아주 특정한 목적이 있기 때문이다. 침이 식물의 방어 메커니즘을 억제하므로 곤충이 식사시간을 벌 수 있다. 하지만 침을 흡수한 식물은 위험을 알아차리고 그에 맞는 대응책을 가동한다. (물론 상황에 따라서는 침이 방어 반응을 줄여 식물이 꼼짝 못 할 수도 있다.) 어떤 대응이냐는 식물과 곤충에 따라 달라진다. 하지만 냄새 정보와 앞에서 언급한 대비가 관여하는 경우가 많다.

냄새에 운명을 거는 식물, 실새삼

냄새 정보는 맹렬한 공격의 수단이 될 수도 있다. 잘 알다시피 곤충과 다른 동물들은 식물의 냄새를 이용하여 숙주와 먹이를 찾는다.

식물들끼리도 그럴 수 있을까?

약 15년 전에 펜실베이니아 주립대학교의 콘수엘로 데 모라에스Consuelo de Moraes 연구팀이 기생 식물인 실새삼*Cuscuta ausrtalis*을 가지고 정말로 흥미로운 실험을 한 적이 있었다. 이 식물은 스스로 광합성을 하지 못하므로 온전히 숙주에 의존하여 산다. 숙주에게 달라붙어서 숙주의 에너지를 빨아먹는다. 실새삼은 상대적으로 작은 씨앗을 만드는데, 일단 발아한 씨앗은 아주 효율적인 시스템으로 숙주를 찾는다. 당연히 식물의 싹이 날개짓을 하여 날거나 발로 걸을 수는 없다.

그렇다면 방금 땅에서 솟아 나온 작은 붙박이 싹은 어떻게 숙주를 찾는 걸까?

콘수엘로의 연구팀이 관찰해보니 실새삼 싹은 땅에서 올라오면서 흔들흔들 이상한 동작을 취하였다. 마치 무언가를 찾는 것 같았다. 첫 실험에서 이들이 실새삼 싹 옆에 (녀석들이 좋아하는) 토마토를 심었더니, 싹이 분명하게 길을 찾았다. 큰 경기장에서 그 능력을 수치로 계산해보니, 성적이 매우 좋았다. 약 80%의 실새삼이 숙주 방향으로 자란 것이다.

이 식물은 과연 어떤 정보를 이용하는 걸까?

학자들은 여러 가지 가능성을 추적하였고, 마지막까지 남은 것은 화학 정보 하나였다. 학자들이 실새삼 싹에게 토마토의 냄새만 닿을 수 있게 하였더니 싹은 다시 냄새원 방향으로 자라려 노력하였다. 밀은 실새삼이 좋아하는 숙주 식물이 아니므로 토마토와 같은 매력을 발산하지 않았다.

어떤 냄새 물질이 유혹의 원인일까?

토마토 냄새를 수집하여 분석하였더니 8가지 화합물이 확인되었다. 실험에서 토마토 냄새 물질을 합성하여 사용해도 실새삼이 해당 방향으로 성장하였다. 결국 학자들은 특히 3가지 냄새 물질이 매력을 발산한다는 사실을 입증할 수 있었다. 반면 밀에는 실새삼 싹이 다가오지 못하게 막는 한 가지 냄새 물질이 들어있었다.

우리는 지금 냄새를 맡고서 먹이를 찾는 식물들을 살펴보고 있다. 빙글빙글 돌며 불쌍한 토마토를 쫓아가는 싹의 영상을 보는 순간, 1951년에 나온 소설을 영화화한 〈트리피드의 날〉이 떠올랐다. 식물의 세계 정복을 다룬 영화다. 실제로 지금 우리는 식물에게도 행동 방식이라 말을 쓰고 있다. 그리고 확신컨

대 식물 왕국의 그런 적극적 활동에 대해 더 많은 사실을 알게 될 날이 머지않았다.

냄새로 식물 속이기

기후변화로 식량 수급이 큰 문제로 떠오르고 있다. 늘어나는 인구의 수요를 감당하려면 더욱 저항력이 뛰어나고 영양이 풍부한 농작물이 필요하다.

그렇다면 '식물의 소통'에 대한 지식이 원활한 식량 수급에 이바지할 수 있을까?

식물의 '엿듣기' 능력을 알게 되면서 새로운 연구 분야가 열렸다. 식물을 짝지어 심었더니 특정 종의 저항력이 높아지고, 수확량도 늘어난 것이다. 박하의 해충 방제 연구 역시 그런 지속성 연구의 하나다. 알다시피 박하는 공격에 대응할 필요가 없을 때에도 무척 향이 진하다. 그리고 도쿄대학교의 학자들은 콩은 근처에서 박하가 분비하는 휘발성 유기 화합물에 반응을 보이는 것을 입증했다. 박하 향이 콩의 방어력이나 대비력을 키워 해충 피해를 줄이는 것이다. 이들이 실험에 쓴 해충은 배추좀나방 *Plutella xylostella* 이었다.[11] 박하 향이 닿는 곳에서는 적군이 나타나지 않았는데도 콩이 전투태세를 갖추었다.

그렇다면 수확량을 높이려는 인간의 노력이 유용식물의 자연 방어 메커니즘을 파괴할 위험은 없는 걸까?

도미노 효과

가장 중요한 유용식물 중 하나인 옥수수*Zea Mays*로 잠깐 시선을 모아보자. 현재 옥수수는 전 세계 생산량에서 쌀과 밀을 앞질렀다. 동물의 먹이는 물론이고, 바이오 연료로도 널리 쓰이는 바람에 수많은 국가에서 가장 중요한 산업 유용식물로 자리 잡았다. 따라서 사람들은 저항력 높은 옥수수 생산을 위해 열심히 품종을 개량하였다. 그런 집중 개량 조치 덕에 당연히 수확량도 크게 늘었다.

하지만 그런 조치가 옥수수의 타고난 간접 방어 메커니즘, 즉 휘발성 유기 화합물 분비에 악영향을 미친 것은 아닐까?

간단치 않은 질문이기에 아직 신속하고 최종적인 해답은 찾지 못했다.

한편에서는 농식물의 개량이 식물, 해충, 그리고 해충의 천적 사이의 상호관계가 뒤바뀌는 상황이 늘고 있다. 실험 결과에서도 알 수 있듯 농식물의 개량은 해충에 대한 화학적 저항력을 떨어뜨릴 수 있다. 그래서 해충이 더 많은 식물을 갉아 먹고도 아무런 벌을 받지 않는다. 또 한편으로 개량은 식물의 저항성과 생산성, 영양을 높인다. 그런 이득이 손실을 앞지를까?

이런 주제를 연구할 때는 개량한 옥수수 교배종과 인간의 손을 덜 탄 원래 종을 자주 비교한다. 가령 양쪽 옥수수가 메뚜기의 공격을 받은 후 휘발성 물질을 얼마나 분비하는지를 추적하였다. 메뚜기는 옥수수 스턴트병corn stunt disease의 원인균인 스피로플라스마 쿤켈리*Spiroplasma kunkelii*를 퍼트린다. 그 연구 결과를 보면, 원래 종이 휘발성 물질을 더 많이 분비하여 매우 효과적으로 포식 기생자인 말벌을 유인하였다. 교배 종에게선 사라진 특징이었다.[12]

다른 연구에선 식물 소통에 관한 지식을 활용하여 기업적인 농업에서 사용하는 수확량 높은 옥수수 종에게 더욱 지속가능한 저항성을 선사할 방안을 고민하였다. 한 실험에서는[13] 옥수수에 시스-자스몬cis-Jasmon을 처리하였다. 알다시피 이 물질은 식물의 방어 메커니즘을 활성화하여 식물이 해충을 막을 방어 물질을 생산하게 한다. 이 실험의 주안점은 시스-자스몬이 치카둘리나 스토레이*Cicadulina storeyi*에 대항하여 옥수수의 방어 메카니즘을 발동시킬 수 있는지 살펴보는 것이었다. 치카둘리나 스토레이는 옥수수 줄무늬 바이러스MSV의 중요한 매개체다.

과연 곤충들은 시스-자스몬 처리를 한 식물을 좋아하지 않았다. 시스-자스몬 처리를 마친 식물이 미리 대비하여 더 빨리 휘발성 유기 화합물을 배출하였고, 매미의 천적을 보다 효율적으로 유인하였다. 앞으로 옥수수 개량에 적극적으로 활용할 수 있을 매우 흥미로운 결과라 하겠다.

상황에 따라서는 그런 지식의 효용이 지상에 국한되지 않는다. 여러 연구 결과에서도 밝혀졌듯 지하에서도 많은 일이 일어나기 때문이다. 나의 동료 조너선 거셴존이 참여한 한 연구 프로젝트는 처음으로 식물의 뿌리에서 나오는 휘발성 유기 화합물을 입증하였다.[14]

옥수수의 뿌리는 옥수수 근충*Diabrotica virgifera* 애벌레가 자신을 갉아먹으면 휘발성 화합물 – 더 정확히 말하면 (E)-β-카리오필렌caryophyllen – 을 분비한다. 이 곤충은 현재 유럽에서 널리 퍼져나가고 있는 해충이다. 현장 실험 결과, 이 냄새가 곤충병원성선충*Entomopathogenic nematode*, 즉 해충을 감염시키고 죽이는 연체성 익충인 회충을 끌어들이는 것으로 나타났다.

그런데 뜻밖에도 흥미로운 사실이 밝혀졌다. 대부분의 재배 옥수수 종, 특히 미국의 재배종은 이런 휘발성 유기 화합물의 생산 능력을 잃은 것이다.[15] 따라서 거셴존은 개량을 통해 다시 이 능력을 재배종에게 돌려준다면 더욱 저항력 있는 옥수수를 얻게 될 것이라고 말한다.

개량을 통해 수확량을 높이려면 그 식물의 다른 생물학적 특성도 고려해야 한다. 자연의 상황을 생각지 않고 실험실과 온실의 실험 결과만을 토대로 이론적인 수확량을 극대화할 경우 정작 밭에서는 큰 실패를 맛볼 것이고, 농부들의 저장고도 빈곤해질 것이다.

이 장은 식물이 변하는 환경과 다양한 네트워크에서 어떻게 냄새 물질 활용하여 생존력을 키웠는지, 아주 잠깐 들여다보았을 뿐이다. 식물의 자기방어 메커니즘을 알면 지속 가능한 농업과 생태계에 큰 도움을 줄 수 있다. 더욱 효과적인 식물 보존 조치를 개발하고, 보다 효율적이며 친생태적인 유용식물을 개발할 수 있을 테니 말이다. 14장에서 그 몇 가지 성공 사례를 소개할 것이다. 그중에는 개인적으로 정말 마음에 꼭 든 사례들도 있다. 하지만 그 전에 냄새를 이용해 남을 속이는 생물들을 먼저 살펴보기로 한다. 이 식물들이 어떻게 곤충을 속여 가루받이하는지, 그 재미난 현장으로 함께 가보자.

13
향기로 남을 속이는 사기꾼

어떤 감각은 우리를 특정 방식으로 행동하게 만든다. 가령 실수로 뜨거운 불판에 손을 댔다면 우리는 자동으로 얼른 손을 뗄 것이다. 그런 반응은 생각이 필요 없다. 그것을 반사라 부른다. 냄새 역시 비슷한 반응을 불러올 수 있다. 도저히 거역할 수 없어서 끌려가고야 마는 냄새가 있는가 하면, 너무 역해서 고개를 돌리지 않을 수 없는 것도 있다. 도무지 무시하거나 외면할 수가 없는 신호인 것이다.

인간의 경우엔 그런 현상이 – 있다 해도 – 드물다. 하지만 다른 생물 종, 특히 곤충의 경우엔 자주 발생하는 현상이다. 두뇌의 기존 전달 경로나 회로를 이용하는 경우가 많으므로 반응이 활성화되면 항상 예측 가능한 특정 행동 방식이 나타난다. 그런 전달 경로를 우리는 '생태 표지標識 전도 경로ecologically labeled line'라 부른다. 우리가 배가 고픈 상태에서 음식 냄새를 맡거나 집안에서 가스 냄새를 맡았을 때 보이는 반응이 바로 그런 신호 효과다. 두 상황 모두 특정한 행동 방식을 일으키지만, 인간의 반응은 그 경우에도 두뇌의 다른 처리 과정으로 인해 달라진다. 동물의 경우엔 그렇지 않을 때가 많다.

인간보다 인지력이 낮은 동물의 진화에서는 그런 '생태 표지 전도 경로'가 안전조치로 발전한 경우가 많다. 그러니까 무엇보다 생사가 걸렸거나 자원이 부족한 상황에서 그 경로가 적절한 행동을 취하게끔 도와주는 것이다. 앞서 파리와 나방을 살펴보면서 이미 그런 전도 경로의 가능성을 알아보았다. 그런 경로 덕분에 냄새 정보가 짝짓기와 먹이, 방어와 관련하여 타고난 행동 반응을 불러내는 것이다.

위험한 상황에서 반사적으로 올바른 행동을 불러내는 시스템은 이로운 점이 많다. 하지만 단점도 있다. 예측 가능한 반응을 다른 생물이 이용할 수 있기 때문이다. 특정한 냄새를 분비하여 상대를 자기가 원하는 행동으로 유도하는 것이다. 이 녀석들은 자기 목적에 따라 냄새를 바꿀 수 있다. 그러니까 특정 냄새를 조작의 도구로 이용하는 것이다.

냄새 사기의 개척자

그런 교활한 냄새 사기꾼 중에는 꽃도 포함된다. 사기 행각으로 날름 가루받이만 하고서 열심히 일한 곤충을 빈손으로 돌려보낸다. 18세기 말 독일 자연학자 크리스티안 콘라트 슈프렝겔Christian Konrad Sprengel은 18세기 말에 이미 난초의 속임수를 알아차렸다. 난초는 곤충을 유혹하여 가루받이를 하고는 아무런 보상도 하지 않는다.[1] 19세기에 찰스 다윈Charles Darwin이 그 뒤를 이어 공짜 가루받이 연구를 진행하였다.[2·3·4] 나도 일련의 그런 시스템을 연구한 적이 있다. 어찌나 수법이 교묘한지 나 역시 슈프렝겔이나 다윈 못지않게 놀랐다.

결국 모든 속임수는 곤충의 뇌에 있는 3개의 특정 후각 경로 중 하나를 이용하는 것으로 귀결된다. 이들은 먹이나 알 낳을 장소, – 당연히 그 중의 제일인 – 짝의 냄새가 풍길 때 끌리는 느낌을 불러일으킨다. 한 번 더 앞서 살펴본 신호 전달 물질의 정의를 활용해보면, 그런 냄새는 알로몬의 대표적인 사례다. 신호를 보내는 쪽에만 득이 되니 말이다.

속임수의 마스터

많은 난초 종이 이상적인 암컷의 냄새를 풍긴다. (생김새도 똑같다.) 우리가 그런 꽃들을 조사해보았더니 꽃의 향기가 안드레나*Andrena* 속 벌의 성페로몬을 똑같이 흉내 내었다. 벌이 생산하는 페로몬에는 여러 가지 성분이 들어 있다. 꽃은 정확한 비율로 똑같은 화합물을 복제한다.[5] 속임수는 그것으로 끝나지 않는다.

겉모습 역시 벌의 암컷을 닮도록 진화하였다. 그래서 전체적으로 유사성을 더 높였다. 어찌나 똑같은지 수컷 벌이 홀딱 넘어가서 꽃과 짝짓기를 하려고 용을 쓴다. 벌이 짝짓기 체위를 잡으려 애쓰는 사이 녀석의 몸에 꽃가루가 달라붙고, 결국 안 된다는 사실을 깨달은 수컷은 그 꽃가루를 다른 꽃에게 옮긴다.[6]

벌은 정말 똑똑한 곤충이다. 그러니 난초는 더 똑똑해야 한다. 특히 난초에게 가루받이를 해주는 벌 종의 암컷은 짝짓기를 딱 한 번만 하기에 더욱 그렇다. 수컷은 받아줄 마음이 없는 암컷에게 구애하느라 허비할 시간이 없다.

그럼 어떻게 실패를 피할까?

수컷은 각 암컷의 미미한 냄새 차이를 구분할 수 있도록 진화하였다. 그런 능력 덕분에 같은 암컷에게 두 번 구애하지 않는다. 난초의 모든 꽃이 같은 냄새를 풍기면 속임수가 두 번 통하지 않을 것이다. 수컷 벌이 사기꾼 꽃과 다시는 짝짓기를 안 할 것이고, 그러면 첫 번째 꽃의 꽃가루가 두 번째 꽃의 꽃가루로 이동하지 못할 것이다.

하지만 벌은 그렇게 한다. 이유가 무엇일까?

향기를 더 정확히 분석해보니 각 꽃의 향기도 암컷 벌들과 똑같이 조금씩 달랐다. 그래서 수컷 벌은 짝짓기를 안 한 새로운 암컷이라 생각하여 자꾸만 속아 넘어가고, 매번 착하게도 난초의 꽃가루를 전달해준다. 아무런 보상도 못 받고서 말이다. 그러니 벌은 아까운 시간과 에너지만 허비하게 된다.[7]

죽음의 냄새

난초는 식물 세계의 유일한 사기꾼이 아니다. 아룸*Arum* 속의 천남성*Araceae*은 다른 형태의 속임수를 개발하였다. 우리가 이 식물을 연구하게 된 것은 순전히 좋은 우연 덕분이었다.

1989년에 나는 곤충의 후각과 미각을 연구하는 학술회의의 조직에서 일하였다. 회의를 사르데냐섬에서 자주 개최하다 보니 회를 거듭하면서 재미난 전통이 생겼다. 회원들이 보트를 타고 해안의 작은 섬을 유람하며 해산물과 포도주를 즐겼고, 분위기가 달아오르면 육지까지 남은 200미터를 헤엄쳐서 건넜다.

한 번은 그러다가 작은 섬에 올랐는데 거기서 정말 희한하게 생긴 몇 송이 꽃을 만났다. 생김새도, 냄새도 희한했다. 붉은 고기 색을 띤 거대한 산부채처럼 생겼는데 냄새가 어찌나 역한지 썩은 사체가 생각날 지경이었다. 당연히 우리는 화학생태학자이자 냄새 연구가들답게 그 이상한 꽃향기의 원인을 추적하였다. 이름하여 – 그 꽃의 영어 이름인 – '죽은 말 아룸 Dead Horse Arum' 프로젝트가 시작된 것이다.

우리는 그 현장은 물론이고, 사르데냐의 여러 섬과 실험실로 옮긴 꽃에서 각기 꽃향기를 수집하여 그 화합물의 정체 확인에 나섰다. 그리고 그 냄새를 꽃 주변을 윙윙대던 파리의 더듬이와 접촉시켜 실제로 어떤 화합물 냄새를 맡았는지 확인하였다. 이어 썩어가는 돼지고기 냄새를 수집하여 분석했더니, 과연 죽은 말 아룸의 향기와 똑같은 화합물임을 알아냈다. 실제로 꽃이 썩어가는 동물 사체 냄새를 흉내 낸 것이다.[8]

이런 모방은 어떤 생태적 이유 때문이며, 인간의 코는 왜 그 냄새를 싫어할까?

큰 꽃 주변을 윙윙대던 곤충은 쉬파리다. 녀석의 암컷은 알을 낳기 위해 썩어가는 고기를 찾느라 혈안이다. 따라서 그런 냄새를 인지하여 그에 반응하는 신호 전달이 발달하였다. 썩는 고기 냄새는 녀석에게 엄청난 매력을 발산한다. 우리가 야외에서 그 냄새로 실험을 했더니, 과연 쉬파리 암컷은 그 악취를 엄청나게 좋아했다.

이 꽃의 꽃가루는 접근하기가 무척 힘들다. 파리는 함정처럼 생긴 씨방 안으로 들어가야 하는데, 씨방 바깥으로 털북숭이 꼬리 같은 것이 매달려 있다. 게다가 꽃은 첫 번째 날에만 냄새를 풍기고, 두 번째 날부터는 냄새를 분비하지 않는다. 우리는 이 사실을 이용하여 꽃의 기능을 점검하였다. 꽃에 동물 사체의 냄새를 뿌렸더니 예상대로 파리들이 날아와 꽃의 표면에 내려앉았다. 하지만 씨방 안으로 들어가지는 않았다. 뭔가가 부족했다. 파리를 씨방으로 유인할 다른 요인이 필요하다는 말이었다. 실제로 우리는 놀라운 사실을 발견하였다.

씨방 입구는 썩는 고기의 냄새만 풍기는 것이 아니었다. 생김새도 고기와 똑같았다. 씨방에 붙은 꼬리는 따듯해서 섭씨 37도였다. 악취와 함께 이 조건도 정확하게 모방하자 파리는 씨방으로 들어갔다. 꽃은 씨방에 들어온 파리를 잠시 꼭 붙들어 녀석의 몸에 꽃가루를 묻혔다. 씨방을 빠져나온 파리는 다른 꽃으로 날아가 자기도 모르는 사이 가루받이를 해주었다.[9]

이 식물의 진화는 썩은 고기를 모방하기 위해 생각할 수 있는 모든 수단을 총동원하였다. 꽃은 정확한 냄새를 풍기고, 생김새도 고기와 똑같아서 고기처럼 표면에 털이 붙어 있다. 또 기분 좋게 따듯하여 부패가 진행되는 동안 열을 생산하는 죽은 고기와 같은 느낌을 준다. 그러니까 암컷 파리가 찾는 모든 주요 자극을 모방하여 아무 대가도 주지 않고 가루받이를 한다. 제일 큰 피해자는 파리다. 벌이 아까운 시간과 에너지를 난초의 가루받이에 희생하듯 파리 역시 소중한 시간과 에너지는 물론이고, 심할 때는 알까지 갖다 바친다. 파리가 속임수에 완전히 걸려들면 꽃의 씨방에 알을 낳고, 당연히 그 알은 깨어나지 못한다.

이제 자연스럽게 이런 의문이 든다. 파리는 그런 식의 속임수에 걸려들지 않도록 진화할 수 없었을까? 왜 진짜와 가짜를 더 정확히 구분하는 감각을 키우지 못했을까?

그런 사기 시스템이 오랜 시간 유지되어 온 것은 아마도 여러 가지 요인 탓일 것이다. 첫째는 앞에서 이미 언급했다. 이 식물은 파리가 절대 거부할 수 없는 아주 중요한 신호를 모방한다. 둘째, 이 식물은 해마다 한정된 기간에 소수의 작은 지중해 섬에서만 꽃을 피운다. 그러므로 꽃은 짧은 시간, 작은 공간에서만 파리에게 진화 압력evolutionary pressure을 행사한다. 나머지 시기와 나머지 세상에선 파리는 원하는 대로 죽은 짐승을 만날 수 있다. 따라서 곤충에게 미치는 추가 진화의 압력이 그리 크지 않다는 말이다.

남는 장사

우리가 초파리를 유혹하는 포도주와 발사믹 식초의 가장 중요한 화합물을 확인할 때 도움을 준 생물은 동부 지중해권에서도 가장 건조한 지역에 사는 블랙 칼라*Arum palaestinum*다. 그 꽃 속을 들여다보면 항상 엄청나게 많은 초파리가 우글거린다. 초파리들이 무작정 거기 죽치고 있다. 그러면서 천남성을 좋아하는 쉬파리처럼 녀석들도 식물의 꽃가루를 전달해준다. 블랙 칼라는 포도주와 발사믹 식초에 들어있는 중요한 냄새 물질을 생산한다. 이런 식으로 맛난 먹이인 척 초파리를 유혹해서는 서비스만 받고 빈손으로 돌려보낸다.[10]

그런데 재미나게도 동일 종의 다른 개체군에서는 포도주 비슷한 냄새를 전혀 확인할 수 없었다. 꽃들이 포도주는커녕 말똥과 비슷한 냄새를 풍겼다. 어떤 파리가 이 꽃을 좋아하는지 살폈더니 여기서는 커다란 검정파리가 속아 넘어갔다. 그러니까 우리가 이제 막 시작된 종 형성의 한 경우를 목격한 것이었다. 꽃들이 다른 냄새를 풍기므로 교차 수분이 불가능하다. 초파리는 같은 냄새를 풍기는 꽃에게만 날아가므로 같은 냄새의 꽃끼리만 꽃가루를 전달한다. 그렇게 시간이 가면 블랙 칼라의 한 종이 두 종으로 갈라질 확률이 매우 높다.

먹이를 미끼로 속임수를 쓰는 또 하나의 식물은 닭의난초*Epipactis* 속의 난초다. 이 꽃은 꽃등에를 전문적으로 유혹한다.

꽃등에의 애벌레는 식물의 진딧물을 먹고 산다. 꽃등에 암컷은 진딧물을 찾기 위해 진딧물의 페로몬 냄새에 예민한 감각을 키웠다. 그리고 진딧물이 있는 곳에는 어디나 녀석들의 페로몬 냄새가 나기 마련이다. 난초는 이 페로몬과 똑같은 향기를 내뿜는다. 더구나 꽃 내부에는 진딧물과 똑같이 생긴 작은 붉은 종기가 있다. 그러니 꽃등에 암컷이 속아 넘어가지 않고 배길 재간이 없다. 꽃등에는 그 냄새를 도저히 거역하지 못하고 유혹당해 날아 온다.[11]

이 모든 사례에는 한 가지 공통점이 있다. 모두가 적극적 진화의 증거다. 꽃들이 매우 특정한 감각적 자극 – 특히 후각 – 에 반응하는 곤충의 타고난 행동을 이용할 줄 안다는 사실을 입증하는 것이다. 식물은 곤충의 짝짓기 행동, 먹이 찾기, 알 낳을 장소 찾기를 노린다. 그 셋 모두가 생존과 번식의 중요한 조건이기에, 곤충의 처지에서는 식물의 가짜 향기를 도저히 외면할 수가 없는 것이다.

동물계의 난초

육식동물도 매력적인 향기를 이용해 먹이를 잡는다. 볼라스거미는 그런 속임수의 달인이다. 볼라스거미는 수컷 나방이 암컷의 냄새를 맡으면 완전히 짝짓기에 꽂힌다는 점을 이용한다. 그래서 특수한 사냥법을 개발했다. 녀석은 다른 거미와 달리 거미줄을 치지 않고 거미줄로 끈적이는 공을 만든다. 그리고 그 공에 나방의 페로몬을 바른 다음, 긴 줄에 매달아 늘어뜨리고는 나뭇가지에 앉아서 끈기 있게 기다린다.

냄새에 속은 수컷 나방이 다가오면 녀석은 공을 흔들어 나방을 맞춘다. 나방이 달라붙으면 줄을 끌어당겨 먹어치운다. 심지어 동일 종의 거미가 공에 바르는 페로몬의 화학적 구성을 바꿀 수 있다는 증거도 있다. 이런 식으로 자기 주변에 사는 여러 나방 종의 페로몬을 정확히 맞춤 흉내 내는 것이다. 그러니 이 경우는 엄밀히 말해 페로몬이 알로몬으로 바뀐 사례다. 분비하는 쪽에 유리한 일종의 종 간 전달 물질이니 말이다.[12]

속임수의 최강자, 미생물

미생물과 단세포 동물은 음흉한 냄새 전략을 능수능란하게 써먹는 고도의 냄새 전문가다. 특히 숙주를 조종하여 분비하는 냄새 물질을 바꾸어 숙주가 자기 종이나 다른 종에게 다소 매력적이게끔 만든다. 곤충의 후각 생태학을 연구할 때면 나는 늘 곤충의 입장이 되어 곤충처럼 생각하려 애쓴다. 후각에 바탕을 둔 새로운 메커니즘을 발견하고 싶을 때는 그 방법이 최고다.

한 번은 병에 옮지 않으려면 아픈 친구를 멀리해야 한다는 생각을 하고 있었다. 옆자리에 있는 사람이 콧물을 흘리거나 기침을 하면 우리는 얼른 엉덩이를 옆으로 밀어 바이러스를 최대한 피하려 한다. 우리 생각대로라면 초파리도 그럴 것이다. 나는 의문을 풀기 위해 초파리에게 병원균을 주사하고 무슨 일이 일어나는지 관찰하였다. 결과는 예상과 정반대였다.

건강한 초파리들이 아픈 친구와 친구의 배설물을 매우 좋아했다. 특히 아픈 친구의 배설물 부스러기를 뿌린 먹이를 좋아했다. 암컷은 아픈 파리가 앉았던 자리에 알을 낳았다. 당연히 건강한 파리들이 감염되어 죽었다. 아픈 파리가 앉았던 자리에서 깨어난 애벌레도 마찬가지였다. 너무나도 놀라운 결과였다.

그렇다면 왜 녀석들은 제 발로 치명적인 병원균에게로 달려가는 것일까?

후각 학자답게 우리는 건강한 파리와 아픈 파리의 냄새 물질을 찾아냈다. 건강한 파리의 냄새에는 고도로 매력적인 성페로몬의 양이 적었다. 아픈 파리의 냄새를 분석했더니 같은 페로몬의 농도가 20~30배나 더 높았다. 당연히 어느 모로 보나 훨씬 더 매력적이었다. 우리는 그곳에 실제로 미생물이 우글거리는지 검사하였다. 대답은 예스였다. 파리는 감염된 친구에게 강하게 끌렸고, 그로 인해 자신도 감염되었다. 그러니까 미생물이 파리의 페로몬 생산 시스템을 '장악'하여 생산을 부추김으로써 자신의 번식에 유리한 조건을 조성한 것이다.[13]

다른 학자들도 비슷한 경우를 조사하였다. 모기를 유혹하는 사람의 냄새를 연구한 것이다. 그들은 인체의 여러 부위에서 냄새 물질을 채취하여 암컷 모기가 피를 찾을 때 활용하는 매우 특정한 화합물을 입증해내었다. 그 화합물의 주요 성분이 이산화탄소다. 그런데 건강한 사람과 말라리아 환자를 비교했더니 모기가 건강한 사람보다 환자를 훨씬 더 좋아했다. 아마도 말라리아 원충이 번식을 위해 초파리 병원균과 비슷한 전략을 구사하는 것으로 보인다. 상세한 내용은 9장에서 이미 설명하였다.

냄새로 갈리는 생과 사

인간도 다른 생물 종에 미치는 냄새의 매력을 이용한다. 14장에서 그런 냄새 신호의 활용을 알아볼 것이며, 특히 곤충의 페로몬을 농산물 보호를 위해 다양하게 활용하는 방법을 설명할 것이다. 나아가 매력적인 냄새를 직접 활용하는 방법도 설명할 것이다.

스웨덴의 숲에서 멧돼지를 사냥할 때는 나도 녀석들을 꾀기 위해 자주 미끼를 놓는다. 옥수수와 사탕수수는 멧돼지가 정말 좋아하는 먹이다. 그런데 미끼 근방에 있는 돌이나 나무에 너도밤나무 타르를 바르면 효과가 배로 좋다. 멧돼지는 수지의 탄내를 절대 그냥 지나칠 수 없으므로 득달같이 달려와 온몸에 타르를 묻히려 애를 쓰고 돌이나 나무에 마구 몸을 비빈다.

왜 그럴까?

아직은 추측만 가능하지만, 다른 냄새로 위장하는 동물이 많다는 사실과 관련이 있을 듯하다. 또 다른 이유는 강한 냄새가 기생충과 모기를 막아주기 때문일 것이다. 어쨌든 풍성한 우리 식탁은 다 너도밤나무 타르의 매력 덕이다.

상어를 낚을 때도 비슷한 전략을 사용한다. 보트 주변 물에 피를 살짝 뿌리면 멀리서 그 냄새를 맡고서 상어가 미끼를 끼워둔 낚싯바늘 근처로 다가온다.

이 모든 사례는 두뇌에 단단히 깔린 강력한 냄새 신호 경로를 다른 생명체가 이용할 수 있다는 사실을 입증한다. 곤충을 속여 가루받이하는 꽃도, 먹이를 유혹해 죽이는 볼라스거미와 나도 다 냄새를 적극적으로 활용한다. 이 말은 후각 정보가 수많은 생명체에게 엄청나게 중요하다는 의미다. 냄새에 대한 순간적 반응이 때로는 생사를 좌우하고, 유전자 보급을 결정하며, 나아가 멍청이가 되느냐 아니냐를 결정하니 말이다.

14
인간의 후각 사용기

우리는 냄새와 후각을 여러모로 활용하여 타인에 대한 정보를 확보하고 그들의 행동에 영향을 미친다. 정보 수집의 통로는 인간의 코와 동물의 코, 그리고 냄새를 맡는 기계다. 우리는 주변 사람들의 행동은 물론이고, 동물, 어쩌면 식물의 행동에까지 영향을 미친다. 그러니 그 모든 가능성을 파악할 필요가 있다. 어쩌면 우리가 모두 매일 그런 가능성을 만나고 있을지도 모르니 말이다.

쉴 새 없이 일하는 인간의 후각

제일 먼저 떠오르는 정보 수집의 통로는 코다. 콧속에는 세상에서 가장 뛰어난 분석 도구가 들어 있다. 최근에도 나는 그 사실을 실감한 적이 있다. 프랑스 포도주를 좋아하는 한 지인이 똑같이 생긴 예쁜 포도주 두 병을 들고 우리 집에 왔다. 멧돼지 고기로 차린 저녁상을 같이 먹자고 내가 불렀다. 그녀가 첫 번째 병을 따서 내 잔에 따랐다.

잔을 입에 대는 순간 이걸 마시면 안 되겠다는 생각이 들었다. 도저히 부인할 수 없는 불쾌한 지오스민(탄소·수소·산소로 만들어져 흙냄새를 내는 원인이 되는 천연 물질 – 옮긴이). 냄새가 훅 끼쳤고, 나는 나도 모르게 잔을 입에서 떼었다. 내가 무슨 말을 하는지 알고 싶다면 물에 젖은 강아지를 떠올리면 된다. 다행히 다른 병은 완벽한 품질을 자랑했고, 덕분에 우리는 맛난 저녁을 먹을 수 있었다.

이렇듯 우리는 먹고 마시는 모든 것과 삶이 데려온 모든 환경을 쉬지 않고 분석한다. 가스, 연기, 곰팡이, 부패물 같은 경고의 냄새를 우리가 얼마나 정확히 인지하는지만 생각해봐도 잘 알 것이다. 향긋한 봄나물, 오래된 위스키, 엄마가 구운 쿠키처럼 인생이 선사한 아름다운 냄새들도 마찬가지다. 인간의 그런 능력에 대해서는 2장에서 이미 자세히 설명하였다. 이 장에서는 우리가 항상 달고 다니는 최고의 후각 장치에 중점을 두기로 한다. 더불어 타인이 우리의 예민한 후각을 어떻게 조작하는지도 자세히 알아볼 것이다.

후각을 이용하는 인간

일상의 후각 인지를 넘어 '슈퍼 코'로 등극한 사람들이 적지 않다. 그런 능력은 보통 타고난 후각보다는 훈련의 덕이다. 슈퍼 코는 생필품과 음료 기업의 제품 개발에도 중요하지만, 향수, 데오도란트, 디자인 향기 같은 성공 업계에서도 필수적이다. 다 알다시피 자동차 제조사는 신차에 그것만의 독특한 향기를 입히기 위해 자사 실험실에서 부품과 재료를 열심히 테스트한다.

이 업계 모두가 냄새 전문가를 자체적으로 고용하거나 전문 기업에 의뢰한다. 그럼 전문 교육을 받은 인력이 개발 중인 제품의 새로운 맛과 향기를 점검하고 결정한다. 따라서 좋아하는 케첩 병을 따거나 새 차의 문을 열며 신세계를 경험할 때마다 먼저 그들에게 감사해도 좋을 것이다.

후각 인지의 또 다른 측면은 질병의 냄새다. 뒤에서 동물과 기계의 활용을 설명하면서 더 이야기할 테지만, 아마 질병의 냄새를 제일 먼저 맡은 주인공은 사람이었을 것이다. 간호사들이 당뇨병 의심 환자의 오줌을 킁킁대며 특유의 냄새를 찾았다. 최근에는 한 여성이 냄새만 맡고서 파킨슨병 환자를 증상 발현이나 진단 전에도 알아낼 수 있다고 주장하였다. 영국 맨체스터대학교의 학자들은 전직 간호사들과 협력하여 조기 진단법을 찾아 나섰다. 질병 특유의 냄새와 휘발성 생물학적 마커를 찾기만 해도 조기 진단법은 한 걸음 크게 진전할 수 있을 것이다.[1]

동물과 곤충의 냄새를 이용하는 인간

인간은 수천 년 전부터 인간의 후각이 미치지 못하는 곳에서 동물의 도움을 받았다. 특히 예민한 코가 필요한 경우에 그랬다. 인간보다 뛰어난 후각을 자랑하는 동물은 참으로 많으니까 말이다. 대표적인 사례가 (3장에서 보았던) 사냥개다. 개의 뛰어난 코를 이용해 사냥감이 남긴 냄새를 추적한다.

실제로 많은 종의 개가 열정적인 사냥꾼이어서 몇 시간이고 사슴, 여우, 오소리 등을 추적한다. 11살이나 먹은 우리 집 닥스훈트도 어느 날 집 주변 늪지에서 무려 4시간이나 냄새를 맡고 다녔다. 결국 아내가 꼬리를 잡아 오소리 굴에서 끌어냈다. 이렇듯 개는 뛰어난 후각을 타고나지만, 오랜 세월 인간이 자기 목적을 위해 개량을 한 덕에 더욱 발달하였다.

목표물을 냄새로 찾는 이런 개의 능력은 다른 목적에도 활용된다. 대표적인 사례가 경찰견이다. 과거에는 주로 도주범이나 탈옥범 추격에 투입했지만, 지금은 마약, 돈, 시신 등을 탐지하며, 물 밑에 있어도 거뜬하게 찾아낸다. 군에서도 지뢰 탐지에 적극 활용한다.

공공 의료 기관에서도 개들의 활약은 대단하다. 개는 암을 초기 단계에 발견할 수 있고, 심지어 질병을 구분할 수도 있다. 최근에는 훈련받은 골든 리트리버들이 칠레에 입국하는 여행객 중에서 코로나19 환자를 골라내는 장면이 전파를 탔다. 영국에서도 런던위생열대의학대학원London School of Hygiene and Tropical Medicine의 학자들이 비영리단체인 의료탐지견Medical Detection Dogs 및 더럼대학교와 협력하여 공공장소에서 개를 활용해 코로나19 환자를 찾아내는 방안을 시험하였다. 개는 훈련만 시키면 아무리 미미한 냄새도 찾아낼 수 있다.

역시나 냄새를 잘 맡는 쥐도 종종 이용한다. 가령 아프리카 도깨비쥐(큰 도깨비쥐)는 개를 대신해서 지뢰를 탐지한다. 이 방법은 문제가 없지 않다. 쥐는 훈련 기간이 개만큼 길지만, 수명은 훨씬 짧기 때문이다. 그래도 짧은 생애 동안 많은 일을 해낼 수 있다는 사실을 유명한 쥐 한 마리가 당당히 입증하였다.

2020년 영국 수의사들의 자선 재단PDSA, People's Dispensary for Sick Animals은 용감한 동물에게 주는 금메달을 (평소와 달리 개가 아니라) 최초로 쥐에게 수여하였다. 이름이 마가와인 이 잠비아 아프리카 도깨비쥐는 '생명을 구하겠다는 의무감으로 캄보디아에서 지뢰를 수색하고 제거한' 공으로 금메달을 받았다. 지금껏 마가와는 141,000평방미터에서 지뢰 39개와 폭발하지 않은 탄약 28개를 찾아 제거할 수 있게 했다.[2] 쥐치고는 나쁘지 않은 성적이다.

그렇다면 곤충도 훈련을 시키면 냄새를 맡을 수 있을까?

개와 쥐처럼 곤충도 훈련만 잘 시키면 모든 냄새를 맡을 수 있다. 곤충에게 주로 맡기는 임무는 TNT나 사이클로헥사논 같은 폭발물이다. 미국 국방성 산하 연구소인 방위고등연구계획국DARPA은 곤충 훈련법 개발에 많은 돈을 투자하고 있다. 곤충이 지뢰를 찾으면 그 위에 내려앉아 위치를 알려준다.[3·4]

심지어 한 기업 역시 곤충을 이용해 공항의 여행객과 수화물을 검사하는 시스템을 개발 · 판매하려 하였다. 상자에 벌을 넣어 훈련을 시키면 특정 냄새를 맡았을 때 벌들이 주둥이를 쭉 내민다. 이때 벌에게 설탕물 같은 보상을 주고, 이런 과정을 몇 차례 반복하여 조건화하면 벌은 냄새를 맡을 때마다 보상을 기대하며 주둥이를 내민다. 가령 TNT 냄새를 인지하도록 훈련을 시키면, 그 냄새를 맡자마자 바로 주둥이를 내밀고, 그럼 주둥이가 작은 레이저 광선에 닿아 알람이 울린다.

그런데 안타깝게도 벌은 수명이 길지 않아 훈련을 계속 반복해야 한다. 내가 아는 한 이 사업 아이디어는 큰 성공을 거두지 못했다.

냄새 맡는 기계

동물은 냄새를 잘 맡기 때문에 온갖 임무에 투입할 수 있다. 하지만 앞서도 말했듯 훈련을 시켜야 하고, 수명이 길지 않다. 그러니 냄새를 맡을 수 있는 기계가 있다면 굳이 훈련하지 않아도 오래오래, 하루종일 일할 수 있을 것이다.

이미 그런 기계장치를 사용하는 곳이 있다. 다시 한번 공항으로 돌아가 보자. 요즘엔 필요하면 여행객이나 수화물을 거대한 '코'에 집어넣는다. TNT 냄새나 다른 특정 분자를 감지하는 장치다. 이 기계는 현재 시장에서 제공하는 온갖 다양한 제품 중 한 가지 사례에 불과하다.

기본적으로 전자 코는 하드웨어와 소프트웨어로 구성된다.

하드웨어에는 탐지기가 있고, 그 센서는 탐지할 냄새에 맞추어 달라진다. 하드웨어는 금속산화물, 전도성 중합체, 수정 등 다양한 물질로 만들 수 있다. 그리고 냄새의 화학적 특징에 따라 그 특성을 달리한다. 이것이 시스템의 후각 수용기이다. 이것의 아웃풋이 '두뇌', 즉 컴퓨터로 들어가면 그 안에서 다양한 소프트웨어 요소들이 인풋에 의미를 부여하고, 탐지기에 닿은 냄새의 정체를 확인한다. 그런 장치가 날로 발전하고 있는 요즘에는 기계 학습을 그 과정에 이용하기도 한다.[5·6·7·8]

전자 코의 시장은 매우 넓다. 식품과 음료 기업은 이미 품질 관리에 기계를 활용한다. 농업과 임업에서는 품질 관리를 넘어, 해충과 살충제 검사에도 기계를 투입한다. 의료계에선 암, 감염병, 결핵 같은 질병을 진단할 때 기계의 도움을 받는다. 밀폐된 공간과 야외의 환경 감시에도 기계를 사용하고, 앞서 말했듯 현대 보안 시스템에서도 전자 코는 빼놓을 수 없는 필수품이다.

하지만 인공 코는 문제가 많다. 특히 예민도가 자연 시스템에 한참 못 미친다. 더구나 화학적으로는 유사하지만 의미는 다른 수많은 분자를 감지하지 못한다. 자연 코는 엄청난 숫자의 수용기 덕분에 그런 분자도 감지할 수가 있다.

기계에 그 정도 숫자의 인공 수용기를 달아 인풋을 이해하게 만들기란 불가능에 가깝다. 센서 자체의 여러 기술적 측면도 심각한 문제를 일으킨다. 하지만 다른 분야가 그러하듯 이 분야 역시 빠른 속도로 발전하고 있어서 해마다 더 똑똑한 새 인공 코들이 등장하고 있다.

냄새에 홀린 사람들

세계 최대 업계 중 하나인 향수업계의 목표는 단 하나다. 인간이 인간의 냄새를 풍기면 안 된다. 중세부터도 인간의 체취는 원시적인 냄새 취급을 받았다. 돈이 좀 있다는 사람들은 누구나 다른 냄새를 사들였고, 덕분에 프랑스에선 향수 길드가 크게 성장하였다. 이들 전문가가 앞다투어 더욱 자극적인 새로운 냄새 개발에 박차를 가했고, 향수업계의 제품 개발 경쟁은 지금까지도 현재 진행형이다. 가까운 공항의 면세점이나 동네 백화점만 들어가 봐도 알 수 있다. 몸에 뿌릴 수 있는 향수가 끝없이 진열되어 있다. 일단, 이 향기들은 사람하고는 전혀 상관이 없다. 꽃과 과일을 주성분으로 삼는 향이 가장 인기가 높다. 물론 가끔이기는 하지만, 또 인기도 훨씬 낮지만 사람 냄새도 끼어 있다. 그런데 그 출처가 깜짝 놀랄만해서, 분비물과 오줌 냄새도 섞여 있다.

2018년 향수 기업의 총 매출은 300억 달러를 넘어섰다. 그리고 자료에 따라 차이는 있지만 2025년의 예상 매출액은 500억~900억 달러에 이른다. 그 수치만 보아도 우리가 진짜 냄새를 숨기기 위해 어느 정도까지 노력하는지 짐작할 수 있다.

그렇다면 상대 성별이 도저히 거역할 수 없는 향을 만들 수 있을까?

2장에서 설명했듯 인간 페로몬의 존재는 지금까지도 논란이 많다. 따라서 대답은 '아니오'다. 아닐 가능성이 매우 크다. 그런데도 시장은 붐이다. 인터넷에 들어가서 '페로몬'과 '향수'를 치면 동네 술집에서 인기 만점이 되게 해준다는 제품들이 주르륵 뜰 것이다.

또 다른 형태의 행동 조작은 우리를 특정 상품의 자발적 소비자로 만든다. 새로울 것이 없는 판촉법이다. 제과점은 오래전부터 길을 향해 냄새를 뿜는다. 길 가던 행인들은 고소한 빵 냄새에 이끌려 가게로 들어가게 되고, 돈을 내고 빵을 산다.

요즘엔 수법이 더 교묘해졌다. 상품을 파는 곳에는 '진짜 물질'이 전혀 없다. 몇 년 전 일본에서 일한 적이 있었다. 몇 주 동안 맛난 초밥만 흡입했더니 냉동 피자 생각이 났다. 어떤 피자를 살까 고민하는 찰나 갑자기 방금 구운 피자 특유의 냄새가 코를 찔렀다. 마트 측에서 냉동 피자 냉동고 바로 위에 관을 설치해 인공 피자 향을 흘려보내고 있었다. 전략은 통했다. 그런 식으로 온갖 식품과 음료의 냄새를 합성하여 소비자의 지갑을 열게 만들 수 있다.

또 냄새는 특정한 분위기를 조성하거나 긍정적인 분위기를 만들 수 있다. 여행사 대기실에 코코넛 향을 뿌리면 이국적인 섬 여행 상품의 매출이 오른다. 풀이나 나무의 '초록' 향은 사무실의 작업 능률을 높인다. 이런 형태의 냄새 조작과 향기디자인은 연 매출 수백만을 자랑하는 주요 업계로 성장하였다.

누가 누가 잘 속나

우리는 매일 냄새를 이용해 동물을 사로잡거나 그들의 행동을 바꾼다. 어제만 해도 나는 (13장에서도 설명했듯) 멧돼지를 유인하려고 큰 돌에다 너도밤나무 타르를 바르고 왔다. 거기에다 맛난 옥수수 속대까지 곁들였으니 아무리 조심성 많은 멧돼지라도 안 오고는 못 배길 것이다.

하지만 뭐니 뭐니 해도 곤충만큼 냄새에 잘 현혹당하는 동물은 없다. 가장 쉬운 미끼는 마트에서 파는 개미 · 나방 · 파리 · 바퀴 덫이다. 이 제품들은 어떤 냄새가 각 곤충에게 매력적인지를 입증한 실험 결과를 이용한다. 대부분 합성 식품 향이나 합성 페로몬을 미끼로 쓴다. 규모를 더 키우면 야외에서도 곤충을 잡을 수 있다. 이때 미끼는 보통 성페로몬이나 소집페로몬이다.

9장에서 보았듯 곤충과 관련하여 인류가 극복해야 할 가장 큰 과제는 이것들이 전파하는 질병이다. 특히 열대와 아열대 모기가 전파하는 말라리아, 뎅기열, 지카 바이러스 같은 질병의 피해가 크다. 인간의 냄새를 이용하는 퇴치 방법은 이미 사용되고 있다. 가령 침대 위에 살충제를 바른 모기장을 친다. 모기가 사람 냄새를 맡고 모기장에 내려앉으면 치명적인 살충제에 닿아 죽는다. 아주 간단한 방법이지만, 효과는 아주 그만이다.[9]

처마관eave tube도 비슷한 방법이다. 아프리카에선 모기가 처마 밑 뚫린 구멍을 통해 집안으로 들어온다. 이를 역이용해 집안의 모든 구멍이나 창, 문 등을 모기장으로 막고, 처마 밑 구멍에 관을 설치한 뒤 살충제로 처리한 망을 친다. 모기가 사람 냄새에 혹해 날아오다가 역시나 관 속 망에 닿아 죽고 만다.[10]

우리 동료 리카르트 이그넬의 연구팀은 마을의 말라리아모기 개체 수를 줄이기 위해 대규모 실험을 시행하였다. 이들은 모기가 암소 오줌에 든 질소에 혹한다는 사실을 알아냈다. 그래서 그 오줌 냄새를 이용해 모기를 죽이는 덫을 만들었다. 그 결과 모기 숫자는 물론이고, 말라리아 발병률도 크게 낮출 수 있었다.[11]

가격은 조금 비싸지만, 더 많은 수의 모기를 잡을 수 있는 제품들도 시중에 많이 나와 있다. 가장 유명한 것이 매력적인 청소기처럼 작동하는 모기자석(모스키토 마그넷)이다. 전형적인 포유류의 냄새인 이산화탄소와 1-옥텐-3-올을 섞어 모기를 유혹한 후 용기에 빨아들여 붙잡아 두는 제품으로, 실제로 성능이 매우 뛰어나다.

그러나 대량 포획으로는 제한된 효과밖에 거두지 못한다. 일단 확산세가 시작되면 인간의 포획 노력으로는 도저히 따라잡을 수 없을 정도로 숫자가 늘어나기 때문이다. 대표적인 사례가 나무좀이다.[12] (10장 참조) 1970년대 스웨덴에서는 몇 차례 나무좀이 대규모로 발생하자 대량 포획 프로그램을 시험하였다. 하지만 수백 · 수천 마리를 잡아도 숲은 큰 피해를 피할 수 없었다. 그해에는 나도 우리 숲에다 덫을 설치했지만, 아무리 생각해도 그냥 숲 주인의 마음을 달래려는 방책에 불과했다. 그래야 뭐든 조치를 했다는 기분이 들 테니 말이다.

농업과 원예에선 훨씬 더 발달한 방법으로 큰 성공을 거두었다. 그중 한 가지 간단한 방법이, 미끼 물질을 이용해 해충이 언제 근처로 오는지를 파악하는 것이다. 그럼 곤충이 몰려오는 그 몇 주 동안에만 살충제를 집중적으로 뿌리면 된다.

조금 더 우아하게, 나방의 짝짓기를 방해하는 방법도 있다. (7장 참조) 포도밭이나 사과 과수원 등지에 미량의 순수 페로몬을 뿌린다. 그럼 지역 전체가 수컷을 부르는 암컷의 냄새를 풍긴다. 시간이 좀 지나면 수컷은 포기하고 짝짓기를 하지 않는다. 진짜 여성과 도저히 구분할 수 없는 이상적인 (인공) 복제본 여성이 우글거리는 도시를 상상하면 될 것이다. 그런 곳에선 진짜 여성이 몇 명 있다 해도 아무 소용이 없다.

남성의 처지에서 보면 암컷을 찾다가 금방 지쳐버리는 수컷이 충분히 이해된다. 그런 식의 짝짓기 방해 전략은 농부들의 소득 증대에 이바지하는 유기농업에서도 사용 가능하다는 장점이 있다. 페로몬을 이용한 경영법을 언급하자니 5장에서 살펴본 바다 칠성장어를 빼놓을 수가 없다. 이 물고기의 페로몬은 이미 확인되었고, 그것을 이용해 암컷을 유인하는 실험이 진행 중이다.

푸시-풀 전략

그보다 더 매력적인 (그러나 훨씬 노동집약적인) 방법을 개발한 주인공은 케냐 나이로비의 국제 곤충 생리학 및 생태학 센터International Centre of Insect Physiology and Ecology, ICIPE이다. 나도 1990년대 초에 그곳에서 일했고, 임원 자리에도 올랐다. 체야우르 칸Zeyaur Kahn과 존 피켓John Pickett이 개발한 이 방법은 오직 자연의 냄새만 이용했다. 하지만 너무 성급한 결론이므로 처음부터 차근차근 살펴보기로 하자.

옥수수는 오늘날 아프리카 대부분 지역에서 가장 중요한 식량이다. 하지만 옥수수의 고향은 남미다. 옥수수가 아프리카로 수입되자 몇몇 아프리카 토종 곤충들이 옥수수를 새로운 먹이로 삼았다. 특히 줄기좀벌레stem borer가 그렇다. 이름만 봐도 알 수 있듯 녀석의 애벌레는 옥수수 줄기 속을 파먹고 들어가서 줄기를 부러뜨린다. 당연히 아프리카 동부 전역에서 소규모 자작농들에게 큰 피해를 줄 수 있다.

그래서 케냐와 영국의 우리 동료들이 기가 막힌 아이디어를 떠올렸다. 줄기좀벌레가 애당초 옥수수보다 좋아했던 토종 식물이 있을 것이고, 또 녀석들이 끔찍하게 싫어하는 냄새를 풍기는 식물도 있을 수 있다. 학자들은 나방 생태학을 활용하여 몇 종의 후보를 확인하였고, 곧바로 시험에 돌입했다.[13] 학문의 세계에서 흔히 그렇듯 몇 번의 실패를 경험한 끝에 이들은 전도유망한 두 종을 찾아냈다. 옥수수가 아프리카로 오기 전에 줄기좀벌레의 숙주였던 토종 풀과 무슨 이유인지 녀석이 싫어하는 냄새를 풍기는 한 종의 콩이었다.

많은 실험을 거친 후 이들은 옥수수밭 주변으로 그 풀의 씨를 뿌렸다. 또 옥수수 이랑 사이사이에는 콩을 심었다. 그랬더니 효과가 참으로 기가 막혔다. 줄기좀벌레는 향긋한 풀 냄새에 혹해 옥수수밭을 떠났고, 풀에 알을 낳았다. 동시에 끔찍한 냄새를 풍기는 콩을 피해 다녔다. 이 밀고 당기기 방법(스와힐리어로는 수쿠마-부타, 영어로는 푸시-풀이라 부른다.)은 기대 이상의 큰 성과를 낳았다.

수확량이 몇 배로 늘어났는데, 벌레의 공격이 줄기도 했지만 콩의 질소 고정 작용 때문이기도 했다. 동시에 콩은 스트리가*Striga*라 부르는 기생 식물 씨앗의 발아를 방해하였다. 그뿐이 아니었다. 옥수수밭 둘레의 풀을 베어 소를 먹였더니 우유 생산량이 두 배로 늘어났다. 그야말로 윈-윈이었다. www.push-pull.net에 들어가 보면 보다 자세한 정보를 얻을 수 있다.

마지막으로 한 마디 더 곁들이자면, 운이 좋은 학자는 학문이 실제로 사람들의 삶을 윤택하게 만드는 순간을 몸소 겪을 수 있다. 나도 그런 순간이 있었다. 빅토리아호에서 멀지 않은 한 마을에 갔다가 나보다 어려 보이는 한 남성과 이야기를 나누게 되었다. 그는 수쿠마-부타 덕분에 가족이 굶주리지 않게 되었고, 남은 곡식을 팔아 손주들을 학교에 보낼 수 있게 되었다고 했다. 또 (아직 그 방법을 실천하지 않은) 이웃에게 약간의 옥수수를 나누어줄 수도 있었다고 했다.

그렇지만 푸시-풀 같은 프로젝트는 장기간의 과학적 전망이 있어야 하고, 또 화학에서 사회학에 이르기까지 여러 학문 분야의 협력이 필요한 일이다.

효과 만점 푸시-풀

푸시-풀 전략은 체체파리 퇴치 작전에도 사용된다. 이 곤충은 사람은 물론이고, 가축에게 수면병을 옮기기 때문에 중앙아프리카 넓은 지역에서 큰 골칫거리다. ICIPE의 우리 동료들이 사바나에 오래전부터 전해 내려오는 정보를 이용하여 퇴치 방법을 개발하였다. 그곳에선 모두가 물영양water buck 냄새를 싫어한다. 그래서 육식동물은 물영양을 사냥하지 않고, 체체파리 역시 이 동물은 물지 않는다. 학자들은 물영양 냄새를 수집하여 체체파리가 정말로 싫어하는 5가지 성분의 혼합물을 추출하였다.[14]

그 냄새 혼합물을 통에 담아 소의 목에 걸었더니 소의 수면병인 나가나병의 감염률이 크게 줄었다. 그와 함께 학자들은 체체파리가 좋아하는 냄새를 합성하였다. 물소buffalo 냄새와 물소 오줌 냄새다. 그 냄새로 특수 덫을 만들어 체체파리를 살충제로 유인하였다. 그러자 체체파리는 소와 마을 사람들을 외면하고 덫을 향해 달려갔다. 역시나 효과 만점인 푸시-풀 전략이었다.

그런 실험 결과로도 알 수 있듯, 상황에 따라서는 곤충이 싫어하는 물질도 곤충의 행동을 바꾸는 매우 효과적인 방법으로 쓰인다. 다들 피부에 모기 기피제를 뿌리거나, 팔다리에 레몬을 문지르거나, 강아지 털에 코코넛 오일를 발라본 적이 있을 것이다. 이 모든 방법은 귀찮은 곤충을 떼어내려는 목적이다. 우리가 많이 쓰는 곤충 기피제에는 DEET(디에틸톨루아미드)가 들어있다. 1940년대에 정글 전쟁에 투입된 군인들을 보호하기 위해 미군에서 개발한 순수 인공 작용물질이다.

당시 연구원들은 수천 가지 물질을 시험하였다. 군인들을 맨다리로 모기가 우글거리는 늪으로 들여보내 어떤 물질의 효과가 뛰어난지 관찰하였다. 그 결과 무독성 DEET가 강력 효과가 있다는 사실을 밝혀냈지만 최근까지도 그 이유는 밝혀지지 않았다. 그사이 학자들은 DEET가 인간의 냄새를 인지하는 모기의 수용기를 차단한다는 사실을 입증하였다. 하지만 DEET가 어디까지 무독성인지는 여전히 논란의 대상이다. 따라서 학자들은 장기 사용을 권하지 않는다.

여러 에테르 오일, 특히 레몬그라스, 레몬, 박하, 개박하, 로즈메리의 에테르 오일 역시 모기 퇴치 효과가 있지만, 그 무엇도 DEET의 효과를 따라가지는 못한다. 작은 가스버너를 갖고 다니는 것도 한 가지 방법이다. 버너가 큰 라이터처럼 보이는데다 알레트린D-Allethrin을 뿜어내기 때문이다. 이 물질은 합성 피레드로이드 살충제와 유사하며, 모기 기피 효과가 매우 뛰어나다. 코코넛 오일의 지방산도 무는 곤충과 진드기에 효과가 있는 것으로 입증되었다. 따라서 개나 고양이에게 이 오일을 발라주면 진드기와 벼룩을 피할 수 있다.

코를 따르라: 꽃보다 후각

앞에서도 소개했듯 이미 우리는 개와 인공 코를 투입하여 다양한 질병을 탐지한다. 그러나 환자 자신의 코가 질병 진단의 수단이 되기도 한다. 우리는 코로나19 펜데믹을 거치면서 미각과 후각 상실이 전형적인 코로나 증상일 수도 있다는 사실을 알아냈다. 물론 그 사실을 근거로 질병을 진단하는 믿을 만한 방법은 아직 개발되지 않았다. 그러나 이미 진단 방법이 개발된 질병도 적지 않다. 파킨슨병과 알츠하이머병의 경우 퇴화한 후각 기능이 최초의 병증 중 하나라는 사실이 이미 입증되었다. 이런 정보를 바탕으로 개발한 특수 냄새 화합물은 현재 쓰기 편한 '냄새 막대' 형태로 질병의 조기 진단에 활용되고 있다.[15]

냄새의 성질을 판단하는 가장 중요한 도구는 인간의 코다. 코는 세상 제일의 데이터 처리 센터, 즉 인간의 두뇌와 직접 연결되어 있다. 따라서 코를 믿으면 온갖 위험을 피할 수 있을 뿐 아니라 진정한 만족을 느낄 수 있다. 인간의 친구인 개의 코를 이용하면 예민도를 껑충 올릴 수 있지만 그러자면 개와 밀접하게 협력해야 한다. 앞으로도 우리는 인간과 개, 그 모두의 인지 시스템을 무한히 확장해 나갈 수 있을 것이다.

인공 냄새 인지와 관련해서는 향후 기계 학습과 인공지능이 큰 역할을 할 것이다. 그런 시스템을 이용하면 수많은 냄새원(수용기)에서 밀려드는 정보를 조합하여 특정 냄새의 형체를 구성하는 우리 두뇌의 능력을 모방할 수 있을 것이다.

조작과 관련해서는 앞으로도 향수와 식품향 업계는 계속해서 번영할 것으로 확신한다. 우리는 이런 다양한 냄새에 강하게 끌리므로, 미래에도 '샤넬 넘버5' 몇 밀리리터에 엄청난 돈을 쓸 것이다. 또 냄새를 이용하는 동물의 소통을 더 많이 알게 된다면 아마 우리는 살충제와 제초제, 온갖 독극물을 쓰지 않는 새로운 시스템을 개발할 수 있을 것이다.

한 마디로, 우리는 새로운 냄새, 새로운 사용 가능성, 새로운 기술 방법에 눈을 – 코를 – 활짝 열어야 한다. 우리와 지상의 우리 이웃이 냄새를 어떻게 인지하고 분비하는지 더 많이 알게 된다면, 작은 초파리건 거대한 멧돼지건, 그것들을 조작할 새롭고 간편한 방법을 찾을 수 있을 것이다.

■ 마치며

미래의 냄새는?

지금껏 나는 각종 사례를 들어가며, 곤충에서 인간에 이르기까지 모든 생명체에게 냄새와 후각이 얼마나 중요한지를 설명하였다. 냄새는 우리를 먹이와 짝짓기 짝, - 곤충의 경우 - 알 낳을 장소로 인도한다. 그뿐만 아니라 상한 음식, 천적, 불 같은 위험도 미리 알려준다. 1장에서는 인류세에서 냄새 지형이 어떻게 달라졌는지 살펴보았고, 마지막 장에서는 몇 가지 사례를 들어 냄새와 후각을 다양한 방식으로 활용할 수 있는 방안을 알아보았다.

그렇다면 미래에는 냄새와 후각이 어떻게 발전해나갈까? 인간은 앞으로도 여전히 극심하게 환경을 변화시킬까? 아니면 진화가 정해준 상호작용이 무사히 제 기능을 발휘할 수 있을까? 냄새의 활용은 예상치 못한 새 방향으로 발전해나갈까? 아니면 의도치 않았던 결과가 나올 수도 있을까? 우리는 멀리서도 냄새로 서로 소통할 수 있을까?

나는 이 짤막한 결론에서 예상 가능한 미래 냄새 지형의 시나리오를 살짝 맛보려 한다. 생명이 시작된 이후 우리의 생명 환경은 진화를 통해 느리지만 꾸준히 변화하였다. 리처드 도킨스Richard Dawkins는 《눈먼 시계공The Blind Watchmaker》에서 이 과정을 눈먼 시계공의 작업에 비유하였다. 자연은 돌연변이를 이용해 계속해서 새로운 변이를 테스트하고, 또 하고, 또 한다. 그중 대부분은 기존 버전보다 성능이 떨어지지만, 때로 생존과(혹은) 번식에 유익하여 긍정적 변화의 재료가 되는 경우도 생긴다.

이 과정은 우리를 둘러싼 자연의 냄새라고 해서 예외가 아니다. 꽃은 향을 서서히 바꾸어 가루받이의 기회를 높이거나 인간이 만든 화학적 '소음'과의 차별성을 키울 수 있다. 종 형성의 지속적 과정에서 변화하는 다른 소통 시스템, 혹은 공기를 떠도는 다른 냄새 분자들과 쉬지 않고 경쟁해야 하는 시스템들도 마찬가지다.

인간 역시 다양한 동물들과 어울려 지내려 노력하느라 냄새 지형에 막대한 압력을 행사한다. 페로몬을 이용하는 동물의 소통 시스템 역시 이런 인간의 압력에서 자유로울 수 없다. 밭에 있는 모든 것이 암컷의 냄새를 풍긴다면, 냄새가 약간 달라 두드러지는 암컷은 큰 이득을 볼 것이다. 이 특별한 암컷의 냄새를 알아차리는 수컷 역시 마찬가지로 큰 득을 본다. 인간이 만든 가짜 사랑 냄새의 안개를 뚫고 이 둘이 서로를 찾을 것이니 말이다.

인간이 일으킨 동식물 종의 멸종 역시 극적인 변화를 불러올 것이다. 사라진 모든 생명체가 냄새도 함께 가져가 버릴 테니 말이다. 박물관에서 태즈메이니아 주머니늑대*Thylacinus cynocephalus*의 모형은 만들어 전시할 수 있겠지만, 녀석의 냄새는 절대 모방할 수 없다.

생명이 없는 환경도 변화를 겪는다. 갑작스럽게 화산이 터지면 유황 가스가 구름처럼 솟구칠 것이고, 우주에서 지구로 떨어진 외계 물질이 어떤 냄새를 풍길지는 아무도 모를 일이다. 지금도 대양은 인간의 활동으로 극적인 변화를 겪고 있고, 앞으로도 변화는 멈추지 않을 것이므로 어쩌면 전혀 새로운 대양의 냄새가 탄생할지도 모를 일이다. 물 그 자체는 냄새가 없지만, 물에 사는 수많은 것이 온갖 냄새를 뿜어낸다. 우리가 지금처럼 꾸준히 세상을 오염시켜 미생물의 균형을 어지럽힌다면 플랑크톤, 해초, 물고기 등이 다른 생김새를 띠고, 다른 냄새를 풍길 날이 올지도 모른다. 5장에서 언급한 다이메틸설파이드만 보아도 충분히 예상할 수 있다. 플랑크톤의 변화로 바다의 냄새가 달라진다면 실로 온갖 결과가 발생할 것이다.

이 모든 변화는 이미 진행 중이며, 더 극적인 규모로 커질 것이다. 이러다가는 냄새 지형이 완전히 달라질 날이 올지도 모르지만, 아마 변화는 상당히 느린 속도로 진행될 것이다.

그럼 냄새의 활용은 어떻게 될까?

행동 조작에도, 소통에도, 몇 가지 흥미로운 변화가 일어날 수 있다. 2장에서 우리는 인간이 어떻게 냄새를 맡고, 어떻게 냄새 정보를 이용해 서로 소통하는지를 살펴보았다. 언어나 몸짓 같은 다른 소통 정보는 이미 기술을 이용해 똑같이 전달할 수 있다. 알렉산더 그레이엄 벨Alexander Graham Bell이 1876년에 최초로 전화기를 만들었고, 1920년대 중반에는 존 로지 베어드John Logie Baird가 세계 최초로 TV 영상을 전송하였다.

하지만 냄새의 사정은 다르다. 복잡하고 역동적인 혼합 냄새는 말할 나위도 없고, 단순한 냄새 인상조차도 아직 전송할 수 없다. 사랑하는 사람과 영상 통화를 할 때면 말과 동작으로 감정을 표현할 뿐 페로몬 정보를 주고받을 수는 없다. 만일 언젠가 페로몬을 주고받게 된다면 과연 그런 페로몬 전송은 어떤 형식일까?

일단 소리를 받아들이는 마이크나 시각적 인상을 붙잡는 사진기처럼 우리가 배출하는 냄새를 흡수할 기계가 필요하다. 14장에서도 설명했듯 이미 여러 기술 조건에 맞춘 엄청난 숫자의 전자 코가 시장에 나와 있다. 그런 전자 코가 분비되는 냄새를 받아들이는 수신기일 것이다. 겨드랑이마다 분석기를 부착하여 스테레오로도 가능할까?

어쨌든 그렇게 분석한 정보는 디지털 코드로 바꾸어 수신기의 후각 '스피커'나 '모니터'로 전송해야 한다. 그러나 우리의 한계는 거기까지다. 어떻게 해야 발신기가 인지한 냄새를 원본 그대로 모방하여 수신기로 보낼까?

몇 년 전 유럽연합 프로그램 〈미래와 융합 기술Future and Emerging Technologies, FET〉의 하나로 그곳에서 재정 지원을 받는 한 프로젝트에 참여한 적이 있다. 앞서 2장에서 소개한 노암 소벨이 이번에도 다방면으로 애를 쓴 덕에 탄생한 프로젝트였다. 프로젝트의 기본 생각은 DNA 종이접기처럼 작은 DNA 조각들로 적응 능력이 있는 냄새 분자를 만들자는 것이었다. 앞에서도 여러 차례 언급했듯, 현재 우리가 알고 있는 수준에서는 후각 수용기가 냄새 분자를 인지하는 과정은 열쇠를 자물쇠에 꽂을 때 일어나는 과정과 어느 정도 유사하다. 딱 맞는 분자가 수용기 '자물쇠'에 쏙 들어간다. 그러니 똑같이 생긴 다른 열쇠로 분자 열쇠를 모방할 수 있다면 수용기 '자물쇠'는 원칙적으로 그 열쇠를 인지할 것이고, 신경 신호를 생산하여 두뇌에게 특정 냄새가 여기 있다고 알려줄 것이다. 그런 상상 뒤편에는 수용기에 맞는 DNA 조각들을 만들어내겠다는 생각이 숨어 있다. 나아가 모든 DNA 분자에 '조율'을 가능하게 하는 자석 부품을 장착하여 분자의 공간적 성질과 먼 곳에서 오는 냄새 인상을–아마도 스마트폰을 이용해–바꿀 수 있다는 생각도 추가된다.

그러나 아직 그런 프로젝트는 공상 과학에 불과하다. DNA

조각은 너무 무거워 혼자서 공중에 뜨지 않는다. 그러니 우리가 어떤 식으로건 휘발성으로 만들어야 한다. 당연히 우리는 한 번도 그런 시스템을 실제로 시험해보지 못했다. 따라서 학문의 세계가 그러하듯 도중에 여러 가지 실질적인 문제가 발생하였지만, 그 프로젝트는 몇 가지 흥미로운 인식을 선사하였다. 어쩌면 상처를 치료할 새로운 방법을 개발할 수도 있을 것 같다. 하지만 그건 여기서 다룰 이야기는 아니다.

이 모든 사실에서 우리가 얻을 수 있는 교훈은 무엇일까?

후각 측정기olfactometer – 분석기의 디지털 정보를 받아들여 올바른 후각 인상으로 전환하고 이를 다시 내보내는 기계 – 를 개발하는 일은 예나 지금이나 매우 힘들다. 분자 하나는 그럴 수 있지만, 앞에서도 말했듯 자연에서는 분자가 혼자 있는 경우가 극히 드물다.

인공 와우 이식술처럼 우리가 후각 인지의 신경 네트워크를 감지하여 전기 자극으로 후각 인상을 만들어낸다면, 그때는 아마도 진정한 진전을 목격할 수 있을 것이다. 하지만 아직은 요원한 미래다. 현재 우리는 냄새 정보를 기술 수단으로 전달하는 방법을 전혀 알지 못한다. 그러니 아직은 소리나 모양 같은 다른 감각에 의존해야 한다.

상대를 조작하거나 우리의 체취를 바꾸기 위해 사용하는 온갖 냄새는 어떻게 될까?

2장과 14장에서 설명했듯 이 분야는 앞으로도 해마다 수백만 달러를 연구에 투자하며 가파르게 성장할 것이다. 계속해서 새로운 향기를 발명할 것이고, 트렌디한 향수 제품으로 만들어 판매할 것이다. 심리학과 냄새 연구가 힘을 합하여 도저히 거역할 수 없는 향을 찾아낼 것이고, 그것으로 우리를 유혹하여 특정 상품을 구매하게 할 것이다. 막대한 이윤이 예상되는 분야인 만큼 분명 빠른 변화를 경험하게 될 것이다.

마지막으로 우리가 어떻게 냄새를 맡는지 이해하고 싶다면, 일단 후각 수용기가 분자를 어떻게 인식하며, 수많은 코 신경이 전달하는 정보를 어떻게 엮어 두뇌에서 최종적인 냄새의 상을 만들어내는지 정확히 알아야 할 것이다. 그런 정확한 인식을 갖춘다면 분명 우리는 크게 도약할 수 있을 것이다.

감사의 글

그동안 나는 일반 대중을 상대로 강연을 많이 했다. 그때마다 냄새와 후각 이야기를 책으로 써주면 좋겠다는 말을 많이 들었다. 그런 말씀을 해주신 그 모든 분께 이 자리를 빌려 감사의 인사를 전하고 싶다. 그분들이 용기를 주지 않았다면 아마 이 글을 쓸 엄두를 내지 못했을 것이다. 책을 쓰는 동안에는 데보라 카프라스에게 빚을 많이 졌다. 그녀가 곁에서 부족한 자료를 찾아주고, 각 장의 구성을 잡아주었으며, 잘 읽히도록 글을 손봐주었다. 우리 동료들과 친구, 가족들 역시 원고를 읽고 이런저런 조언으로 최종 결과물의 품격을 높여주었다. 주잔네 에를란트, 아그네스 에를란트-한손, 오토 에를란트-한손, 만프레트 가르, 조너선 거셴존, 리카르드 이그넬, 마르쿠스 크나덴, 트레제 라인데르스-추팔, 요한 룬드스트룀, 지그리트 네테러, 질케 작세, 마르틴 슈뢰더, 노암 소벨. 모두에게 진심으로 감사를 드린다. 모두가 이 많은 원고를 읽어주고 새로운 정보를 주었으며 틀린 부분이 있으면 고쳐주었다. 각 장의 앞에 그림을 그려준 악셀 에밀 토렌펠트에게도 정말 감사 인사를 전하고 싶다.

마지막으로 나처럼 인간과 다른 생명체의 화학적 분석에 매료당한 후각 연구 분야의 수많은 동료에게도 고맙다는 말을 전하고 싶다.

주석

1_인류세의 냄새

1 Crutzen, P. J. & Stoermer, E. F. (2000). The "Anthropocene". Global Change Newsletter, 41, 17.

2 Lindsey, R. (2020). Climate Change: Atmospheric Carbon Dioxide. Climate.gov.; https://www.climate.gov/news-features/understanding-climate/climate-change-atmosphericcarbon-dioxide

3 Drake, B. G., Gonzalez-Meler, M. A. & Long, S. P. (1997). MORE EFFICIENT PLANTS: A Consequence of Rising Atmospheric CO2? Annual review of plant physiology and plant molecular biology, 48, 609-639. https://doi.org/10.1146/annurev.arplant.48.1.609

4 Goyret, J., Markwell, P. & Raguso, R. (2008). Context- and scale-dependent effects of floral CO2 on nectar foraging by Manduca sexta. Proceedings of the National Academy of Sciences of the United States of America, 105, 4565-4570. 10.1073/pnas.0708629105.

5 Majeed, S., Hill, S. & Ignell, R. (2013). Impact of elevated CO2 background levels on the host-seeking behaviour of Aedes aegypti. The Journal of experimental biology. 217.10.1242/jeb.092718.

6 Tang, C., Davis, K. E., Delmer, C., Yang, D. & Wills, M. A. (2018). Elevated atmospheric CO2 promoted speciation in mosquitoes (Diptera, Culicidae). Communications biology, 1, 182. https://doi.org/10.1038/s42003–018–0191–7

7 Haugan P. M. & Drange, H. (1996). Effects of CO2 on the ocean

environment. Energy Conversion and Management, 37, 1019–1022. https://doi.org/10.1016/0196–8904(95) 00292–8

8 Porteus, C., Hubbard, P., Uren Webster, T., van Aerle, R., Canario, A., Santos, E. & Wilson, R. (2018). Near-future CO2 levels impair the olfactory system of a marine fish. Nature Climate Change. 8.10.1038/s41558–018–0224–8.

9 Yeung, L. Y., Murray, L. T., Martinerie, P., Witrant, E., Hu, H., Banerjee, A., Orsi, A. & Chappellaz, J. (2019). Isotopic constraint on the twentieth-century increase in tropospheric ozone. Nature, 570(7760), 224–227. https://doi.org/10.1038/s41586–019–1277–1

10 Seibold, S., Gossner, M. M., Simons, N. K. et al. (2019). Arthropod decline in grasslands and forests is associated with landscape-level drivers. Nature. 574. 671–674. 10.1038/s41586–019–1684–3.

11 Cook, B., Haverkamp, A., Hansson, B. S. et al. (2020). Pollination in the Anthropocene: a Moth Can Learn Ozone-Altered Floral Blends. Journal of Chemical Ecology. 1–10. 10.1007/s10886–020–01211–4.

12 Girling, R., Lusebrink, I., Farthing, E. et al. (2013). Diesel exhaust rapidly degrades floral odours used by honeybees. Scientific Reports, 3, 2779. https://doi.org/10.1038/srep 02779

13 Kessler, S., Tiedeken, E. J., Simcock, K. L., Derveau, S., Mitchell, J., Softley, S., Stout, J. C. & Wright, G. A. (2015). Bees prefer foods containing neonicotinoid pesticides. Nature, 521(7550), 74–76. https://doi.org/10.1038/nature14414

14 K., Lippi, C. A., Johnson, L. R., Neira, M., Rohr, J. R., Ryan, S. J., Savage, V., Shocket, M. S., Sippy, R., Stewart Ibarra, A. M., Thomas, M. B. & Villena, O. (2019). Thermal biology of mosquito-borne disease. Ecology letters, 22(10), 1690-1708. https://doi.org/10.1111/ele.13335

15 www.ngice.mpg.de

16 Savoca, M., Wohlfeil, M., Ebeler, S. & Nevitt, G. (2016). Marine plastic debris emits a keystone infochemical for olfactory foraging seabirds. Science Advances. 2. e1600395 –e1600395.10.1126/sciadv.1600395.

17 Our environment is drowning in plastic, unenvironment.org; https://www.unenvironment.org/interactive/beatplastic-pollution/

18 Wilcox, C., Puckridge, M., Schuyler, Q., Townsend, K. & Hardesty, B. (2018). A quantitative analysis linking sea turtle mortality and plastic debris ingestion. Scientific Reports. 8.10.1038/s41598–018–30038-z.

19 Lebreton, L., Slat, B., Ferrari, F., Sainte-Rose, B., Aitken, J., Marthouse, R., Hajbane, S., Cunsolo, S., Schwarz, A., Levivier, A., Noble, K., Debeljak, P., Maral, H., Schoeneich-Argent, R., Brambini, R., Reisser, J. (2018). Evidence that the Great Pacific Garbage Patch is rapidly accumulating plastic. Scientific Reports. 2018.10.1038/s41598–018–22939-w.

20 Lindeque, P., Cole, M., Coppock, R., Lewis, C., Miller, R., Watts, A., Wilson-McNeal, A., Wright, S. & Galloway, T. (2020). Are we underestimating microplastic abundance in the marine environment? A comparison of microplastic capture with nets of different mesh-size. Environmental Pollution. 265. 114721.10.1016/j.envpol.2020.114721.

21 Beyers, D. & Farmer, M. (2001). Effects of copper on olfaction of Colorado pikeminnow. Environmental toxicology and chemistry / SETAC, 20, 907–12.10.1002/etc.5620 200427.

22 Tierney, K., Sampson, J., Ross, P., Sekela, M. & Kennedy, C. (2008). Salmon Olfaction Is Impaired by an Environmentally Realistic Pesticide Mixture. Environmental science & technology, 42, 4996–5001.10.1021/es800240u.

23 Ward, A. J., Duff, A. J., Horsfall, J. S. & Currie, S. (2008). Scents and scents-ability: pollution disrupts chemical social recognition and shoaling in fish. Proceedings. Biological sciences, 275(1630), 101–105. https://

doi.org/10.1098/rspb.2007.1283

24 Ajmani, G. S., Suh, H. H. & Pinto, J. M. (2016). Effects of Ambient Air Pollution Exposure on Olfaction: A Review. Environmental health perspectives, 124(11), 1683–1693. https://doi.org/10.1289/EHP136

25 Calderon-Garciduenas, L., Gonzalez-Maciel, A., Reynoso-Robles, A., Hammond, J., Kulesza, R., Lachmann, I., Torres-Jardon, R., Mukherjee, P. S. & Maher, B. A. (2020). Quadruple abnormal protein aggregates in brainstem pathology and exogenous metal-rich magnetic nanoparticles (and engineered Ti-rich nanorods). The substantia nigrae is a very early target in young urbanites and the gastrointestinal tract a key brainstem portal. Environmental Research, 191, 110–139, ISSN 0013–9351, https://doi.org/10.1016/j.envres.2020.110139.

26 Butowt, R. & von Bartheld, C. S. (2020). Anosmia in COVID-19: Underlying Mechanisms and Assessment of an Olfactory Route to Brain Infection. The Neuroscientist: a review journal bringing neurobiology, neurology and psychiatry, 1073858420956905. Advance online publication. https://doi.org/10.1177/1073858420956905

2_후각과 인간

1 https://www.iff.com/

2 Update to Coronavirus symptoms www.gov.scot ; https://www.gov.scot/news/update-to-coronavirus-symptoms/

3 Stopsack, K. H., Mucci, L. A., Antonarakis, E. S., Nelson, P. S. & Kantoff, P. W. (2020). TMPRSS2 and COVID-19: Serendipity or Opportunity for Intervention? Cancer discovery, 358 ANMERKUNGEN 10(6), 779–782. https://doi.org/10.1158/2159–8290.CD-20–0451

4 Baig, A. M., Khaleeq, A., Ali, U. & Syeda, H. (2020). Evidence of the COVID-19 Virus Targeting the CNS: Tissue Distribution, Host-Virus Interaction, and Proposed Neurotropic Mechanisms. ACS Chemical Neuroscience, 11(7), 995–998. DOI: 10.1021/acschemneuro.0c00122.

5 https://www.mako.co.il/health-news/local/Article-39a265ef114657 1026.htm

6 Gilbert, A. (2015). What the Nose Knows: The Science of Scent in Everyday Life, CreateSpace Independent Publishing Platform

7 Bushdid, C., Magnasco, M., Vosshall, L. & Keller, A. (2014). Humans Can Discriminate More than 1 Trillion Olfactory Stimuli. Science, 343(6177), new series, 1370–1372. www.jstor.org/stable/24743486

8 Gerkin, R. C. & Castro, J. B. (2015). The number of olfactory stimuli that humans can discriminate is still unknown. eLife, 4, e08127. https://doi.org/10.7554/eLife.08127

9 Meredith, M. (2001). Human vomeronasal organ function: a critical review of best and worst cases. Chemical senses, 26(4), 433–445. https://doi.org/10.1093/chemse/26.4.433

10 Monti-Bloch, L. & Grosser, B. I. (1991). Effect of putative pheromones on the electrical activity of the human vomeronasal organ and olfactory epithelium. The Journal of steroid biochemistry and molecular biology, 39(4B), 573–582. https://doi.org/10.1016/0960–0760(91)90255–4

11 Savic, I., Berglund, H., Gulyas, B. & Roland, P. (2001). Smelling of odorous sex hormone-like compounds causes sex-differentiated hypothalamic activations in humans. Neuron, 31(4), 661–668. https://doi.org/10.1016/s0896–6273(01)00390–7

12 Savic, I., Berglund, H. & Lindstrom, P. (2005). Brain response to putative pheromones in homosexual men. Proceedings of the National Academy of Sciences of the United States of America, 102(20), 7356–7361. https://

doi.org/10.1073/pnas.0407998102

13 Berglund, H., Lindstrom, P. & Savic, I. (2006). Brain response to putative pheromones in lesbian women. Proceedings of the National Academy of Sciences of the United States of America. 103. 8269–8274. 10.1073/pnas.0600331103.

14 Wyatt, T. D. (2015). The search for human pheromones: the lost decades and the necessity of returning to first principles. Proceedings. Biological sciences, 282(1804), 20142994. https://doi.org/10.1098/rspb.2014.2994

15 Vaglio, S. (2009). Chemical communication and mother-infant recognition. Communicative & integrative biology, 2(3), 279–281. https://doi.org/10.4161/cib.2.3.8227

16 Lundstrom, J. N., Mathe, A., Schaal, B., Frasnelli, J., Nitzsche, K., Gerber, J. & Hummel, T. (2013). Maternal status regulates cortical responses to the body odor of newborns. Frontiers in psychology, 4, 597. https://doi.org/10.3389/fpsyg.2013.00597

17 Uebi, T., Hariyama, T., Suzuki, K., Kanayama, N., Nagata, Y., Ayabe-Kanamura, S., Yanase, S., Ohtsubo, Y. & Ozaki, M. (2019). Sampling, identification and sensory evaluation of odors of a newborn baby's head and amniotic fluid. Scientific reports, 9(1), 12759. https://doi.org/10.1038/s41598-019-49137-6

18 Schaal, B., Marlier, L. & Soussignan, R. (2000). Human foetuses learn odours from their pregnant mother's diet. Chemical senses, 25(6), 729–737. https://doi.org/10.1093/chemse/25.6.729

19 Schicker, I. (2001). For Fathers and Newborns, Natural Law and Odor; https://www.washingtonpost.com/archive/360ANMERKUNGEN politics/2001/02/26/for-fathers-and-newborns-naturallaw-and-odor/ccc5982c-acdd-4d0a-8b06 –20d2a2bc419a/

20 Chen, D., Katdare, A. & Lucas, N. (2006). Chemosignals of fear enhance

cognitive performance in humans. Chemical senses, 31(5), 415– 423. https://doi.org/10.1093/chemse/bjj046

21 Gelstein, S., Yeshurun, Y., Rozenkrantz, L., Shushan, S., Frumin, I., Roth, Y. & Sobel, N. (2011). Human tears contain a chemosignal. Science (New York, N. Y.), 331(6014), 226–230. https://doi.org/10.1126/science.1198331

22 Oh, T. J., Kim, M. Y., Park, K. S. & Cho, Y. M. (2012). Effects of chemosignals from sad tears and postprandial plasma on appetite and food intake in humans. PloS one, 7(8), e42352. https://doi.org/10.1371/journal.pone.0042352

23 Ferrero, D. M., Moeller, L. M., Osakada, T., Horio, N., Li, Q., Roy, D. S., Cichy, A., Spehr, M., Touhara, K. & Liberles, S. D. (2013). A juvenile mouse pheromone inhibits sexual behaviour through the vomeronasal system. Nature, 502(7471), 368–371. https://doi.org/10.1038/nature12579

24 Keller, A., Zhuang, H., Chi, Q., Vosshall, L. & Matsunami, H. (2007). Genetic Variation in a Human Odorant Receptor Alters Odour Perception. Nature. 449. 468–472. 10.1038/nature06162.

25 Wedekind, C., Seebeck, T., Bettens, F. & Paepke, A. J. (1995). MHC-dependent mate preferences in humans. Proceedings. Biological sciences, 260(1359), 245–249. https://doi.org/10.1098/rspb.1995.0087

26 Milinski, M., Croy, I., Hummel, T. & Boehm, T. (2013). Major histocompatibility complex peptide ligands as olfactory cues in human body odour assessment. Proceedings of the Royal Society B: Biological Sciences, 280(1757), 20130381. https://doi.org/10.1098/rspb.2013.0381

27 McClintock, M. (1971). Menstrual Synchrony and SupANMER-KUNGEN 361 pression. Nature 229, 244–245. https://doi.org/

10.1038/229244a0

28 Russell, M. J., Switz, G. M. & Thompson, K. (1980). Olfactory influences on the human menstrual cycle. Pharmacology, biochemistry, and behavior, 13(5), 737–738. https://doi.org/10.1016/0091-3057(80)90020-9

29 Stern, K. & McClintock, M. K. (1998). Regulation of ovulation by human pheromones. Nature, 392(6672), 177–179. https://doi.org/10.1038/32408

30 Ziomkiewicz, A. (2006). Menstrual synchrony: Fact or artifact? Human nature (Hawthorne, N. Y.), 17(4), 419–432. https://doi.org/10.1007/s12110-006-1004-0

31 Åhs, F., Miller, S., Gordon, A. & Lundstrom, J. (2013). Aversive learning increases sensory detection sensitivity. Biological Psychology, 92, 135–141.

32 Sinding, C., Valadier, F., Al-Hassani, V., Feron, G., Tromelin, A., Kontaris, I. & Hummel, T. (2017). New determinants of olfactory habituation. Scientific Reports, 7.

33 Khan, R. M., Luk, C. H., Flinker, A., Aggarwal, A., Lapid, H., Haddad, R. & Sobel, N. (2007). Predicting odor pleasantness from odorant structure: pleasantness as a reflection of the physical world. The Journal of neuroscience: the official journal of the Society for Neuroscience, 27(37), 10015 –10023. https://doi.org/10.1523/JNEUROSCI.1158-07.2007

34 Ravia, A., Snitz, K., Honigstein, D., Finkel, M., Zirler, R., Perl, O., Secundo, L., Laudamiel, C., Harel, D. & Sobel, N. (2020). A measure of smell enables the creation of olfactory metamers. Nature, 10.1038/s41586-020-2891-7. Advance online publication. https://doi.org/10.1038/s41586-020-2891-7

35 Olofsson, J. K., Hurley, R. S., Bowman, N. E., Bao, X., Mesulam, M. M. & Gottfried, J. A. (2014). A designated odor-lan362 ANMERKUNGEN guage integration system in the human brain. The Journal of neuroscience:

the official journal of the Society for Neuroscience, 34(45), 14864–14873. https://doi.org/10.1523/JNEUROSCI.2247-14.2014

36 Majid, A., Burenhult, N., Stensmyr, M., de Valk, J. & Hansson, B. S. (2018). Olfactory language and abstraction across cultures. Philosophical transactions of the Royal Society of London. Series B, Biological sciences, 373(1752), 20170139. https://doi.org/10.1098/rstb.2017.0139

3_인간의 오랜 친구인 개, 그리고 대단한 코

1 Walker, D., Walker, J., Cavnar, P., Taylor, J., Pickel, D., Hall, S. & Suarez, J. (2006). Naturalistic quantification of canine olfactory sensitivity. Applied animal behaviour science, 97, 241–254. doi: 10.1016/j.applanim.2005.07.009

2 Kester, D. & Settles, G. (1998). The External Aerodynamics of Canine Olfaction. doi: 10.1007/978-3-7091-6025-1_23.

3 Jenkins, E. K., DeChant, M. T. & Perry, E. B. (2018). When the Nose Doesn't Know: Canine Olfactory Function Associated With Health, Management, and Potential Links to Microbiota. Frontiers in veterinary science, 5, 56. https://doi.org/10.3389/fvets.2018.00056

4 Glausiusz, J. (2008). The Hidden Power of SCENT. Scientific American Mind, 19(4), 38–45; Zugriff 14. November 2020; http://www.jstor.org/stable/24939934

5 Horowitz, A. (2015). Reading Dogs Reading Us. Proceedings of the American Philosophical Society, 159(2), 141–155; Zugriff 14. November 2020; http://www.jstor.org/stable/24640211

6 Botigue, L., Song, S., Scheu, A. et al. (2017). Ancient European dog genomes reveal continuity since the Early Neolithic. ANMERKUNGEN

363 Nature Communications 8, 16082. doi:10.1038/ncomms 16082

7 Gadbois, S. & Reeve, C. (2014). Chapter 1 Canine Olfaction: Scent, Sign, and Situation.

8 Nagasawa, M., Mitsui, S., En, S., Ohtani, N., Ohta, M., Sakuma, Y., Onaka, T., Mogi, K. & Kikusui, T. (2015). Oxytocin-gaze positive loop and the coevolution of human-dog bonds. Science, 348, 333–336.

9 Wells, D. & Hepper, P. (2003). Directional tracking in the domestic dog, Canis familiaris. Applied Animal Behaviour Science, 84, 297–305.

10 Hepper, P. & Wells, D. (2005). How many footsteps do dogs need to determine the direction of an odour trail? Chemical Senses, 30(4)(4), 291–298. https://doi.org/10.1093/chemse/bji023

11 Akpan, N. & Ehrichs, M. (2016). Inside the extraordinary nose of a search-and-rescue dog. PBS News Hour; https://www.pbs.org/newshour/science/inside-nose-rescue-dog

4_새는 냄새를 맡을 수 없다?

1 Krulwich, R. (2014). What Not To Serve Buzzards For Lunch, A Glorious Science Experiment. NPR.org; https://www.npr.org/sections/krulwich/2014/06/26/325648459/what-not-to-serve-buzzards-for-lunch-a-glorious-scienceexperiment

2 Houston, D. C. (1986). Scavenging Efficiency of Turkey Vultures in Tropical Forest. The Condor, 88(3), 1 August 1986, 318–323, https://doi.org/10.2307/1368878

3 Grigg, N. P., Krilow, J. M., Gutierrez-Ibanez, C., Wylie, D. R., Graves, G. & Iwaniuk, A. (2017). Anatomical evidence for scent guided foraging in the turkey vulture. Scientific Reports, 7.

4 Averett, N. (2014). Birds Can Smell, and One Scientist is Leading the Charge to Prove It. Audubon.org; https://www.audubon.org/magazine/january-february-2014/birds-cansmell-and-one-scientist

5 Bonadonna, F., Bajzak, C., Benhamou, S., Igloi, K., Jouventin, P., Lipp, H. P. & Dell'Omo, G. (2005). Orientation in the wandering albatross: interfering with magnetic perception does not affect orientation performance. Proceedings. Biological sciences, 272(1562), 489–495. https://doi.org/10.1098/rspb.2004.2984

6 Gagliardo, A., Bried, J., Lambardi, P., Luschi, P., Wikelski, M. & Bonadonna, F. (2013). Oceanic navigation in Cory's shearwaters: evidence for a crucial role of olfactory cues for homing after displacement. The Journal of experimental biology, 216(Pt 15), 2798–2805. https://doi.org/10.1242/jeb.085738

7 Reynolds, A., Cecere, J. G., Paiva, V., Ramos, J. & Focardi, S. (2015). Pelagic seabird flight patterns are consistent with a reliance on olfactory maps for oceanic navigation. Proceedings of the Royal Society B: Biological Sciences, 282.

8 Mardon, J., Nesterova, A. P., Traugott, J., Saunders, S. M. & Bonadonna, F. (2010). Insight of scent: experimental evidence of olfactory capabilities in the wandering albatross (Diomedea exulans). The Journal of experimental biology, 213(4), 558–563. https://doi.org/10.1242/jeb.032979

9 Pepys, S. (1666). The Diary of Samuel Pepys, Sunday 2 September 1666; https://www.pepysdiary.com/diary/1666/09/02/

10 Reuters (2008). Chronology: Reuters, from pigeons to multimedia merger; https://www.reuters.com/article/us-reuters-thomson-chronology/chronology-reuters-from-pigeons-to-multimedia-merger-idUSL1849100620080219

11 Corera, G. (2018). Operation Columba: The Secret Pigeon ANMER-

KUNGEN 365 Service: The Untold Story of World War II Resistance in Europe, William Morrow, New York.

12 Wallraff, H. G. (2005). Avian Navigation: Pigeon Homing as a Paradigm, Springer, Berlin.

13 Caro, S. P. & Balthazart, J. (2010). Pheromones in birds: myth or reality? Journal of comparative physiology. A, Neuroethology, sensory, neural, and behavioral physiology, 196(10), 751–766. https://doi.org/10.1007/s00359–010–0534–4

14 Gagliardo, A., Pollonara, E. & Wikelski, M. (2016). Pigeon navigation: exposure to environmental odours prior to release is sufficient for homeward orientation, but not for homing. The Journal of experimental biology, 219(Pt 16), 2475–2480. https://doi.org/10.1242/jeb.140889

15 Lengagne, T., Jouventin, P. & Aubin, T. (1999). Finding One's Mate in a King Penguin Colony: Efficiency of Acoustic Communication. Behaviour, 136(7), 833–846; Zugriff 14. November 2020; http://www.jstor.org/stable/4535644

16 Birds' Sense of Smell. (2011). The Science Teacher, 78(8), 24–27; Zugriff 14. November 2020; http://www.jstor.org/ stable/24148500

17 Krause, E. T., Kruger, O., Kohlmeier, P. & Caspers, B. A. (2012). Olfactory kin recognition in a songbird. Biology letters, 8(3), 327–329. https://doi.org/10.1098/rsbl.2011. 1093

18 Caspers, B. A., Hagelin, J. C., Paul, M., Bock, S., Willeke, S. & Krause, E. T. (2017). Zebra Finch chicks recognise parental scent, and retain chemosensory knowledge of their genetic mother, even after egg cross-fostering. Scientific reports, 7(1), 12859. https://doi.org/10.1038/s41598–017–13110-y

19 Whittaker, D. J., Slowinski, S. P., Greenberg, J. M., Alian, O., Winters, A. D., Ahmad, M. M., Burrell, M., Soini, H. A., Novotny, M. V., Ketterson, E.

D. & Theis, K. R. (2019). Experimental evidence that symbiotic bacteria produce chemical cues in a songbird. The Journal of experimental biology, 222(Pt 20), jeb202978. https://doi.org/10.1242/jeb.202978

20 Caro, S. P. & Balthazart, J. (2010). Pheromones in birds: myth or reality? Journal of comparative physiology. A, Neuroethology, sensory, neural, and behavioral physiology, 196(10), 751–766. https://doi.org/10.1007/s00359-010 -0534-4

21 Steiger, S. S., Fidler, A. E., Valcu, M. & Kempenaers, B. (2008). Avian olfactory receptor gene repertoires: evidence for a well-developed sense of smell in birds? Proceedings. Biological sciences, 275(1649), 2309–2317. https://doi.org/10.1098/rspb.2008.0607

22 Meteyer, C. U., Rideout, B. A., Gilbert, M., Shivaprasad, H. L. & Oaks, J. L. (2005). Pathology and proposed pathophysiology of diclofenac poisoning in free-living and experimentally exposed oriental white-backed vultures (Gyps bengalensis). Journal of wildlife diseases, 41(4), 707–716. https://doi.org/10.7589/0090-3558 -41.4.707

23 Savoca, M. S., Wohlfeil, M. E., Ebeler, S. E. & Nevitt, G. A. (2016). Marine plastic debris emits a keystone infochemical for olfactory foraging seabirds. Science advances, 2(11), e1600395. https://doi.org/10.1126/sciadv.1600395

5_물고기 코는 왜?

1 Catania, K. C. (2006). Olfaction: underwater ›sniffing‹ by semi-aquatic mammals. Nature, 444(7122), 1024–1025. https://doi.org/10.1038/4441024a

2 Reiten, I., Uslu, F. E., Fore, S., Pelgrims, R., Ringers, C., Verdugoa, C. D.,

Hoffmann, M., Lal, P., Kawakami, K., Pekkan, K., et al. (2017). Motile-cilia-mediated flow improves sensitivity and temporal resolution of olfactory computations. Current biology: CB, 27, 166–174. https://www.cell.com/currentbiology/fulltext/S0960-9822(16)31389-6

3 Neuhauss, S. C. (2017). Olfaction: How Fish Catch a Whiff. Current biology: CB, 27(2), R57–R58. https://doi.org/10.1016/j.cub.2016.12.007

4 Hamdani, E. & Doving, K. B. (2007). The functional organization of the fish olfactory system. Progress in neurobiology, 82(2), 80–86. https://doi.org/10.1016/j.pneurobio. 2007.02.007

5 Stacey, N. & Sorensen, P. (2002). Hormonal Pheromones in Fish. 10.1016/B978-008088783-8.00018-8.

6 Jumper, G. & Baird, R. (1991). Location by Olfaction: A Model and Application to the Mating Problem in the Deep-Sea Hatchetfish Argyropelecus hemigymnus. The American Naturalist, 138(6), 1431–1458; Zugriff 27. Oktober 2020; http://www.jstor.org/stable/2462555

7 Vieira, S., Biscoito, M., Encarnacao, H., Delgado, J. & Pietsch, T. (2013). Sexual Parasitism in the Deep-sea Ceratioid Anglerfish Centrophryne spinulosa Regan and Trewavas (Lophiiformes: Centrophrynidae). Copeia, 2013(4), 666–669; Zugriff September 21, 2020; http://www.jstor.org/stable/24637159

8 Pietsch, T. (2009). Oceanic Anglerfishes: Extraordinary Diversity in the Deep Sea. University of California Press; Zugriff 14. November 2020; http://www.jstor.org/stable/10.1525/j.ctt1ppb32 pp. 43–45 e

9 NOAA. (2019) What is a sea lamprey?; https://oceanservice.noaa.gov/facts/sea-lamprey.html

10 Johnson, N., Yun, S., Thompson, H., Brant, C., Li, W. & Meinwald, J. (2009). A Synthesized Pheromone Induces Upstream Movement in

Female Sea Lamprey and Summons Them into Traps. Proceedings of the National Academy of Sciences of the United States of America, 106(4), 1021–1026. www.jstor.org/stable/40254676

11 Li, W., Scott, A. P., Siefkes, M. J., Yan, H., Liu, Q., Yun, S. S. & Gage, D. A. (2002). Bile Acid secreted by male sea lamprey that acts as a sex pheromone. Science (New York, N. Y.), 296(5565), 138–141. https://doi.org/10.1126/science.1067797

12 Bandoh, H., Kida, I. & Ueda, H. (2011). Olfactory responses to natal stream water in sockeye salmon by BOLD fMRI. PloS one, 6(1), e16051. https://doi.org/10.1371/journal.pone.0016051

13 Roberts, L. & Garcia de Leaniz, C. (2011). Something smells fishy: Predator-naive salmon use diet cues, not kairomones, to recognize a sympatric mammalian predator. Animal Behaviour, 82, 619–625.10.1016/j.anbehav.2011.06.019.

14 Brooker, R. M., Munday, P. L., Chivers, D. P. & Jones, G. P. (2015). You are what you eat: diet-induced chemical crypsis in a coral-feeding reef fish. Proceedings. Biological sciences, 282(1799), 20141887. https://doi.org/10.1098/rspb. 2014.1887

15 Gardiner, J. M., Whitney, N. M. & Hueter, R. E. (2015). Smells Like Home: The Role of Olfactory Cues in the Homing Behavior of Blacktip Sharks, Carcharhinus limbatus. Integrative and comparative biology, 55(3), 495–506. https://doi.org/ 10.1093/icb/icv087

16 Marks, R. In-depth: Shark Senses. PBS.org/; https://www.pbs.org/kqed/oceanadventures/episodes/sharks/indepthsenses.html

17 Gardiner, J. M. & Atema, J. (2010). The function of bilateral odor arrival time differences in olfactory orientation of sharks. Current biology: CB, 20(13), 1187–1191. https://doi.org/10.1016/j.cub.2010.04.053

18 Enjin, A. & Suh, G. S. (2013). Neural mechanisms of alarm ANMER-

KUNGEN 369 pheromone signaling. Molecules and cells, 35(3), 177–181. https://doi.org/10.1007/s10059-013-0056-3

19 Mathuru, A. S., Kibat, C., Cheong, W. F., Shui, G., Wenk, M. R., Friedrich, R. W. & Jesuthasan, S. (2012). Chondroitin fragments are odorants that trigger fear behavior in fish. Current biology: CB, 22(6), 538–544. https://doi.org/10.1016/j.cub.2012.01.061

20 Walker, M. (2010). Whale ›sense of smell‹ revealed, BBC Earth News; http://news.bbc.co.uk/earth/hi/earth_news/newsid_8844000/8844443.stm

21 George, J. C. & Thewissen, H. Bowhead. Whale Sensory Research / Olfaction in Bowhead Whales, North-Slope.org ; http://www.north-slope.org/departments/wildlife-management/studies-and-research-projects/bowhead-whales/bowhead-whale-anatomy-and-physiology-studies/bowhead-whale-sensory-research#OlfactionBH

22 Pitcher, B. J., Harcourt, R., Schaal, B, & Charrier, I. (2010). Social olfaction in marine mammals: wild female Australian sea lions can identify their pup's scent. Biology Letters, 7, 60–62.

23 Stoffel, M., Caspers, B. A., Forcada, J., Giannakara, A., Baier, M., Eberhart-Phillips, L., Muller, C. & Hoffman, J. I. (2015). Chemical fingerprints encode mother–offspring similarity, colony membership, relatedness, and genetic quality in fur seals. Proceedings of the National Academy of Sciences, 112, E5005–E5012.

6_냄새 러버, 쥐

1 Schroder, H., Moser, N. & Huggenberger, S. (2020). Neuroanatomy of the Mouse: An introduction, 319–331: The Mouse Olfactory System,

Springer International Publishing https://www.springer.com/gp/book/9783030198978

2 Zhang, X. & Firestein, S. (2002). The olfactory receptor gene superfamily of the mouse. Nature neuroscience, 5(2), 124 –133. https://doi.org/10.1038/nn800

3 Mombaerts, P. (1996). Targeting olfaction. Current Opinion in Neurobiology, 6, (4,1996), 481–486, ISSN 0959–4388, https://doi.org/10.1016/S0959–4388(96)80053–5. (http://www.sciencedirect.com/science/article/pii/S0959438896800535).

4 Mombaerts, P. (2006). Axonal wiring in the mouse olfactory system. Annual review of cell and developmental biology, 22, 713–37

5 Zancanaro, C. (2014). Vomeronasal Organ: A Short History of Discovery and an Account of Development and Morphology in the Mouse. In: Mucignat-Caretta C (Hg.). Neurobiology of Chemical Communication CRC Press/Taylor & Francis Boca Raton, FL. Kapitel 9; https://www.ncbi.nlm.nih.gov/books/NBK200982/

6 Perez-Gomez, A., Stein, B., Leinders-Zufall, T. & Chamero, P. (2014). Signaling mechanisms and behavioral function of the mouse basal vomeronasal neuroepithelium. Frontiers in neuroanatomy, 8, 135. https://doi.org/10.3389/fnana.2014.00135

7 Fleischer, J. & Breer, H. (2010). The Grueneberg ganglion: a novel sensory system in the nose. Histology and histopathology, 25(7), 909–915. https://doi.org/10.14670/HH-25.909

8 Brechbuhl, J., Valliere, A., Wood, D., Nenniger Tosato, M. & Broillet, M. (2020). The Grueneberg ganglion controls odordriven food choices in mice under threat. Communications Biology. 3.10.1038/s42003–020–01257-w.

9 Brechbuhl, J., Klaey, M. & Broillet, M. C. (2008). Grueneberg ganglion cells mediate alarm pheromone detection in mice. Science (New York, N.

Y.), 321(5892), 1092–1095. https://doi.org/10.1126/science.1160770

10 Schmid, A., Pyrski, M., Biel, M., Leinders-Zufall, T. & Zufall, F. (2010). Grueneberg ganglion neurons are finely tuned cold sensors. The Journal of neuroscience: the official journal of the Society for Neuroscience, 30(22), 7563–7568. https://doi.org/10.1523/JNEUROSCI.0608-10.2010

11 Barrios, A. W., Nunez, G., Sanchez Quinteiro, P. & Salazar, I. (2014). Anatomy, histochemistry, and immunohistochemistry of the olfactory subsystems in mice. Frontiers in neuroanatomy, 8, 63. https://doi.org/10.3389/fnana.2014.00063

12 Ma, M., Grosmaitre, X., Iwema, C. L., Baker, H., Greer, C. A. & Shepherd, G. M. (2003). Olfactory signal transduction in the mouse septal organ. The Journal of neuroscience: the official journal of the Society for Neuroscience, 23(1), 317–324. https://doi.org/10.1523/JNEUROSCI.23-01-00317.2003

13 Tian, H. & Ma, M. (2004). Molecular Organization of the Olfactory Septal Organ. The Journal of neuroscience: the official journal of the Society for Neuroscience, 24. 8383–90.10.1523/JNEUROSCI.2222-04.2004.

14 Liberles, S. D. (2014). Mammalian pheromones. Annual review of physiology, 76, 151–175. https://doi.org/10.1146/annurev-physiol-021113-170334

15 Chamero, P., Marton, T. F., Logan, D. W., Flanagan, K., Cruz, J. R., Saghatelian, A., Cravatt, B. F. & Stowers, L. (2007). Identification of protein pheromones that promote aggressive behaviour. Nature, 450(7171), 899–902. https://doi.org/10.1038/nature05997

16 Novotny, M., Harvey, S., Jemiolo, B. & Alberts, J. (1985). Synthetic pheromones that promote inter-male aggression in mice. Proceedings of the National Academy of Sciences of the United States of America, 82(7),

2059–2061. https://doi.org/10.1073/pnas.82.7.2059

17 Logan, D. W., Brunet, L. J., Webb, W. R., Cutforth, T., Ngai, J. & Stowers, L. (2012). Learned recognition of maternal signature odors mediates the first suckling episode in mice. Current biology: CB, 22(21), 1998–2007. https://doi.org/10.1016/j.cub.2012.08.041

18 Roberts, S. A., Simpson, D. M., Armstrong, S. D., Davidson, A. J., Robertson, D. H., McLean, L., Beynon, R. J. & Hurst, J. L. (2010). Darcin: a male pheromone that stimulates female memory and sexual attraction to an individual male's odour. BMC biology, 8, 75. https://doi.org/10.1186/1741-7007-8-75

19 Bruce, H. M. (1959). An exteroceptive block to pregnancy in the mouse. Nature, 184, 105. https://doi.org/10.1038/184105a0

20 Whitten, W. K. (1959). Occurrence of anoestrus in mice caged in groups. The Journal of endocrinology, 18(1), 102–107. https://doi.org/10.1677/joe.0.0180102

21 Vandenbergh, J. G. (1969). Male odor accelerates female sexual maturation in mice. Endocrinology, 84(3), 658–660. https://doi.org/10.1210/endo-84-3-658

22 Ferrero, D., Lemon, J., Fluegge, D., Pashkovski, S., Korzan, W., Datta, S., Spehr, M., Fendt, M. & Liberles, S. (2011). Detection and avoidance of a carnivore odor by prey. Proceedings of the National Academy of Sciences of the United States of America. 108. 11235–40.10.1073/pnas.1103317108.

23 Dewan, A., Pacifico, R., Zhan, R., Rinberg, D. & Bozza, T. (2013). Non-redundant coding of aversive odours in the main olfactory pathway. Nature, 497(7450), 486–489. https://doi.org/10.1038/nature12114

7_개코 중의 개코, 나방

1 Angioy, A. M., Desogus, A., Barbarossa, I. T., Anderson, P. & Hansson, B. S. (2003). Extreme sensitivity in an olfactory system. Chemical senses, 28(4), 279–284. https://doi.org/10.1093/chemse/28.4.279

2 Kaissling, K. E. (2009). The Sensitivity of the Insect Nose: The Example of Bombyx Mori. In: Gutierrez A., Marco S. (Hg.). Biologically Inspired Signal Processing for Chemical Sensing. Studies in Computational Intelligence, 188. Springer, Berlin, Heidelberg. https://doi.org/10.1007/978-3- 642-00176-5_3

3 Karlson, P. & Luscher, M. (1959). "Pheromones"<<: a new term for a class of biologically active substances. Nature, 183(4653), 55–56. https://doi.org/10.1038/183055a0

4 Hansson, B. S. (1995). Olfaction in Lepidoptera. Experientia 51, 1003–1027. https://doi.org/10.1007/BF01946910

5 Missbach, C., Dweck, H. K., Vogel, H., Vilcinskas, A., Stensmyr, M. C., Hansson, B. S. & Grosse-Wilde, E. (2014). Evolution of insect olfactory receptors. eLife, 3, e02115. https://doi.org/10.7554/eLife.02115

6 Fatouros, N., Huigens, M., van Loon, J. et al. (2005). Butterfly anti-aphrodisiac lures parasitic wasps. Nature 433, 704. https://doi.org/10.1038/433704a

7 Jones, A. G. & Ratterman, N. L. (2009). Mate choice and sexual selection: what have we learned since Darwin? Proceedings of the National Academy of Sciences of the United States of America, 106 (Suppl 1), 10001–10008. https://doi.org/10.1073/pnas.0901129106

8 Fisher, R. A. (1915). The evolution of sexual preference. The Eugenics review, 7(3), 184–192.

9 Edwards, A. W. (2000). The genetical theory of natural selection.

Genetics, 154(4), 1419–1426.

10 ter Hofstede, H. M., Goerlitz, H. R., Ratcliffe, J. M., Holderied, M. W. & Surlykke, A. (2013). The simple ears of noctuoid moths are tuned to the calls of their sympatric bat community. The Journal of experimental biology, 216(Pt 21), 3954–62. doi: 10.1242/jeb.093294. Epub 2013 Aug 2. PMID: 23913945.

11 Svensson, G. P., Lofstedt, C. & Skals, N. (2007). Listening in pheromone plumes: Disruption of olfactory-guided mate attraction in a moth by a bat-like ultrasound. Journal of Insect Science, 7, 59, available online:insectscience.org/7.59

12 Gemeno, C., Yeargan, K. V. & Haynes, K. F. (2000). Aggressive Chemical Mimicry by the Bolas Spider Mastophora hutchinsoni: Identification and Quantification of a Major Prey's Sex Pheromone Components in the Spider's Volatile Emissions. Journal of chemical ecology, 26, 1235–1243 (2000). https://doi.org/10.1023/A:1005488128468

13 Karlson, P. & Butenandt, A. (1959). Pheromones (Ectohormones). Insects Annual Review of Entomology, 4 (1), 39–58 https://doi.org/10.1146/annurev.en.04.010159.000351

14 Butenandt, A. & Hecker, E. (1961). Synthese des Bombykols, des Sexuallockstoffes des Seidenspinners, und seiner geometrischen Isomeren. Angewandte Chemie, 73, 349. https://doi.org/10.1002/ange.19610731102

15 Allison, J. & Carde, R. (Hg.) (2016). Pheromone Communication in Moths: Evolution, Behavior, and Application. Oakland, California: University of California Press; Zugriff 15. November 2020; http://www.jstor.org/stable/10.1525/j.ctv1xxxzm

16 Baker, T. C. & Vickers, N. J. (1997). Pheromone-Mediated Flight in Moths. In: Carde, R. T., Minks, A. K. (Hg.). Insect Pheromone Research. Springer, Boston, MA. https://doi.org/10.1007/978-1-4615-6371-6_23

17 Phelan, P. L. (1992). Evolution of sex pheromones and the role of asymmetric tracking. In: Insect chemical ecology: an evolutionary approach, hg. von Roitberg, B., Isman, M. Chapman and Hall, New York

18 Hansson, B. S., Toth, M., Lofstedt, C., Szocs, G., Subchev, M. & Lofqvist, J. (1990). Pheromone variation among eastern European and a western Asian population of the turnip moth Agrotis segetum. Journal of chemical ecology, 16(5), 1611–1622. https://doi.org/10.1007/BF01014094

19 Wunderer, H., Hansen, K., Bell, T. W., Schneider, D. & Meinwald, J. (1986). Sex pheromones of two Asian moths (Creatonotos transiens, C. gangis; Lepidoptera-Arctiidae): behavior, morphology, chemistry and electrophysiology. Experimental biology, 46(1), 11–27.

20 Boppre, M. & Schneider, D. (1985). Pyrrolizidine alkaloids quantitatively regulate both scent organ morphogenesis and pheromone biosynthesis in male Creatonotos moths (Lepidoptera: Arctiidae). Journal of comparative physiology, 157, 569–577. https://doi.org/10.1007/BF01351351

21 Kessler, D., Gase, K. & Baldwin, I. T. (2008). Field experiments with transformed plants reveal the sense of floral scents. Science (New York, N. Y.), 321(5893), 1200–1202. https://doi.org/10.1126/science.1160072

22 Haverkamp, A., Yon, F., Keesey, I. W., Misbach, C., Koenig, C., Hansson, B. S., Baldwin, I. T., Knaden, M. & Kessler, D. (2016). Hawkmoths evaluate scenting flowers with the tip of their proboscis. eLife, 5, e15039. https://doi.org/10.7554/eLife.15039

8_무시할 수 없는 후각의 소유자, 초파리

1 Hansson, B. S., Knaden, M., Sachse, S., Stensmyr, M. C. & Wicher, D. (2010). Towards plant-odor-related olfactory neuroethology in

Drosophila. Chemoecology, 20(2), 51–61. https://doi.org/10.1007/s00049-009-0033-7

2 Morgan, T. H. (1910). SEX LIMITED INHERITANCE IN DROSOPHILA. Science (New York, N. Y.), 32(812), 120–122. https://doi.org/10.1126/science.32.812.120

3 Bellen, H., Tong, C. & Tsuda, H. (2010). 100 years of Drosophila research and its impact on vertebrate neuroscience: a history lesson for the future. Nature Reviews Neuroscience 11, 514–522 (2010). https://doi.org/10.1038/nrn2839

4 Hansson, B. S. & Stensmyr, M. C. (2011). Evolution of insect olfaction. Neuron, 72(5), 698–711. https://doi.org/10.1016/j.neuron.2011.11.003

5 Stocker, R. F. (2009). The olfactory pathway of adult and larval Drosophila: conservation or adaptation to stage-specific needs? Annals of the New York Academy of Sciences, 1170, 482–486. https://doi.org/10.1111/j.1749-6632.2009.03896.x

6 Vosshall, L. B., Amrein, H., Morozov, P. S., Rzhetsky, A. & Axel, R. (1999). A spatial map of olfactory receptor expression in the Drosophila antenna. Cell, 96(5), 725–736. https://doi.org/10.1016/s0092-8674(00)80582 -6

7 Vosshall, L. B., Wong, A. M. & Axel, R. (2000). An olfactory sensory map in the fly brain. Cell, 102(2), 147–159. https://doi.org/10.1016/s0092-8674(00)00021-0

8 Dweck, H. K., Ebrahim, S. A., Khallaf, M. A., Koenig, C., Farhan, A., Stieber, R., Weisflog, J., Svatoš, A., Grosse-Wilde, E., Knaden, M. & Hansson, B. S. (2016). Olfactory channels associated with the Drosophila maxillary palp mediate shortand long-range attraction. eLife, 5, e14925. https://doi.org/10.7554/eLife.14925

9 Wicher, D., Schafer, R., Bauernfeind, R., Stensmyr, M., Heller, R., Heinemann, S. & Hansson, B. (2008). Drosophila odorant receptors are

both ligand-gated and cyclic-nucleotide-activated cation channels. Nature. 452. 1007–1011. 10.

10 Sato, K., Pellegrino, M., Nakagawa, T., Nakagawa, T., Vosshall, L. B. & Touhara, K. (2008). Insect olfactory receptors are heteromeric ligand-gated ion channels. Nature, 452(7190), 1002–1006. https://doi.org/10.1038/nature06850

11 Getahun, M. N., Olsson, S. B., Lavista-Llanos, S., Hansson, B. S. & Wicher, D. (2013). Insect odorant response sensitivity is tuned by metabotropically autoregulated olfactory receptors. PloS one, 8(3), e58889. https://doi.org/10.1371/journal.pone.0058889

12 Stensmyr, M. C., Dweck, H. K., Farhan, A., Ibba, I., Strutz, A., Mukunda, L., Linz, J., Grabe, V., Steck, K., Lavista-Llanos, S., Wicher, D., Sachse, S., Knaden, M., Becher, P. G., Seki, Y. & Hansson, B. S. (2012). A conserved dedicated olfactory circuit for detecting harmful microbes in Drosophila. Cell, 151(6), 1345–1357. https://doi.org/10.1016/j.cell.2012.09.046

13 Ebrahim, S. A., Dweck, H. K., Stokl, J., Hofferberth, J. E., Trona, F., Weniger, K., Rybak, J., Seki, Y., Stensmyr, M. C., Sachse, S., Hansson, B. S. & Knaden, M. (2015). Drosophila Avoids Parasitoids by Sensing Their Semiochemicals via a Dedicated Olfactory Circuit. PLoS biology, 13(12), e1002318. https://doi.org/10.1371/journal.pbio.1002318

14 Dweck, H. K., Ebrahim, S. A., Kromann, S., Bown, D., Hillbur, Y., Sachse, S., Hansson, B. S. & Stensmyr, M. C. (2013). Olfactory preference for egg laying on citrus substrates in Drosophila. Current biology: CB, 23(24), 2472– 2480. https://doi.org/10.1016/j.cub.2013.10.047

15 Ejima, A. (2015). Pleiotropic actions of the male pheromone cis-vaccenyl acetate in Drosophila melanogaster. Journal of comparative physiology. A, Neuroethology, sensory, neural, and behavioral physiology, 201(9), 927–932. https://doi.org/10.1007/s00359-015-1020-9

16 Dekker, T., Ibba, I., Siju, K. P., Stensmyr, M. C. & Hansson, B. S. (2006). Olfactory shifts parallel superspecialism for toxic fruit in Drosophila melanogaster sibling, D. sechellia. Current biology: CB, 16(1), 101–109. https://doi.org/10.1016/j.cub.2005.11.075

17 Auer, T. O., Khallaf, M. A., Silbering, A. F., Zappia, G., Ellis, K., Alvarez-Ocana, R., Arguello, J. R., Hansson, B. S., Jefferis, G., Caron, S., Knaden, M. & Benton, R. (2020). Olfactory receptor and circuit evolution promote host specialization. Nature, 579(7799), 402–408. https://doi.org/10.1038/s41586-020-2073-7

18 Lavista-Llanos, S., Svatoš, A., Kai, M., Riemensperger, T., Birman, S., Stensmyr, M. C. & Hansson, B. S. (2014). Dopamine drives Drosophila sechellia adaptation to its toxic host. eLife, 3, e03785. https://doi.org/10.7554/eLife.03785

19 Keesey, I. W., Knaden, M. & Hansson, B. S. (2015). Olfactory specialization in Drosophila suzukii supports an ecological shift in host preference from rotten to fresh fruit. Journal of chemical ecology, 41(2), 121–128. https://doi.org/10.1007/s10886-015-0544-3

20 Cloonan, K. R., Abraham, J., Angeli, S., Syed, Z. & Rodriguez- Saona, C. (2018). Advances in the Chemical Ecology of the Spotted Wing Drosophila (Drosophila suzukii) and its Applications. Journal of chemical ecology, 44(10), 922–939. https://doi.org/10.1007/s10886-018-1000-y

21 Green, J. E., Cavey, M., Caturegli, E., Gompel, N., Prud'homme, B. (2019). Evolution of ovipositor length in Drosophila suzukii is driven by enhanced cell size expansion and anisotropic tissue reorganization. Current Biology: CB, 29, 2075–2082. https://doi.org/10.1016/j.cub.2019.05.020

9_모기와 피 냄새

1 Malaria (2020). World Health Organization (veroffentlicht 14. Januar 2020, Zugriff 16. November 2020); https://www.who.int/news-room/fact-sheets/detail/malaria

2 Malaria (2020). Wikipedia (Zugriff 16. November 2020) https://en.wikipedia.org/wiki/Malaria

3 Barredo, E. & DeGennaro, M. (2020). Not Just from Blood: Mosquito Nutrient Acquisition from Nectar Sources. Trends in parasitology, 36(5), 473–484. https://doi.org/10.1016/ j.pt.2020.02.003

4 Nyasembe, V. O., Tchouassi, D. P., Pirk, C., Sole, C. L. & Torto, B. (2018). Host plant forensics and olfactory-based detection in Afro-tropical mosquito disease vectors. PLoS neglected tropical diseases, 12(2), e0006185. https://doi.org/10.1371/journal.pntd.0006185

5 Hien, D. F., Dabire, K. R., Roche, B., Diabate, A., Yerbanga, R. S., Cohuet, A., Yameogo, B. K., Gouagna, L. C., Hopkins, R. J., Ouedraogo, G. A., Simard, F., Ouedraogo, J. B., Ignell, R. & Lefevre, T. (2016). Plant-Mediated Effects on Mosquito Capacity to Transmit Human Malaria. PLoS pathogens, 12(8), e1005773. https://doi.org/10.1371/journal.ppat.1005773

6 Ignell, R. & Hill, S. R. (2020). Malaria mosquito chemical ecology. Current opinion in insect science, 40, 6–10. https://doi.org/10.1016/j.cois.2020.03.008

7 Knols, B. G. & De Jong, R. (1996). Limburger cheese as an attractant for the malaria mosquito Anopheles gambiae s. s. Parasitology today (Personal ed.), 12(4), 159–161. https://doi.org/10.1016/0169–4758(96)10002–8

8 Danquah, I., Bedu-Addo, G. & Mockenhaupt, F. P. (2010). Type 2 diabetes mellitus and increased risk for malaria infection. Emerging infectious diseases, 16(10), 1601–1604. https://doi.org/10.3201/eid1610.100399

9 Fernandez-Grandon, G. M., Gezan, S. A., Armour, J. A., Pickett, J. A. & Logan, J. G. (2015). Heritability of attractiveness to mosquitoes. PloS one, 10(4), e0122716. https://doi.org/10.1371/journal.pone.0122716

10 Ansell, J., Hamilton, K. A., Pinder, M., Walraven, G. E. & Lindsay, S. W. (2002). Short-range attractiveness of pregnant women to Anopheles gambiae mosquitoes. Transactions of the Royal Society of Tropical Medicine and Hygiene, 96(2), 113–116. https://doi.org/10.1016/s0035-9203(02)90271-3

11 Debebe, Y., Hill, S. R., Birgersson, G., Tekie, H. & Ignell, R. (2020). Plasmodium falciparum gametocyte-induced volatiles enhance attraction of Anopheles mosquitoes in the field. Malaria Journal 19, 327 (2020). https://doi.org/10.1186/s12936-020-03378-3

12 Robinson, A., Busula, A. O., Voets, M. A., Beshir, K. B., Caulfield, J. C., Powers, S. J., Verhulst, N. O., Winskill, P., Muwanguzi, J., Birkett, M. A., Smallegange, R. C., Masiga, D. K., Mukabana, W. R., Sauerwein, R. W., Sutherland, C. J., Bousema, T., Pickett, J. A., Takken, W., Logan, J. G. & de Boer, J. G. (2018). Plasmodium-associated changes in human odor attract mosquitoes. Proceedings of the National Academy of Sciences of the United States of America, 115(18), E4209–E4218. https://doi.org/10.1073/pnas.1721610115

13 Emami, S. N., Lindberg, B. G., Hua, S., Hill, S. R., Mozuraitis, R., Lehmann, P., Birgersson, G., Borg-Karlson, A. K., Ignell, R. & Faye, I. (2017). A key malaria metabolite modulates vector blood seeking, feeding, and susceptibility to infection. Science (New York, N. Y.), 355(6329), 1076–1080. https://doi.org/10.1126/science.aah4563

14 Lefevre, T., Gouagna, L. C., Dabire, K. R., Elguero, E., Fontenille, D., Renaud, F., et al. (2010). Beer consumption increases human attractiveness to malaria mosquitoes. PloS one, 5(3), e9546. https://doi.org/10.1371/journal.pone.0009546

15 Won Jung, J., Baeck, S. J., Perumalsamy, H., Hansson, B. S., Ahn, Y. & Wook Kwon, H. (2015). A novel olfactory pathway is essential for fast and efficient blood-feeding in mosquitoes. Scientific Reports, 5, 13444 (2015). https://doi.org/10.1038/srep13444

16 Wondwosen, B., Birgersson, G., Tekie, H., Torto, B., Ignell, R. & Hill, S. R. (2018). Sweet attraction: sugarcane pollen-associated volatiles attract gravid Anopheles arabiensis. Malar J 17, 90 (2018). https://doi.org/10.1186/s12936-018-2245-1

10 _ '골리앗' 공룡, '다윗' 나무좀

1 Bentz, B. J., Regniere, J., Fettig, C. J., Hansen, E. M., Hayes, J. L., Hicke, J. A., Kelsey, R. G., Negron, J. F. & Seybold, S. J. (2010). Climate Change and Bark Beetles of the Western United States and Canada: Direct and Indirect Effects, BioScience, 60(8), 602–613, https://doi.org/10.1525/bio.2010.60.8.6

2 Santini, A. & Faccoli, M. (2015). Dutch elm disease and elm bark beetles: a century of association. iForest, 8, 126–134. –doi: 10.3832/ifor1231–008

3 Holzkurier (translated by Eva Guzely) The dimensions of damage in Europe's forests. timber-online.net. Zugriff 16. November 2020); https://www.timber-online.net/blog/thedimensions-of-damage-in-europe-s-forests.html

4 Bark and Wood Boring Beetles of the World (Zugriff 16. November 2020) www.barkbeetles.org

5 Schmidt, A., Zeneli, G., Hietala, A., Fossdal, C. G., Krokene, P., Christiansen, E., Gershenzon, J. (2005). Induced chemical defences in conifers: Biochemical and molecular approaches to studying their function. Chemical Ecology and Phytochemistry in Forest Ecosystems, 1 –28, 39.

6 Wermelinger, B. (2004). Ecology and management of the spruce bark beetle Ips typographus—a review of recent research. Forest Ecology and Management, 202, 67–82.

7 Schlyter, F., Birgersson, G., Byers, J., Lofqvist, J., Bergstrom, G. (1987). Field response of spruce bark beetle, Ips typographus, to aggregation pheromone candidates. Journal of chemical ecology, 13, 701–716. 10.1007/BF01020153.

8 Zhang, Q., Song, L., Ma, J., Han, F., Sun, J. (2009). Aggregation pheromone of a newly described spruce bark beetle, Ips shangrila Cognato and Sun, from China. Chemoecology, 19, 203–210. 10.1007/s00049-009-0026-6.

9 Schlyter, F., Birgersson, G. & Leufven, A. (1989). Inhibition of attraction to aggregation pheromone by verbenone and ipsenol: Density regulation mechanisms in bark beetle Ips typographus. Journal of chemical ecology, 15(8), 2263–2277. https://doi.org/10.1007/BF01014114

10 Sauvard, D. (2007). General Biology of Bark Beetles. In: Lieutier, F., Day, K. R., Battisti, A., Gregoire, JC., Evans, H. F. (Hg.). Bark and Wood Boring Insects in Living Trees in Europe, a Synthesis. Springer, Dordrecht. https://doi.org/10.1007/978-1-4020-2241-8_7

11 Schiebe, C., Hammerbacher, A., Birgersson, G., Witzell, J., Brodelius, P. E., Gershenzon, J., Hansson, B. S., Krokene, P. & Schlyter, F. (2012). Inducibility of chemical defenses in Norway spruce bark is correlated with unsuccessful mass attacks by the spruce bark beetle. Oecologia, 170(1), 183–198. https://doi.org/10.1007/s00442-012-2298-8

12 Netherer, S., Matthews, B., Katzensteiner, K., Blackwell, E., Henschke, P., Hietz, P., Pennerstorfer, J., Rosner, S., Kikuta, S., Schume, H. & Schopf, A. (2015). Do water-limiting conditions predispose Norway spruce to bark beetle attack? The New phytologist, 205(3), 1128–1141. https://doi.org/10.1111/nph.13166

13 Kandasamy, D., Gershenzon, J., Andersson, M. & Hammerbacher, A. (2019). Volatile organic compounds influence the interaction of the Eurasian spruce bark beetle (Ips typographus) with its fungal symbionts. The ISME Journal, 13, 1788–1800. https://doi.org/10.1038/s41396-019-0390-3

14 Anderbrant, O. & Schlyter, F. (1987). Ecology of the Dutch Elm Disease Vectors Scolytus laevis and S. scolytus (Coleoptera: Scolytidae) in Southern Sweden. Journal of Applied Ecology, 24(2), 539–550. doi:10.2307/2403891

15 Schiebe, C., Blaženec, M., Jakuš, R., Unelius, C. R. & Schlyter, F. (2011). Semiochemical diversity diverts bark beetle attacks from Norway spruce edges. Journal of Applied Entomology, 135, 726–737. https://doi.org/10.1111/j.1439-0418.2011.01624.x

16 Weslien, J. & Regnander, J. (2006). The influence of natural enemies on brood production in Ips typographus (Col. scolytidae) with special reference to egg-laying and predation by Thanasimus formicarius (Col.: Cleridae). Entomophaga, 37, 333–342. https://doi.org/10.1007/BF02372435

17 Bakke, A. & Kvamme, T. (1981). Kairomone response in Thanasimus predators to pheromone components of Ips typographus. Journal of chemical ecology, 7(2), 305–312. https://doi.org/10.1007/BF00995753

18 Biedermann, P., Muller, J., Gregoire, J. C., Gruppe, A., Hagge, J., Hammerbacher, A., Hofstetter, R. W., Kandasamy, D., Kolarik, M., Kostovcik, M., Krokene, P., Salle, A., Six, D. L., Turrini, T., Vanderpool, D., Wingfield, M. J. & Bassler, C. (2019). Bark Beetle Population Dynamics in the Anthropocene: Challenges and Solutions. Trends in ecology & evolution, 34(10), 914–924. https://doi.org/10.1016/j.tree.2019.06.002

19 Wood, S. L. (1982). The bark and ambrosia beetles of North and Central

America (Coleoptera: Scolytidae), a taxonomic monograph. Great Basin naturalist members 6, 1–1356. [304]. https://www.biodiversitylibrary.org/part/248626

11_크리스마스섬에는 산타클로스가 아니라 게가 있다

1 Drew, M., Harzsch, S., Stensmyr, M., Erland, S. & Hansson, B. (2010). A review of the biology and ecology of the Robber Crab, Birgus latro (Linnaeus, 1767) (Anomura: Coenobitidae). Zoologischer Anzeiger – A Journal of Comparative Zoology, 249, 45–67. 10.1016/j.jcz.2010.03.001.
2 Christmas Island: A natural wonder, https://www.christmas.net.au/
3 Harzsch, S. & Krieger, J. (2018). Crustacean olfactory systems: A comparative review and a crustacean perspective on olfaction in insects. Progress in neurobiology, 161, 23–60. https://doi.org/10.1016/j.pneurobio.2017.11.005
4 Greenaway, P. & Morris, S. (1989). Adaptations to a terrestrial existence by the robber crab, BIRGUS LATRO L.: III. NITROGENOUS EXCRETION. The Journal of experimental biology, 143, 333–334.
5 Drew, M. & Hansson, B. (2014). The population structure of Birgus latro (Crustacea: Decapoda: Anomura: Coenobitidae) on Christmas Island with incidental notes on behaviour. The Raffles bulletin of zoology, 150–161.
6 Krieger, J., Grandy, R., Drew, M. M., Erland, S., Stensmyr, M. C., Harzsch, S. & Hansson, B. S. (2012). Giant robber crabs monitored from space: GPS-based telemetric studies on Christmas Island (Indian Ocean). PloS one, 7(11), e49809. https://doi.org/10.1371/journal.pone.0049809
7 Stensmyr, M. C., Erland, S., Hallberg, E., Wallen, R., Greenaway, P. & Hansson, B. S. (2005). Insect-like olfactory adaptations in the terrestrial

giant robber crab. Current biology: CB, 15(2), 116–121. https://doi.org/10.1016/j.cub. 2004.12.069

8 Krieger, J., Sandeman, R. E., Sandeman, D. C., Hansson, B. S. & Harzsch, S. (2010). Brain architecture of the largest living land arthropod, the Giant Robber Crab Birgus latro (Crustacea, Anomura, Coenobitidae): evidence for a prominent central olfactory pathway? Frontiers in zoology, 7, 25. https:// doi.org/10.1186/1742-9994-7-25

9 Knaden, M., Bisch-Knaden, S., Linz, J., Reinecke, A., Krieger, J., Erland, S., Harzsch, S. & Hansson, B. S. (2019). Acetoin is a key odor for resource location in the giant robber crab Birgus latro. The Journal of experimental biology, 222(Pt 12), jeb202929. https://doi.org/10.1242/jeb.202929

10 Christmas Island Crab. National Geographic (Zugriff 16. November 2020) https://www.nationalgeographic.com/animals/invertebrates/c/christmas-island-red-crab/

11 Schildknecht, H., Eswein, U., Hering, W., Blaschke, C. & Linsenmair, K. (1988). Diskriminierungspheromone der sozialen Wustenassel Hemilepistus reaumuri / Discriminative Pheromones of the Social Desert Isopod Hemilepistus reaumuri. Zeitschrift fur Naturforschung C, 43, 613 –620.

12_식물도 냄새를 맡을 수 있을까?

1 Baldwin, I. T. & Schultz, J. C. (1983). Rapid changes in tree leaf chemistry induced by damage: evidence for communication between plants. Science (New York, N. Y.), 221(4607), 277–279. https://doi.org/10.1126/science.221.4607.277

2 Schaller, G. E. & Bleecker, A. B. (1995). Ethylene-binding sites generated in yeast expressing the Arabidopsis ETR1 gene. Science (New York, N. Y.),

270(5243), 1809–1811. https://doi.org/10.1126/science.270.5243.1809

3 Pare, P. W. & Tumlinson, J. H. (1999). Plant volatiles as a defense against insect herbivores. Plant physiology, 121(2), 325–332.

4 Huang, W., Gfeller, V. & Erb, M. (2019). Root volatiles in plant-plant interactions II: Root volatiles alter root chemistry and plant-herbivore interactions of neighbouring plants. Plant, cell & environment, 42(6), 1964–1973. https://doi.org/10.1111/pce.13534

5 Nagashima, A., Higaki, T., Koeduka, T., Ishigami, K., Hosokawa, S., Watanabe, H., Matsui, K., Hasezawa, S. & Touhara, K. (2018). Transcriptional regulators involved in responses to volatile organic compounds in plants. The Journal of Biological Chemistry, 294, 2256–2266. doi:10.1074/jbc. RA118.005843.

6 The networked beauty of forests – Suzanne Simard. TED-Ed (Zugriff 16. November 2020) https://ed.ted.com/lessons/the-networked-beauty-of-forests-suzanne-simard

7 Markovic, D., Colzi, I., Taiti, C., Ray, S., Scalone, R., Gregory Ali, J., Mancuso, S. & Ninkovic, V. (2019). Airborne signals synchronize the defenses of neighboring plants in response to touch. Journal of experimental botany, 70(2), 691–700. https://doi.org/10.1093/jxb/ery375

8 Heil, M. & Silva Bueno, J. C. (2007). Within-plant signaling by volatiles leads to induction and priming of an indirect plant defense in nature. Proceedings of the National Academy of Sciences of the United States of America, 104(13), 5467–5472. https://doi.org/10.1073/pnas.0610266104

9 Christensen, S. A., Nemchenko, A., Borrego, E., Murray, I., Sobhy, I. S., Bosak, L., DeBlasio, S., Erb, M., Robert, C. A., Vaughn, K. A., Herrfurth, C., Tumlinson, J., Feussner, I., Jackson, D., Turlings, T. C., Engelberth, J., Nansen, C., Meeley, R. & Kolomiets, M. V. (2013). The maize

lipoxygenase, ZmLOX10, mediates green leaf volatile, jasmonate and herbivore-induced plant volatile production for defense against insect attack. The Plant journal: for cell and molecular biology, 74(1), 59–73. https://doi.org/10.1111/tpj.12101

10 Clavijo McCormick, A., Irmisch, S., Reinecke, A., Boeckler, G. A., Veit, D., Reichelt, M., Hansson, B. S., Gershenzon, J., Kollner, T. G. & Unsicker, S. B. (2014). Herbivore-induced volatile emission in black poplar: regulation and role in attracting herbivore enemies. Plant, cell & environment, 37(8), 1909–1923. https://doi.org/10.1111/pce.12287

11 Sukegawa, S., Shiojiri, K., Higami, T., Suzuki, S. & Arimura, G. I. (2018). Pest management using mint volatiles to elicit resistance in soy: mechanism and application potential. The Plant journal: for cell and molecular biology, 96(5), 910–920. https://doi.org/10.1111/tpj.14077

12 Coll-Araoz, M. V., Hill, J. G., Luft-Albarracin, E., Virla, E. G. & Fernandez, P. C. (2020). Modern Maize Hybrids Have Lost Volatile Bottom-Up and Top-Down Control of Dalbulus maidis, a Specialist Herbivore. Journal of Chemical Ecology, 46, 906–915. https://doi.org/10.1007/s10886-020-01204-3

13 Oluwafemi, S., Dewhirst, S. Y., Veyrat, N., Powers, S., Bruce, T. J., Caulfield, J. C., Pickett, J. A. & Birkett, M. A. (2013). Priming of Production in Maize of Volatile Organic Defence Compounds by the Natural Plant Activator cis-Jasmone. PloS one, 8(6), e62299. https://doi.org/10.1371/journal. pone.0062299

14 Rasmann, S., Kollner, T. G., Degenhardt, J., Hiltpold, I., Toepfer, S., Kuhlmann, U., Gershenzon, J. & Turlings, T. C. (2005). Recruitment of entomopathogenic nematodes by insect-damaged maize roots. Nature, 434(7034), 732–737. https://doi.org/10.1038/nature03451

15 Kollner, T. G., Held, M., Lenk, C., Hiltpold, I., Turlings, T. C.,

Gershenzon, J. & Degenhardt, J. (2008). A maize (E)-betacaryophyllene synthase implicated in indirect defense responses against herbivores is not expressed in most American maize varieties. The Plant cell, 20(2), 482–494. https://doi.org/10.1105/tpc.107.051672

13_향기로 남을 속이는 사기꾼

1 Sprengel, C. K. (1793). Das entdeckte Geheimniss der Natur im Bau und in der Befruchtung der Blumen. Berlin: Friedrich Vieweg.

2 Darwin, C. (1862). On the various contrivances by which British and foreignorchids are fertilised by insects. First edition. London.

3 Darwin, C. (1877). On the various contrivances by which orchids are fertilised by insects. Second edition, revised. London.

4 Jersakova, J., Johnson, S., Kindlmann, Pavel. (2006). Mechanisms and evolution of deceptive pollination in orchids. Biological reviews of the Cambridge Philosophical Society, 81, 219–235. 10.1017/S1464793105006986.

5 Schiestl, F., Ayasse, M., Paulus, H., Lofstedt, C., Hansson, B., Ibarra, F. & Francke, W. (2000). Sex pheromone mimicry in the early spider orchid (Ophrys sphegodes): patterns of hydrocarbons as the key mechanism for pollination by sexual deception. Journal of comparative physiology. A, Sensory, neural, and behavioral physiology, 186, 567–574. 10.1007/ s003590000112.

6 Schiestl, F., Ayasse, M., Paulus, H., Lofstedt, C., Hansson, B., Ibarra, F. & Francke, W. (1999). Orchid pollination by sexual swindle [5]. Nature, 399, 421. 10.1038/20829.

7 Ayasse, M., Schiestl, F. P., Paulus, H. F., Lofstedt, C., Hansson, B., Ibarra, F. & Francke, W. (2000). Evolution of reproductive strategies in the

sexually deceptive orchid Ophrys sphegodes: how does flower-specific variation of odor signals influence reproductive success? Evolution; international journal of organic evolution, 54(6), 1995–2006. https://doi.org/10.1111/j.0014-3820.2000.tb01243.x
8 Stensmyr, M. C., Urru, I., Collu, I., Celander, M., Hansson, B. S. & Angioy, A. M. (2002). Pollination: Rotting smell of 389 dead-horse arum florets. Nature, 420(6916), 625–626. https://doi.org/10.1038/420625a
9 Angioy, A. M., Stensmyr, M. C., Urru, I., Puliafito, M., Collu, I. & Hansson, B. S. (2004). Function of the heater: the dead horse arum revisited. Proceedings. Biological sciences, 271 (Suppl 3), S13–S15. https://doi.org/10.1098/rsbl.2003.0111
10 Stokl, J., Strutz, A., Dafni, A., Svatos, A., Doubsky, J., Knaden, M., Sachse, S., Hansson, B. S. & Stensmyr, M. C. (2010). A deceptive pollination system targeting drosophilids through olfactory mimicry of yeast. Current biology: CB, 20(20), 1846–1852. https://doi.org/10.1016/j.cub.2010.09.033
11 Stökl, J., Brodmann, J., Dafni, A., Ayasse, M. & Hansson, B. (2010). Smells like aphids: orchid flowers mimic aphid alarm pheromones to attract hoverflies for pollination. Proceedings. Biological sciences / The Royal Society, 278, 1216–1222. 10.1098/rspb.2010.1770.
12 Gemeno, C., Yeargan, K. V. & Haynes, K. F. (2000). Aggressive Chemical Mimicry by the Bolas Spider Mastophora hutchinsoni: Identification and Quantification of a Major Prey's Sex Pheromone Components in the Spider's Volatile Emissions. Journal of chemical ecology, 26, 1235–1243. https://doi.org/10.1023/A:1005488128468
13 Keesey, I. W., Koerte, S., Khallaf, M. A., Retzke, T., Guillou, A., Grosse-Wilde, E., Buchon, N., Knaden, M. & Hansson, B. S. (2017). Pathogenic bacteria enhance dispersal through alteration of Drosophila

social communication. Nature communications, 8(1), 265. https://doi.org/10.1038/s41467-017-00334-9390

14_인간의 후각 사용기

1 Trivedi, D. K., Sinclair, E., Xu, Y., Sarkar, D., Walton-Doyle, C., Liscio, C., Banks, P., Milne, J., Silverdale, M., Kunath, T., Goodacre, R. & Barran, P. (2019). Discovery of Volatile Biomarkers of Parkinson's Disease from Sebum. ACS central science, 5(4), 599–606. https://doi.org/10.1021/acscentsci.8b00879

2 HeroRAT Magawa – PDSA Gold Medal, PDSA.org.uk; https://www.pdsa.org.uk/what-we-do/animal-awardsprogramme/pdsa-gold-medal/magawa

3 Bromenshenk, J. J., Henderson, C. B., Seccomb, R. A., Welch, P. M., Debnam, S. E. & Firth, D. R. (2015). Bees as Biosensors: Chemosensory Ability, Honey Bee Monitoring Systems, and Emergent Sensor Technologies Derived from the Pollinator Syndrome. Biosensors, 5(4), 678–711. https://doi.org/10.3390/bios5040678

4 Manjunatha, D. H. & Chua, L. S. (2017). Advancement of sensitive sniffer bee technology. TrAC Trends in Analytical Chemistry. 97.10.1016/j.trac.2017.09.006.

5 Wilson, A. (2012). Review of Electronic-Nose Technologies and Algorithms to Detect Hazardous Chemicals in the Environment. Procedia – Technology, 1, 453–463. 10.1016/j. protcy.2012.02.101.

6 Gardner, J. W. & Bartlett, P. N. (1994). A brief history of electronic noses, Sensors and Actuators B: Chemical, 18 (1–3), 210–211, https://doi.org/10.1016/0925-4005(94)87085-3.

7 Hu, W., Wan, L., Jian, Y., Ren, C., Jin, K., Su, X., Bai, X., Haick, H., Yao, M. & & Wu, W. (2018). Electronic Noses: From Advanced Materials to Sensors Aided with Data Processing. Advanced Materials Technologies. 10.1002/admt.2018 00488.

8 Arshak, K., Moore, E. G., Lyons, G. R., Harris, J. & Clifford, S. (2004). A review of gas sensors employed in electronic nose applications. Sensor Review, 24, 181–198. DOI 10.1108/02602280410525977

9 Snow, R. W., Rowan, K. M., Lindsay, S. W. & Greenwood, B. M. (1988). A trial of bed nets (mosquito nets) as a malaria control strategy in a rural area of The Gambia, West Africa. Transactions of the Royal Society of Tropical Medicine and Hygiene, 82(2), 212–215. https://doi.org/10.1016/0035-9203(88)90414-2

10 Knols, B., Farenhorst, M., Andriessen, R., Snetselaar, J., Suer, R., Osinga, A., Knols, J. Deschietere, J., Lyimo, I., Kessy, S., Mayagaya, V., Sperling, S., Cordel, M., Sternberg, E., Hartmann, P., Mnyone, L., Rose, A., & Thomas, M. (2016). Eave tubes for malaria control in Africa: An introduction. Malaria Journal. 15.10.1186/s12936-016-1452-x.

11 Dawit, M., Hill, S., Birgersson, G., Tekie, H., & Ignell, R. (2020). Malaria mosquitoes acquire and allocate cattle urine to enhance life history traits. 10.1101/2020.08.24.264309.

12 Raty, L., Drumont, A., De Windt, N. & Gregoire, J. (1995). Mass trapping of the spruce bark beetle Ips typographus L.: traps or trap trees?, Forest Ecology and Management, 78 (1–3), 91–205, https://doi.org/10.1016/0378-1127(95)03582-1.

13 Khan, Z., Midega, C., Pittchar, J., Pickett, J., Bruce, T. (2011). Push-pull technology: a conservation agriculture approach for integrated management of insect pests, weeds and soil health in Africa UK government's Foresight Food and Farming Futures project. International

Journal of Agricultural Sustainability, 9, 162–170. 10.3763/ijas.2010.0558.

14 Saini, R. K., Orindi, B. O., Mbahin, N., Andoke, J. A., Muasa, P. N., Mbuvi, D. M., Muya, C. M., Pickett, J. A. & Borgemeister, C. W. (2017). Protecting cows in small holder farms in East Africa from tsetse flies by mimicking the odor profile of a 392 non-host bovid. PLoS neglected tropical diseases, 11(10), e0005977. https://doi.org/10.1371/journal.pntd.0005977

15 Daum, R. F., Sekinger, B., Kobal, G. & Lang, C. J. (2000). Riechprufung mit <<sniffin’ sticks' <<zur klinischen Diagnostik des Morbus Parkinson [Olfactory testing with >>sniffin’ sticks' << for clinical diagnosis of Parkinson disease]. Der Nervenarzt, 71(8), 643–650. https://doi.org/10.1007/s001150050640

찾아보기

냄새 킁킁

생존을 위한 후각의 세계

초판 1쇄 발행 2024년 8월 20일

지은이 빌 한손
옮긴이 장혜경
펴낸이 이혜경

펴낸곳 니케북스
출판등록 2014년 4월 7일 제300-2014-102호
주소 서울시 종로구 새문안로 92 광화문 오피시아 1717호
전화 (02) 735-9515
팩스 (02) 6499-9518
전자우편 nikebooks@naver.com
블로그 blog.naver.com/nikebooks
페이스북 facebook.com/nikebooks
인스타그램 (니케북스) @nike_books
(니케주니어) @nikebooks_junior

ISBN 979-11-89722-99-9 03400

책값은 뒤표지에 있습니다.
잘못된 책은 구입한 서점에서 바꿔드립니다.